中国人事科学研究院
·学术文库·

人才评价
理论·技术·制度

谢 晶 ○ 著

中国社会科学出版社

图书在版编目（CIP）数据

人才评价：理论·技术·制度／谢晶著. -- 北京：中国社会科学出版社，2024.9. --（中国人事科学研究院学术文库）. -- ISBN 978-7-5227-4290-8

Ⅰ.G316

中国国家版本馆 CIP 数据核字第 202443Z3K9 号

出 版 人	赵剑英
责任编辑	孔继萍
责任校对	冯英爽
责任印制	郝美娜

出　　版	中国社会科学出版社
社　　址	北京鼓楼西大街甲 158 号
邮　　编	100720
网　　址	http://www.csspw.cn
发 行 部	010-84083685
门 市 部	010-84029450
经　　销	新华书店及其他书店
印　　刷	北京君升印刷有限公司
装　　订	廊坊市广阳区广增装订厂
版　　次	2024 年 9 月第 1 版
印　　次	2024 年 9 月第 1 次印刷
开　　本	710×1000　1/16
印　　张	21.75
字　　数	357 千字
定　　价	128.00 元

凡购买中国社会科学出版社图书，如有质量问题请与本社营销中心联系调换
电话：010-84083683
版权所有　侵权必究

自　序

人才评价是一个极其复杂的系统，它既有一个久远的历史过程，又受到多种因素发展的影响，并且始终处于动态变化之中，因此人才评价具有历史性、复杂性和动态性等特点。首先，从历史角度看，人才评价经历了漫长的发展过程。从古至今，不同时代、不同文化背景下，对于人才的定义和评价标准都存在着显著的差异。这些历史积淀不仅反映了人类社会的演进和变革，也为现代人才评价提供了宝贵的经验和启示。其次，人才评价受到多种因素的影响。这些因素包括但不限于教育背景、职业特点、工作经验、能力素质、技能水平等。此外，社会经济发展状况、行业发展趋势、组织战略规划等因素都会对人才评价产生深远的影响。这些因素的交织和互动，使得人才评价成为一个复杂而多维度的系统。最后，人才评价始终处于动态变化之中。随着时代的进步和科技的发展，新的职业领域和技能要求不断涌现，传统的人才评价标准和方法也在不断更新和迭代，人才评价需要不断的适应和调整，以保持其科学性和有效性。

本书是一部全面且深入的关于人才评价研究的著作，它由理论篇、技术篇和制度篇三大部分构成，全书共十一章，其中第一章至第三章是理论篇，第四章至第六章是技术篇，第七章至第十一章是制度篇。理论篇深入探讨了人才评价的学理问题，包括人才评价概述、人才评价的历史发展、人才评价的理论基础三章，主要阐述人才评价的概念内涵、作用机理、发展脉络、理论基础等内容。技术篇重点介绍了人才评价理论研究和实践操作的技术支持，包括人才评价的方法论、人才评价的定性研究方法和定量研究方法三章，主要阐述人才评价研究和实践中涉及的方法论原理，以及常用的定性和定量评价方法。制度篇立足我国国情，系统探讨了我国专业技术人才和技能人才评价制度建立的理论依据、发展脉络及改革建议，包括我国人才评价制度构建的理论基础、职称制度、职业资格证书制度、职业技能等级制度和境外职业资格认可制度五章，主要阐述了作者所在研究团队十余年围绕技术技能人才评价制度开展的研究成果。

目前人才评价的研究者有行政管理专业背景的、有心理学专业背景的、有社会学专业背景的，研究视角较为多元；出版著作有从管理工作角度出发的、有从技术方法角度出发的、有从哲学历史角度出发的，研究成果大多为单一方向。本书试图构建一个具有普遍指导意义的、较为全面系统的人才评价研究内容体系，包括理论、技术和制度三个方面，涉及宏观、中观、微观三个层面。希望通过本书的介绍，读者能够对人才评价有整体性概览，对未来人才评价研究和实践工作提供一定的借鉴和参考。

本书的写作得到了中国人事科学研究院余兴安院长的悉心指导和鼎力帮助。感谢中国人力资源和社会保障出版集团监事会蔡学军主席，感谢中国人事科学研究院黄梅研究员、孙一平研究员，为本书的策划和写作提供了大力支持，书中诸多核心素材均来自课题组的研究成果。感谢北京师范大学车宏生教授、中共北京市西城区委党校宇长春校长、中国人事科学研究院任文硕研究员和青年学者刘晔对本书的用心审阅，提出了宝贵的意见建议。感谢中国人事科学研究院的柏玉林，不辞劳苦地帮助笔者核校书稿、联系编辑和出版社，使书稿最后成形。

笔者能力有限，错谬之处在所难免，敬请各位读者与同仁提出宝贵意见！借当前国家深入实施新时代人才强国战略之机，真诚地希望有更多的学者能为人才评价研究和实践建言献策。

谢 晶

2024 年 6 月

目　　录

第一篇　理论篇

第一章　人才评价概述 (3)
第一节　人才评价的概念内涵 (3)
一　概念解析 (3)
二　人才评价的内涵 (5)
三　人才评价活动的性质特点 (8)
第二节　人才评价的作用机理 (9)
一　人才评价的功能 (9)
二　人才评价要素 (11)
三　人才评价作用机理 (14)
四　评价误差 (16)
第三节　人才评价的研究现状 (16)
一　人才评价标准的研究 (17)
二　人才评价方法的研究 (18)
三　人才评价机制的研究 (19)
四　人才评价政策变迁的研究 (21)
第四节　人才评价的研究展望 (22)
一　加强人才评价的基础性研究 (22)
二　细化人才评价活动的要素研究 (23)
三　推进人才评价国际可比等效的研究 (25)

第二章　人才评价的发展历史 (26)

第一节　我国古代人才评价的发展历史 (26)
一　萌芽期（远古时代—春秋战国时期） (26)
二　发展期（秦汉时期—隋朝初期） (29)
三　成熟期（隋朝—清朝末年） (33)

第二节　西方人才评价的发展历史 (37)
一　西方人才评价思想的发展历史 (37)
二　西方人才评价技术的发展历史 (41)
三　西方人才评价制度的发展历史 (44)

第三节　新中国成立以来我国人才评价的发展历程 (46)
一　历任国家领导人的人才评价思想 (46)
二　人才评价发展历程 (47)

第三章　人才评价的理论来源 (51)

第一节　人才评价基础理论 (51)
一　价值理论 (51)
二　评价理论 (55)
三　系统理论 (59)
四　比较和分类理论 (62)

第二节　人才评价技术理论 (64)
一　心理测量理论 (64)
二　计量理论 (70)

第三节　人才评价学科基础 (75)
一　人才学 (76)
二　管理学 (77)
三　经济学 (79)
四　心理学 (80)

第二篇　技术篇

第四章　人才评价的方法论 (85)
第一节　人才评价方法论概述 (85)
　　一　人才评价方法论的研究内容 (85)
　　二　人才评价方法论的研究意义 (87)
　　三　人才评价方法论的发展趋势 (88)
第二节　人才评价程序 (90)
　　一　人才评价程序概述 (90)
　　二　以委托方为主体开展人才评价的具体程序 (91)
　　三　以评价方为主体开展人才评价的具体程序 (94)
第三节　人才评价过程方法 (98)
　　一　确定人才评价指标的方法 (98)
　　二　确定人才评价指标权重的方法 (99)
　　三　人才评价信息搜集的方法 (101)
　　四　人才评价信息处理的方法 (105)

第五章　人才评价的定性方法 (108)
第一节　同行评议法 (108)
　　　　同行评议法概述 (108)
　　二　同行评议法的分类 (109)
　　三　同行评议法的优缺点 (113)
　　四　同行评议法在人才评价领域的应用 (113)
第二节　面试 (115)
　　一　面试的作用 (115)
　　二　面试的形式 (116)
　　三　面试的准备工作 (118)
　　四　面试考官需要具备的能力素质 (120)
　　五　面试中容易出现的误区 (122)

六　面试在人才评价领域的应用 …………………………………… (122)
　第三节　评价中心技术 ………………………………………………… (124)
　　一　发展历程 …………………………………………………………… (124)
　　二　测评原理 …………………………………………………………… (125)
　　三　评价中心技术的特点 ……………………………………………… (126)
　　四　评价中心技术中的常用方法 ……………………………………… (127)
　　五　评价中心技术应用场景 …………………………………………… (140)

第六章　人才评价的定量方法 …………………………………………… (141)
　第一节　心理测量法 …………………………………………………… (141)
　　一　心理测量法概述 …………………………………………………… (141)
　　二　误差 ………………………………………………………………… (146)
　　三　信度 ………………………………………………………………… (147)
　　四　效度 ………………………………………………………………… (152)
　　五　项目分析 …………………………………………………………… (155)
　　六　心理测量法在人才评价中的应用 ………………………………… (157)
　第二节　文献计量法 …………………………………………………… (159)
　　一　文献计量法概述 …………………………………………………… (159)
　　二　文献计量法常用的指标 …………………………………………… (160)
　　三　引文分析法 ………………………………………………………… (167)
　　四　文献计量法在人才评价中的应用 ………………………………… (170)

第三篇　制度篇

第七章　我国人才评价制度构建的理论基础 …………………………… (175)
　第一节　人才评价制度的基本概念 …………………………………… (175)
　　一　基础概念 …………………………………………………………… (176)
　　二　相关概念 …………………………………………………………… (180)
　第二节　人才评价制度的相关理论 …………………………………… (185)

一　职业管理相关理论 …………………………………… (186)
　二　人力资源管理相关理论 ……………………………… (189)
　三　评价相关理论 ………………………………………… (191)
第三节　人才评价制度的国际经验 ………………………… (193)
　一　依法设立的职业资格制度 …………………………… (194)
　二　多元参与的职业资格管理模式 ……………………… (195)
　三　严格的职业资格质量保障机制 ……………………… (199)
　四　有效的职业资格证书与学历证书衔接 ……………… (200)
　五　健全职业资格退出机制 ……………………………… (207)

第八章　职称制度 ……………………………………………… (209)
　第一节　职称的概念 ………………………………………… (209)
　　一　职务之名称 …………………………………………… (209)
　　二　称号 …………………………………………………… (210)
　　三　资格 …………………………………………………… (213)
　第二节　职称框架体系 ……………………………………… (215)
　　一　体系结构 ……………………………………………… (215)
　　二　构建基础 ……………………………………………… (218)
　　三　功能定位 ……………………………………………… (222)
　第二节　职称评价要素 ……………………………………… (223)
　　一　评价主体 ……………………………………………… (223)
　　二　评价标准 ……………………………………………… (224)
　　三　评价方法 ……………………………………………… (227)
　　四　评价结果的应用 ……………………………………… (228)
　第四节　职称社会化评审制度 ……………………………… (229)
　　一　基本概念 ……………………………………………… (230)
　　二　要素特点 ……………………………………………… (233)
　　三　主要特征 ……………………………………………… (234)
　第五节　职称制度发展历程 ………………………………… (236)

  一　以实行职务等级工资制为导向的技术职务任命制
　　　（新中国成立之初至20世纪60年代） ·················· (236)
  二　以学衔制探索为导向的技术职称评定制阶段
　　　（1978—1983年） ···································· (237)
  三　以职务管理为导向推行专业技术职务聘任制阶段
　　　（1986—1995年） ···································· (237)
  四　以完善人才评价机制为导向的"职务管理"和
　　　"资格管理"两难选择阶段（1995—2016年） ············ (238)
  五　以人才分类评价机制改革和法制化建设为导向的
　　　深化职称制度改革阶段（2016年至今） ················· (240)

第九章　职业资格证书制度 ································ (242)
第一节　职业资格证书制度概述 ·························· (242)
  一　制度缘起 ··· (242)
  二　制度内容 ··· (244)
  三　制度作用 ··· (247)
第二节　职业资格证书制度的演进历史 ···················· (249)
  一　专业技术人员职业资格证书制度的发展历程 ············· (249)
  二　技能人员职业资格证书制度的发展历程 ················· (252)
第三节　职业资格证书制度的发展状况 ···················· (260)
  一　主要成效 ··· (260)
  二　存在问题 ··· (262)
  三　深化职业资格证书制度改革面临的形势任务 ············· (266)
  四　发展建议 ··· (270)

第十章　职业技能等级制度 ································ (275)
第一节　职业技能等级制度概述 ·························· (275)
  一　概念界定 ··· (275)
  二　制度内容 ··· (277)

三　制度作用 …………………………………………………… (281)

第二节　职业技能等级制度的发展历程 ……………………………… (282)

　　一　八级工制度 ………………………………………………… (282)

　　二　三级工制度 ………………………………………………… (286)

　　三　五级工制度 ………………………………………………… (288)

　　四　职业技能等级制度（新八级工制度）…………………… (291)

第三节　职业技能等级制度发展状况 ………………………………… (294)

　　一　主要成效 …………………………………………………… (295)

　　二　存在问题 …………………………………………………… (297)

　　三　形势任务 …………………………………………………… (298)

　　四　对策建议 …………………………………………………… (301)

第十一章　境外职业资格认可制度 …………………………………… (304)

第一节　概述 …………………………………………………………… (304)

　　一　基本理论 …………………………………………………… (304)

　　二　概念界定 …………………………………………………… (309)

　　三　境外职业资格认可制度的主要内容 ……………………… (312)

第二节　我国职业资格互认及国际资格引进状况 …………………… (313)

　　一　基本情况 …………………………………………………… (313)

　　二　存在问题 …………………………………………………… (320)

第三节　境外资格管理的经验启示 …………………………………… (322)

　　一　境外资格管理的国际经验 ………………………………… (322)

　　二　我国境外职业资格认可制度实施建议 …………………… (324)

参考文献 ………………………………………………………………… (326)

中国人事科学研究院学术文库已出版书目 ………………………… (336)

第一篇 理论篇

　　理论是研究的基础，能够帮助研究者明确研究问题和目标，为研究者提供清晰的研究框架和方向。人才评价由来已久，但从实践、方法层面对其进行的研究较多，目前学界对其理论探讨的系统性和完整性尚显薄弱。本篇试图对人才评价进行学理辨析，包括人才评价的概念内涵、作用机理、研究现状与趋势；梳理阐述古今中外人才评价的思想、技术、制度的发展历程；总结分析人才评价的理论来源、学科基础及其对人才评价影响作用，希望能够展现出人才评价理论所具有的"向上兼容性""时代容涵性""逻辑展开性"和"思想开放性"，为研究者们提供一个全面连贯的框架、综合发展的视角，推动人才评价学术研究的进步和发展，增强人才评价实践研究的科学性系统性。

第一章

人才评价概述

人才评价具有引导人才发展方向、调动人才工作积极性、激发人才创新活力、优化人才资源配置、促进人才合理流动，进而促进人才队伍整体素质提升和创新发展的重要作用，因此在人才发展体制机制中占据"指挥棒"位置。关于人才评价的研究相对多元，既有理论研究，又有实践探索，还有技术探讨、制度设计等，无论采取哪种研究角度，都要厘清其概念内涵，认识其地位作用，明晰其构成要素，知晓其研究趋势，在此基础上确定研究重点。

第一节 人才评价的概念内涵

人才评价是从质与量上对人才素质和业绩作出结论的过程。它是对人才价值在一定时空下的定格。① 虽然不同研究视角下的人才评价概念内涵略有不同，但万变不离其宗，其基本概念和评价原理是一致的。

一 概念解析

概念是认识的基础。对人才评价这一概念进行解析是人才评价研究的开端，解析过程既包括对"人才评价"进行概念界定的过程，也包括对相似概念进行区分辨别的过程。

（一）概念界定

"评价"一词在《现代汉语词典》中的解释是"衡量评定人或事物的

---

① 叶忠海、郑其绪总主编：《新编人才学大辞典》，中央文献出版社2015年版，第285页。

价值，也指评定的价值"。从这一定义就可以看出，评价活动与价值问题密切相关。"人才"一词在《现代汉语词典》中有两个解释，一是"人的才能"；二是"有才学的人"。"人才评价"是"人才"和"评价"两个词的组合，如果将"人才"看作主语，"人才评价"就是指"人才作出的评价"，即"有才学的人作出的评价"；如果将"人才"看作前置的宾语，"人才评价"的解释就是"对有才学的人进行的评价"或者"对人的才能进行的评价"。人才评价思想源远流长，可追溯到尧舜时期，从历史上人才评价思想及其应用形式来看，"人才评价"的出发点是想通过评价工作来发现和认定"谁是有才学的人""才能水平有多高"，这些才学才能正是人才的价值体现，从这个意义来看，人才评价的概念应该是"对人的才能进行的价值评价"。

（二）相似概念辨析

目前人才评价、人才测评、人才评鉴这三个概念经常见诸报纸、网络、期刊文章、政府文件中，谈的基本是通过对人的评价，以确定其是否为人才的活动。但从概念上讲三者还是有一定的区别的。

人才评价，是当前人才工作相关政策文件中最常出现的名词。《关于分类推进人才评价机制改革的指导意见》指出，人才评价是人才发展体制机制的重要组成部分，是人才资源开发管理和使用的前提。更多文件都是从制度改革角度，提出相应人才评价改革的思路，如《关于深化人才发展体制机制改革的意见》中提到要"创新人才评价机制"，其中包括人才评价标准、人才评价考核方式和人才评价制度等方面的改革思路。《关于深化项目评审、人才评价、机构评估改革的意见》中，涉及人才评价的内容包括"科学设立人才评价指标""树立正确的人才评价导向""强化用人单位人才评价主体地位"。《关于改革完善技能人才评价制度的意见》中提出"健全完善技能人才评价体系，形成科学化、社会化、多元化的技能人才评价机制"改革思路，具体举措中包括"改革技能人才评价制度""健全技能人才评价标准""完善评价内容和方式""加强监督管理服务"等。综上，可以看出政策文件中的"人才评价"是人才发展体制机制的重要组成部分，包括评价标准、评价内容、评价主体、评价方式、评价制度等方面的内容。

人才测评，即人才测量和评价，它是综合现代心理学、行为学、管理学及相关学科的研究成果提出的概念。这一概念强调运用工具和方法进行"测量和评价"的过程，更加突出方法的科学化、操作化和数量化特点。"测量"是依据某种标准，通过一定的操作程序，对个人的能力、素质、人格等特性确定出一种数量化价值的过程。"评价"就是测量活动结束后得出的价值结果。综合起来，"人才测评"是通过心理测验、笔试面试、情境模拟等方法对人的能力水平、个性特征、价值观念等因素进行测量，并根据组织特点和岗位需求对人的能力素质、发展潜力、人格特点等作出科学判断，从而为组织选人、用人、育人等人才管理开发工作提供有价值参考的活动。

人才评鉴是指通过评价活动确定人所属的类别、层次的过程。这一概念更多强调"鉴"的特点。所谓"鉴"，就是鉴别的意思，即通过观察、审查进行分辨识别，以确定价值高低的过程。因此，人才评鉴更注重的是结果，即通过鉴别对个体形成的全面认识。人才评鉴通常需要综合运用多种方法（有试、有测、有评、有审）进行察言观行，既看过去（考察历史贡献），也要看未来（可能作出的贡献），考察内容包括德能勤绩等方面，其中，"德"看的是态度与价值观，"能"看的是胜任力，"勤"看的是怎么做，"绩"看的是做得怎样。人才评鉴关心的三个基本问题是"能不能干""能不能干好""能不能持续干好"。人才评鉴更强调"照镜子"，即反映客观情况、减少主观性影响，同时也更关注时间效力，强调要动态评鉴，而不是贴标签，甚至盖棺论定。这与干部考核的思路类似。

综上，人才评价是更为综合、更加全面的概念，因此在人才政策和制度体系中得到广泛应用，达成一致共识。

二 人才评价的内涵

从人才评价的概念可以看出，人才评价是一种价值评价，人才评价是确认人才价值的活动过程，而人才价值是人才评价的目的和结果。因此，要了解人才评价原理首先要认识评价与价值的关系。

（一）评价与价值的关系

从哲学意义看，价值是在实践基础上形成的主体和客体之间的一种意义关系。主体及其需要的复杂性，客体及其属性的丰富性，决定了价值形态的多样性。从实践角度看，价值是指客体对于主体表现出来的积极意义和有用性，主体和客体的价值关系是在实践中实现的。马克思认为"价值这个普遍的概念是从人们对待满足他们需要的外界物的关系中产生的""价值是人们所利用的并表现了对人的需要的关系的物的属性"。① 由此可见，价值与需要密切相关，价值反映的正是价值客体满足价值主体需要的关系。

评价是一种特殊的观念活动，人们通过评价来揭示和把握价值。从哲学意义看，评价是人对事物价值的一种观念性把握，是主体对客体的价值及其大小所作的判断，因此有时也被称作价值评价。从实践意义上来看，评价以价值为对象，反映的是事物的属性、关系以及它们的变化过程与人的需要、目的、利益之间的关系、揭示事物对于人的意义。

评价和价值紧密联系在一起，但评价和价值是不同的。价值是一种客观存在的社会现象，评价是关于客观价值的主观判断。评价揭示价值，但并不直接创造价值。评价必须以价值为基础，随着客观价值的变化而变化。评价可能符合客观价值，也可能不符合客观价值。但无论符合与否，都不能改变价值的实际状况。在评价活动中，存在着两个层次的主客体关系：第一层次是价值关系，反映的是价值主体（主体Ⅰ）对价值客体（客体Ⅰ）的评价；第二个层次是评价关系，反映的是主体对价值关系（客体Ⅱ）的评价，这里的主体既可以是价值主体（主体Ⅰ），也可以是外在主体（主体Ⅱ）（见图1–1）。②

（二）人才评价原理

人才评价原理是指人才评价中具有普遍意义的基本规律。评价与认知是人类认识的两个方面。认知以客观事物及其规律为对象，反映的是事物本身的属性、关系和发展过程；评价以价值为对象，反映的是事物的属性、关系以及它们的变化过程与人的需要、目的、利益之间的关系，揭示事物对于人的意义。认知活动是主体趋向于客体的活动。它要把握客体的本来面目，真实地反映客观事物本身的发展状况和规律，总是力图从认识内容中排除人的主观因素。评价活动是使客体趋向主体的活动，它要揭示客体对于主体的意义，总是运用主体的评价标准去衡量对象，评价标准是

---

① 《马克思恩格斯全集》第26卷，人民出版社1965年版，第139、406页。
② 王汉澜主编：《教育评价学》，河南大学出版社1995年版，第29—30页。

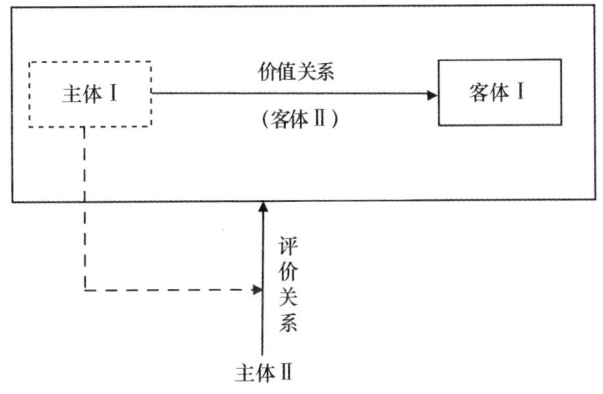

图 1-1 评价原理示意

评价活动的前提条件和主导因素。

具体到人才评价活动中,可以进一步分成三个层次的主客体关系:第一层价值关系中,价值客体就是人才个体;价值主体是与人才发生直接联系的,既可以是个体(如直属领导),也可以是组织(如用人单位);价值关系反映的就是价值主体对人才的评价。第二层评价关系中,主体既可以是价值主体,也可以是第三方,评价关系反映的是对价值关系的评价。开展具体评价活动时,往往带有一定的目的,目的会产生需求,需求得到满足才会体现相应评价活动的价值。因此在具体的人才评价活动中,往往还会涉及第三层关系,这时评价关系就成为客体Ⅲ,主体Ⅲ往往是群体代表(如社会、人才工作部门、人才代表等),评价的是人才评价这项实践活动的价值(见图 1-2)。

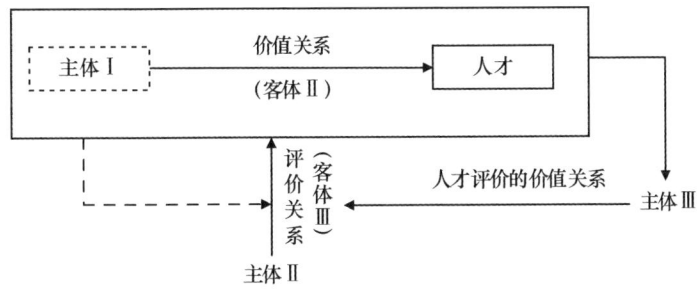

图 1-2 人才评价原理示意

三　人才评价活动的性质特点

人才评价活动本质上是一种强调系统性、公正性和科学性的人力资源管理活动。它是通过对人的知识技能、能力素质、工作态度以及发展潜力等各方面进行深入分析判断，提出客观公正的评价结果，为组织作出人才引进、培养、配置、激励等决策提供重要依据。具体来看，人才评价活动的核心特点体现在以下几个方面：

（一）系统性

人才评价活动不是简单的、零散的活动，而是一个全面、连贯、协调的体系。第一，要明确评价目的，如：是为了选拔人才？还是为了促进组织发展？评价目的决定了整个评价活动的方向和重点。第二，根据评价目的要确定评价内容，人才评价活动通常不是对个体单一方面的能力素质进行评价，而是要从多个维度设计相应评价指标，以便对人才进行全面系统的评价。第三，在评价方法上，人才评价活动也需要体现系统性。不同的评价方法（如面试、笔试、绩效考核等）各有优缺点，需要根据评价内容和目标进行选择和组合，形成一套完整、科学的评价体系。第四，评价程序同样需要系统化。这包括评价活动的规划、组织、实施、反馈等各个环节，需要确保程序的合理性和公正性，防止评价过程中出现偏差或错误。第五，评价结果的运用也体现了系统性。评价结果不仅可以用于人才的选拔、晋升等决策环节，还可以用于员工的培训和发展，以及组织的人才战略规划等方面，通过系统地运用评价结果，实现人才与组织发展的良性互动。

（二）公正性

人才评价的公正性是评价活动的基石，不仅关乎评价结果的真实性和可信度，更关系到人才选拔的公正性和人才使用的有效性。公正性要求评价者在评价过程中不偏不倚，避免个人主观情感、偏见和利益冲突对评价结果的影响。评价者需要遵循客观、真实、全面的原则，以事实为依据，以数据为支撑，确保评价结果的准确性和可靠性。此外，公正性也要求评价标准和程序的公开透明。评价者需要制定明确的评价标准，确保标准的科学性和合理性，并在评价过程中严格执行。评价程序也需要让被评价者了解，以保证评价过程的公正性。只有在公正、公平、公开的评价环境下，才能真正挖掘和发现人才的价值和潜力，为组织和社会的持续发展提供有力的人才保障。

（三）科学性

人才评价的科学性要求评价者在评价过程中以科学理论为指导，运用科学的测评工具和方法，遵循科学的程序和原则，确保评价结果的客观、准确和可靠。首先，人才评价应以多学科的科学理论为基础，如心理学、社会学、管理学、经济学、测量学、统计学等，这些科学理论为人才评价提供了丰富的理论基础和支撑。其次，人才评价需要运用科学的测评工具与方法，包括标准化测验、面试、评价中心技术、履历分析等多种方法。这些方法经过长期的实践检验和科学研究，已经被证明是有效的，确保评价结果的客观性和准确性。再次，人才评价需要坚持实事求是的原则，以实践为检验真理的唯一标准。这意味着评价者需要克服随意性和盲目性，用科学的工具和方法采集收取信息和数据，遵循科学的分析方法，使用科学的分析工具。同时，也要反对伪科学、巫术和迷信，确保评价活动的科学性和可靠性。最后，人才评价需要注重精准分类和以德为先的原则。针对不同的岗位和领域，需要制定不同的考核办法和评价标准，以更好地体现人才的特色和优势。同时，评价者也需要重视人才的道德品质和担当精神，确保评价结果的全面性和公正性。

第二节 人才评价的作用机理

人才评价是整体性人才资源培养开发过程中重要的基础性环节。谁是人才？我们需要什么样的人才？我们用什么样的方法找到我们需要的人才？这些都是人才评价需要回答的问题。人才评价的作用机理是指为确定人才的价值，人才评价各要素的内在工作方式以及诸要素在一定环境条件下相互联系、相互作用的运行规则和原理。

一 人才评价的功能

人才评价活动要有价值，首先需要根据评价目标，确定其功能作用是否满足评价需求。通常来说，人才评价的目标就是在人才开发使用过程中，发掘并培养卓越的个体，激发他们的潜能与热情，引导他们在各自岗

位上发挥最大价值,进而推动组织的持续进步,为社会的发展注入源源不断的动力。人才评价主要有五个功能:

（一）鉴定功能

这是人才评价最直接、最基本的功能,是确定人才个体所属类别、层次的过程,即了解掌握人才的知识技能、思维观念、心理状态及发展趋势,从而确定一个人是否是人才,是哪一方面的人才,是哪一层次的人才。人才评价的鉴定功能是通过科学、客观、公正的评价标准和程序,对被评价者的各个方面进行深入分析和评估,从而得出其素质、能力、绩效等方面的具体表现。这不仅有助于组织了解被评价者的实际水平和潜在能力,还可以为人才的选拔、培养、使用和管理提供重要依据。

（二）预测功能

人才评价的预测功能主要体现在对人才在未来工作表现、发展潜力以及业绩状况等方面的有效预测。这些预测是基于通过对人才当前状况的评价结果,即通过科学的测评方法,系统评估个体的素质特点和发展水平,如知识技能、能力水平、个性特征等,并结合人才所处的环境特点,如岗位要求、人际关系等,对人才在实际工作岗位的表现、可能取得的业绩水平及未来发展进行有效预测。

（三）诊断功能

通过人才评价,可以识别出个体在知识技能、能力素质、个性特征等方面与岗位要求的差距,以及组织在人才结构、人才配置、人才发展等方面存在的问题,从而帮助组织和个体清晰地认识到自身不足,采取针对性的措施加以改善。人才评价的诊断功能不是一次性的,而是需要周期性地开展。通过对人才发展状况和成长阶段进行持续的诊断与改进,可以实现组织和个体的功能优化和可持续发展。

（四）导向功能

人才评价的内容和标准通常都反映了社会对人才的需求标准,具有明确的导向性。这些如同一个导航,主导着组织选用倾向和个人发展方向,引导被评价者自觉地用他们认可的测评要素和标准来调整自己的行为,强化自己的基础和实际技能。这种自我调整和提升的行为,有助于缩小社会人才寻求和供给的差距,使人才更好地满足社会发展的需要。人才评价的导向功能不仅体现在对个人能力的评估和引导上,还体现在对企业发展、职业路径规划、综合素质提升以及专业人才发展等多个层面的指导和影响上。

（五）激励功能

从行为改造激励理论的观点看，评价是促进个体能力素质和行为表现向着社会所需要的方向发展的重要强化手段，获得正评价的行为将会得到强化、出现频率更高，而获得负评价的行为将会得到弱化、出现频率减少。人才评价的激励功能是通过设定明确的评价标准和目标，与荣誉、职称、薪资待遇、社会认可等挂钩，促进良性竞争以及发现和支持人才等多种方式实现的。这些激励措施能够有效地激发人才的积极性、主动性和创造性，促进他们的成长和发展。

二　人才评价要素

人才评价的有效性主要取决于评价标准的恰当性、评价方法的科学性和评价过程的规范性，最终表现为评价结果的适用性。因此，开展人才评价活动的要素包括评价主体、评价标准、评价方法、评价结果的应用等四个方面，重点解决谁来评、评什么、怎么评、结果如何运用的问题。

（一）评价主体

评价主体就是评价者，如在组织中对成员进行评价，组织就是评价主体；在领导对下级的评价中，领导就是评价主体；在自我评价中，人才个人就是评价主体。[1] 从我国的人才评价制度体系的发展来看，在实施干部管理制度的计划经济时期，政府承担了评价主体的主要职责，从评价标准的设立、评价过程的实施到评价结果的运用，均由政府或者政府直属机构来承担或推行；随着市场经济体制改革的不断深入，评价主体日益多元化，脱离传统体制的单位和个人更加呼吁市场化评价、社会化评价。市场化评价的主体就是市场主体，强调"谁用人、谁评价、谁发证、谁负责"；社会化评价的主体是指"专业共同体""学术共同体""行业共同体"等社会组织，基于对本领域人才特点形成的共识性标准来进行专业性评判，评判结果具有领域权威性。近年来，兴起了"第三方评价"的

---

[1] 徐颂陶、王通讯、叶忠海主编：《人才理论精粹与管理实务》，中国人事出版社 2004 年版，第 165 页。

概念,所谓"第三方"是相对于使用者和受评者而言,即评价主体由独立于利益相关者的"第三方"机构或组织来担任的评价方式。

(二) 评价标准

人才评价标准是人才评价的核心要素。古人有"玉尺量才"的说法,玉尺就是标准。自古以来,我国的人才评价标准均围绕德才展开,刘劭在《三国志》中依据人才具备的德才程度,将人才分为兼德、兼才、偏才三类。所谓兼德,是指一个人具有高尚的道德品质;兼才,则指一个人有德有才,才德双全;偏才,指一个人只具有某方面的才能。新中国成立以来就一直以"德才兼备"作为人才评价的基本标准,其中德是指政治素质和道德品质,才是指业务能力和专业水平。在德与才的关系上,应坚持两点论与重点论相统一,德与才都不可或缺,但德与才比较,德是第一位的,是才的统帅,决定着才的作用和方向;才是德的支撑,影响着德的作用范围;有德无才,难以担当重任,有才无德,终究要败坏党的事业。为此,中央提出要突出品德评价,把品德作为人才评价的首要内容,加强对人才科学精神、职业道德、从业操守等评价考核。① 此外,各行各业对于人才的要求也存在很大的差异,衡量一个人的才能就是要看他是否具备从事本职工作的能力,其评价标准就是他的工作业绩。因此,中央提出要实行分类评价。以职业属性和岗位要求为基础,健全科学的人才分类评价体系。根据不同职业、不同岗位、不同层次人才特点和职责,坚持共通性与特殊性、水平业绩与发展潜力、定性与定量评价相结合,分类建立健全涵盖品德、知识、能力、业绩和贡献等要素,科学合理、各有侧重的人才评价标准。

(三) 评价方法

评价方法就是实施评价的技术手段。人才评价方法的选择重在提高人才评价的针对性和精准性。从技术手段角度来看,传统的评价方法包括评审、考试、考评结合、考核认定、个人述职、面试答辩、实践操作、业绩展示、360度评价等。随着测量技术的不断发展,人才测评手段也逐步丰富,履历分析、心理测验、情境模拟(文件筐、无领导小组讨论、管理

---

① 中共中央办公厅 国务院办公厅:《关于分类推进人才评价机制改革的指导意见》,2018年2月。

游戏、角色扮演等)、评价中心技术等方法也越来越多地应用到人才评价过程中。此外,随着数字技术的不断发展,加之人们对评价精细化、可量化程度要求的逐步提高,数学建模、虚拟现实技术等方法也成为人才评价的重要方法。按照评价参照依据的不同,评价方法大体可以分为定性评价、定量评价和定性定量相结合等三种类型,定性评价通常依据业内专家的评判,如同行评议法;定量评价通常依据可量化的指标数值进行评判,如科学计量法、经济分析法;定性和定量相结合的方法,如综合评价法、人才测评法。

(四)评价结果的应用

评价人才是为了更好地激发人才、使用人才。评价结果的应用可看作对人才评价目标的印证。一般来说,人才评价结果可用于五个方面:

一是人才选拔。随着经济社会的高速发展,社会分工日益细化,工作岗位对人才的专业素质、技术技能水平、适应性的要求越来越高。人才评价的运用可以提高人才选拔的效率、增加人事决策的科学性、准确性和公平性。

二是人员配置。人员配置是组织有效活动的保证。合理的人员配置可以确保组织中每个岗位都有适合的人员来完成工作,避免工作过载或资源浪费,提高工作效率,实现工作的高质量完成。合理的人员配置可以让员工在自己擅长的领域发挥才能,激发工作积极性和创造力,提高工作满意度和归属感,进一步推动组织的发展。人才评价能够全面、客观地评估员工的能力、潜力和价值,作为人员配置的科学依据,进而提高人员配置的效率和准确性、增强组织竞争力、促进组织持续发展。

三是人才培养。人才培养是一个系统且全面的过程,旨在发掘、培养并合理利用人的智慧、知识和能力,以满足个人成长、组织发展和社会进步的需要。发现个体的优势和不足是人才培养的基础。人才评价能够全面评估个体的能力、潜力和发展方向,为人才培养提供明确的方向,基于人才评价的结果,可以确立具体的人才培养目标,包括短期目标和长期目标,进而制定个性化的培养计划和策略,确保人才培养的针对性和有效性。

四是考核。现代的人事考核已不仅仅局限于单纯的工作产出绩效考核,越来越多地涉及工作中的态度、行为、胜任力等,这些方面的考核很难有明确的产出性标准，往往需要运用专门的测评工具对个体行为和内在品质进行量化评价，进而为考核结果提供决策依据。

五是晋升。晋升是对员工能力和工作表现的认可，能够极大地激发员工的工作积极性、优化组织结构、提高组织竞争力。晋升通常伴随着更高的职位、更多的责任和更高的待遇，能够满足员工对职业发展的期望和追求，增强他们的职业满足感。人才评价能够帮助组织明确晋升的标准和条件，提升晋升效率，确保晋升决策的公正性和合理性。

三　人才评价作用机理

在人才评价活动中，四要素并不是独立存在的。高效评价是在锚定评价目标，遵循评价规律，四要素协同配合、统筹运行、有效作用的情况下实现的。因此，人才评价的作用机理既是四要素各自特点的体现，也是四要素协同配合的体现。

（一）评价主体的作用

评价主体是评价活动的直接参与者，他们的职业道德水平、专业素养、评价技能都直接影响到评价结果的准确性和有效性。第一，评价主体要能够根据组织目标、岗位需求以及人才发展战略等正确理解评价目标，熟悉不同评价目标的导向，进而确定相应的评价方向；第二，评价主体需要掌握评价标准，不仅涉及业绩成果等客观标准，更重要的是评价主体在评价过程中要确保自身主观判断的一致性；第三，评价主体要熟悉评价方式方法，知晓各类评价技术的使用方法，按照既定的评价程序客观、科学、有效地实施评价活动；第四，评价结束后，评价主体要能对评价结果给出恰当的反馈，不仅能指出被评价者的优点和不足，还应该能给出具体的改进建议。总之，评价主体不仅需要在评价过程中保持公正、客观的态度，避免主观偏见和利益冲突对评价结果的影响，还需要不断更新评价理念和方法，以适应不断变化的人才市场需求和组织发展要求。

（二）评价标准的作用

评价标准在人才评价活动中发挥着引领作用，其制定和应用需要遵循人才成长规律，并充分考虑实际情况和需要，以确保其科学性、合理性和有效性。构建科学合理的评价标准，一是可以为组织或个人建立一个公正客观的评价体系，有助于减少评价活动中主观因素的干扰，确保评价结果的准确性和公正性。二是可以帮助组织识别出绩优员工和问题员工，为组织有针对性地制订培训和晋升计划提供科学依据。同时，个人也可以通过评价标准了解自己在工作中的表现好坏以及发展方向，从而对自身有一个清晰的认知。三是在评价标准的引导下，个人和团队可以在工作中明确自己的目标，努力提高自己的工作能力和绩效水平，以获得更好的评价结果。这有助于激发个人的工作动力和发展愿望，推动组织持续改进和提高。四是评价标准还可以作为工作的参考和指导，帮助个体更好地理解岗位要求，合理安排工作计划，提高工作效率和质量。

（三）评价方法的作用

人才评价方法是识别、评估和选拔人才的关键工具，是人才评价实施过程可靠性、有效性的重要保证，对提高人才评价效率和质量具有重要意义。一个科学合理的人才评价方法能够确保评价结果的一致性和准确性，从而为企业或组织提供可靠的决策依据。一个公正的评价方法能够确保评价结果不受评价者的个人偏见或其他非相关因素的影响，从而保证了评价过程的公平性和公正性。一个可接受的评价方法应该符合伦理和道德标准，确保评价过程的合法性和合理性。一个有效的评价方法应该能够真实反映被评价者的实际情况，而不是仅仅停留在表面或者受到其他非相关因素的干扰。通过有效的方法，组织可以更加准确地识别出优秀的人才，避免因为评价不准确而导致的资源浪费和人才流失。

（四）评价结果的作用

人才评价结果是对个体在特定领域或职位上的能力、素质、绩效等方面的综合评价结论，是组织和个人共同发展的重要参考依据，有助于实现人力资源的优化配置和个人职业的有效发展。一是人才评价结果能够为组织提供客观、全面的员工能力评估，有助于组织更准确地选拔和配置人才。二是人才评价结果可以作为员工晋升、薪酬调整、培训发展的重要依据。通过定期对员工进行人才评价，组织可以发现员工的优势和潜力，为他们制订更具针对性的职业发展计划。同时，根据评价结果调整员工的薪酬和福利待遇，可以激发员工的工作积极性和归属感。三是通过对员工绩效、能力、潜力等方面的评价结果，企业可以及时发现管理中存在的问题和不足，进而调整和优化管理策略，提高整体运营效率。四是人才评价结果可以促进员工自我认知和提升。通过了解自己在工作中的表现和潜力，员工可以更加清晰地认识到自己的优势和不足，从而制订个人发展计划，提升个人能力和素质。

四 评价误差

由于评价客体是人，而无论什么类型的评价主体也是由人组成的，因此在人才评价过程中难免出现评价误差。刘劭在《人物志》中就提出人才评价时会存在七种类型的主观误差，称之为七缪，即"一曰，察誉，有偏颇之缪。二曰，接物，有爱恶之惑。三曰，度心，有小大之误。四曰，品质，有早晚之疑。五曰，变类，有同体之嫌。六曰，论材，有申压之诡。七曰，观奇，有二尤之失"。人才评价产生误差主要包括三类：一是人为性误差，是指由于人才因素产生的评价误差，如评价者的思想作风、政策水平和工作能力造成的误差；评价对象受社会程序性影响而表现出与其实际不一致的思想意识、行为表现、态度价值观等造成的误差；在民主评议过程中，评价者与评价对象之间的了解程度、相互关系等也会造成评价误差。二是时效性误差，即由于时间推移因素而产生的误差，人才是动态发展的，而履历信息往往反映的是过去的人才信息。三是技术性误差，即由于技术因素而产生的误差，如评价指标设计不合理、数学模型构建不科学、测试软件精度不高等。人才评价的误差直接会导致用人决策的失误，因此，人才评价的基本要求就是尽可能减少误差，提高评价的信度和效度，全面准确地对人才进行价值判断。所谓"全面"就是评价时既要反映历史，更要反映现实，还要反映未来发展趋势；既要反映人才的能力素质，更要反映人才业绩贡献，还要反映人才的尽职行为。"准确"就是说评价时既要定性，又要定量，要抓好人才评价过程中人才信息的科学获取、科学处理、科学计量的三个基本环节，达到人才评价科学化的基本要求。

第三节 人才评价的研究现状

通过中国知网搜索1978年以来的"人才评价"主题相关的文献，截至2024年3月8日，共有10982篇，其中学术期刊类文章约8993篇，学位论文922篇，会议论文219篇，报纸848篇。其中以"人才评价"作为标题的文章就有1509篇，其中21世纪以前的文章仅26篇，党的十八大以来的文章有900余篇。综观人才评价研究，主要聚焦在如下几个方面：

一 人才评价标准的研究

人才评价标准是人才评价制度的核心，要回答的是"评什么"的问题，它既是人才评价的依据，也是人才培养的目标。

21世纪初，学界曾经有一次关于人才评价标准的大讨论，王通讯（2002）[①] 提出"人才"指的是"德才兼备、才能杰出者"，主要强调的是人的杰出性。同时提出要避免与强调"专业性"的"专门人才""专业技术人才"的概念混淆；华才（2002）[②] 提出建立科学的人才评价标准，即多维的、系统的、有针对性的、客观的、具体的、可以量化的；申渝[③]（2002）提到人才的评判标准生发于人才定义，人才标准正在从唯学历、唯职称到重能力、重业绩，再到未来重心态、重品行，呈现出从单一走向多元的特点；周启元（2003）[④] 提出人才评价的最关键性标准是人才质的规定性，最核心标准是对社会贡献较大，人才评价标准应该是多维的、多层次的；沈荣华（2004）[⑤] 梳理了新中国成立以来人才评价标准经历了从"重成分"到"重学历"再到"重能力"的历史过程，提出科学人才观下的人才评价新标准，即"坚持德才兼备的原则下，把品德、知识、能力与业绩作为衡量人才的主要标准"；张成武等（2006）[⑥] 提出新时期人才评价标准：首要条件是道德修养，核心要素是科技创新能力，基本要求是专业技能。

2010年第二次全国人才会议召开后，聚焦"创新人才评价发现机制"，建立"以岗位职责要求为基础和品德能力业绩为导向的人才评价机制"，叶忠海（2012）[⑦] 提出要建立以"创新素质—创造实践—创新成

[①] 王通讯：《"人才评价标准"讨论之我见》，《中国人才》2002年第11期，第3页。
[②] 华才：《建立科学的人才评价标准》，《中国人才》2002年第11期，第4—12页。
[③] 申渝：《人才评价标准走向多元化》，《中国人才》2002年第11期，第11—12页。
[④] 周启元：《关于人才评价标准问题的思考》，《中国人才》2003年第1期，第30页。
[⑤] 沈荣华：《确立科学人才观：从"重成份"、"重学历"到"重能力"》，《中国人才》2004年第1期，第43—44页。
[⑥] 张成武、魏欣、张敬：《新时期人才评价标准研究》，《中国科技信息》2006年第20期，第162—163页。
[⑦] 叶忠海：《论科学人才观（下）》，《人事天地》2012年第6期，第14—16页。

果"为主线的、有利于创新型人才涌现为导向的人才评价指标体系;魏蜀铭(2013)[①]探讨了人才评价标准中德与才的内涵问题,将"德"分为"思想素质""政治素质""道德素质"三个要素,才则细化为"智""能""绩"三个维度。

党的十八大以来,将人才工作推向一个新高度,伴随着一系列人才评价制度改革文件的出台,围绕如何领会文件精神、把握新时代人才评价标准的内涵,张永清(2016)[②]将人才评价标准分为五个系统,即品德系统、能力系统、知识系统、业绩系统、经验与成就系统,并阐释了五个系统之间的关联;王少(2021)[③]提出科研评价和人才评价不能共用同一套评价标准,科研评价重在评价成果的质量,而人才评价重在评价成果的学术影响和社会效益,以及评价对象的个人品行;孙锐(2022)[④]提出科技人才评价,实质是确定科技人才个体在专业领域人才生态中处于何种生态位,而人才个体在其生态共同体或生态体系中所处的生态位则由其自身能力、价值、贡献和专业化水平等多种专业化要素所决定。

二 人才评价方法的研究

人才评价方法是对人才进行测量与评定的技术方法和手段,是发现和评价人才的途径,要回答的是"怎么评"的问题。关于人才评价方法的研究一方面是围绕评价主体展开,另一方面是围绕人才测评的技术手段的发展和应用而展开。

桑原卫等(1994)[⑤]提出人才评价也就是"人才的事前评价",是事前发现、评价个人的潜在能力、资质对于管理工作的适合性及其在将来能发挥得如何的技法。并提出了人才测评的具体做法:根据个人潜在能力和资质能够表现在外部容易观察到的态度、行为、言论等状况,按照心理学设计出若干种活动,由经过特别训练的评价师来观察并记录参加者在活动

[①] 魏蜀铭:《人才评价标准中的德与才》,《企业改革与管理》2013年第5期,第64—65页。
[②] 张永清:《把握新人才评价标准的丰富内涵》,《唯实》2016年第9期,第58—61页。
[③] 王少:《评价标准怎么立?——破"五唯"后的思考》,《天津师范大学学报》(社会科学版)2021年第4期,第82—87页。
[④] 孙锐:《正确认识科技人才评价的本质》,《中国人才》2022年第8期,第19—21页。
[⑤] 桑原卫、李青篮:《人才评价的有效方法》,《北方经贸》1994年第9期,第41—44页。

中的行为，按照规定的观察项目逐个进行评价，最后将评价结果整理成评价报告书供人事部门使用。李思宏等（2007）[①] 比较了科技人才评价常用的五种方法：同行评议法、科学计量法、经济分析法、综合评价法、人才测评法，指出每种方法都有自身的优点和局限性，因此不能用单一的评价方法来评价人才，需要充分发挥各类评价方法优势，根据评价指标体系构建科学的评价方法体系。方阳春（2016）[②] 总结了我国和美、英、德等国家的科技人才评价经验，指出我国主要是政府主导，采用评审、考试、考评结合的评价方法，美、英、德等国家则主要通过行业协会、采用同行评议方法进行资格认证。吴新辉（2018）[③] 提出新一代智能信息技术，将引发人才评价由去情境化向情境融合、线性假设范式向非线性假设范式、个体中心向团队导向、岗位中心向跨界域任务导向、有限数据信息向海量数据信息的转变，以及高潜能和全球性领导人才重要性凸显等特点。孙锐（2022）[④] 提出科技人才评价一定要业内来评、同行来评和第三方来评，让"专家选择专家，让人才评价人才"才是科技人才评价的核心技术路线。田军等（2022）[⑤] 讨论了利用层次分析法（AHP）与模糊评价法相结合的方式构建科技人才分类评价模型，首先确定基础研究类、工程技术类和创新创业类科技人才评价指标的权重，然后利用模糊综合评价法建立评语集，从而得到科技人才分类评价模型，再使用层次分析法确定科技人才评价指标体系中各个评价指标的权重。

三 人才评价机制的研究

人才评价机制在人才开发和管理过程中发挥着基础性和关键性的作用，在人才制度建设中处于核心的位置，也是学界探讨的热点。改革开放

[①] 李思宏、罗瑾琏、张波：《科技人才评价维度与方法进展》，《科学管理研究》2007年第2期，第76—79页。

[②] 方阳春、贾丹、王美洁：《科技人才任职资格评价标准及方法研究：基于国内外先进经验的借鉴》，《科研管理》2016年第S1期，第318—323页。

[③] 吴新辉：《新技术革命时代人才评价的范式转变与方法》，《中国人事科学》2018年第3期，第48—55页。

[④] 孙锐：《正确认识科技人才评价的本质》，《中国人才》2022年第8期，第19—21页。

[⑤] 田军、刘阳、周琨等：《陕西省科技人才评价指标体系与评价方法构建》，《科技管理研究》2022年第4期，第89—96页。

40多年来一直围绕人才评价机制的科学化、市场化、社会化展开研究和讨论。

谭文波（1999）[①]提出从体制上建立与市场经济相配套的人才评价管理制度，从方式上要研究人才评价多元化、社会化、法治化的评价体系，从机制上要建立真正体现竞争激励机制和公正、公平、公开的评价机制。萧鸣政（2009）[②]指出人才评价机制是人才评价工作的系统化与科学化发展形式，是一种基于评价过程的人才开发与管理的动态体系。人才评价机制的特点与功能在于其社会性、结构性、循环性与联动性，在于其评价主体的多元化、评价客体的分类化、评价内容的标准化、评价手段的科学化、评价结果的客观化、评价过程的战略导向化。杨丽坤等（2014）[③]提出构建科学的社会化人才评价机制，要从建立健全人才社会化评价的组织体系、打造科学权威的评价标准、开发多样化科学化的评价方式和方法、确保运作程序的规范性透明性和独立性等方面入手。王静（2017）[④]提出创新人才评价机制需要把握好评价主体及其权责素质与评价主观偏差、评价标准因才设置与评价效度、评价方式选择与公平公正等三组关系。董淑娟等（2017）[⑤]提出构建一个包括多元化的评价主体、多元化的评价标准、多元化的评价方法和多元化的评价内容在内的人才评价机制，是实施人才战略计划的必然要求。孙锐（2019）[⑥]提出人才评价"四唯"负面反映，是跟随式发展的评价制度与当前创新驱动发展战略路径间产生的冲突和矛盾的具体体现。我们亟待建立一套匹配夺标型国家战略安排的、体现国际竞争力的人才评价体系，并在此基础上建立人才发展优势。高静等

[①] 谭文波：《构建科学合理的人才评价机制》，《学习导报》1999年第2期，第37页。

[②] 萧鸣政：《人才评价机制问题探析》，《北京大学学报》（哲学社会科学版）2009年第3期，第31—36页。

[③] 杨丽坤、马建新：《关于构建科学合理的社会化人才评价机制的思考》，《宁夏党校学报》2014年第5期，第63—66页。

[④] 王静：《创新人才评价机制要把握好三组关系》，《中国人才》2017年第2期，第38—39页。

[⑤] 董淑娟、陈琳：《过程性多元化人才评价机制的构建》，《企业改革与管理》2017年第22期，第67页。

[⑥] 孙锐：《构建适应新时代发展要求的人才评价机制》，《中国人才》2019年第7期，第24—26页。

(2021)① 提出培养和造就创新型人才要建立公平的人才评价机制，即建立公平的人才评价标准、构建公平的人才评价方式、营造公平的人才评价环境。周文泳（2022）② 提出改革开放以来我国科技人才评价机制改革经历了建章立制、局部完善、国际接轨等阶段，但依然存在偏重物质激励，学术话语主体意识薄弱，逐步暴露出"四唯""五唯"等问题，对照《国民经济和社会发展第十四个五年规划和2035年远景目标纲要》要求，应该从加大德行评鉴力度、探索价值发现机制、探索多种科技人才遴选方式之间的"赛马"制度入手深化科技人才评价机制改革。

四 人才评价政策变迁的研究

近年来，伴随着人才评价制度改革的不断深入发展，总结制度变迁过程，分析历史特点，展望未来发展也成为研究热点。萧鸣政等（2019）③从制度发展层面将新中国成立70周年以来我国的人才评价分为五大时期：探索发展期（1949—1977年）、拨乱反正恢复期（1978—1991年）、快速发展期（1992—2002年）、科学发展期（2003—2012年）与机制发展期（2013年至今），提出虽然我国人才评价制度不断发展与完善，但仍然存在人才评价制度的法治力度不足，促进与提升人才评价主体能力的相关制度缺失，人才评价标准与方法开发等方面的制度扶持不到位，人才评价制度体系内部各制度之间契合性、配套性和协同性不够等问题，并且提出相应的对策建议。于飞（2019）④ 则以改革开放为界限，将新中国成立70周年以来我国科技人才评价制度分为两大时期七个阶段：改革开放前：初创建立阶段（1949—1955年）、曲折发展阶段（1956—1965年）、扭曲停滞阶段（1966—1976年）；改革开放后：体系恢复阶段（1977—1984年）、体制改革初期阶段（1985—1992年）、市场改革深入阶段（1993—

---

① 高静、黄河：《建立公平的人才评价机制》，《中国人才》2021年第9期，第55页。
② 周文泳：《深化科技人才评价机制改革》，《中国社会科学报》2022年3月8日第1版。
③ 萧鸣政、陈新明：《中国人才评价制度发展70年分析》，《行政论坛》2019年第4期，第22—27页。
④ 于飞：《建国70年中国科技人才政策演变与发展》，《中国高校科技》2019年第8期，第9—13页。

2009年)、创新驱动发展阶段(2010—2019年)。刘璐(2021)① 将1994—2020年国家出台的635份人才评价政策文献作为研究样本,通过文献计量分析法,研究发现,我国第一阶段(1994—2005年)人才评价政策重点在于改革人才评价方式,建立各类人才的科学评价体系;第二阶段(2006—2015年)将人才评价政策的关注点转移到对各个阶层人才的评价上,主张发挥企业的积极性,创新人才评价体系,优化人才队伍;第三阶段(2016—2020年)人才评价政策关注点在于创新机制,强调根据人才分类评价,突出人才评价体系的多元化,针对高技能人才、科技人才和科研人才出台了相关政策。

第四节 人才评价的研究展望

习近平总书记在中央人才工作会议上的讲话指出:"我国人才发展体制机制一个突出问题是人才评价体系不合理,'四唯'现象仍然严重,人才'帽子'满天飞,滋长急功近利、浮躁浮夸等不良风气。"这些问题产生的原因是多方面的,既有对人才评价的科学性问题研究尚不深入,鲜有"应然"角度的研究,也有人才评价实践创新不足,尚不能适应新时代人才战略的需求。因此,需要进一步深化理论研究和实践探索。

一 加强人才评价的基础性研究

人才评价本质是人才的价值评价。价值取向是人才评价的基础,正确的价值取向不仅有利于作出正确的价值判断,更有利于在一定范围内引领价值追求,促进价值提升。显然,价值取向不能游走于不同主体的需要之间,也不能依据个人好恶评判,而必须从更高层次科学合理地把握。区别于客观事物评价,人才评价的主体和客体都是人,人具有明显的个体差异,主观能动性较强,评价活动的价值要与人的需求密切结合。从科学视角来看,人才评价是一个由理论体系、方法群、技术支撑和结果展示所构成的完整的系统。② 但目前的研究大多集中于实践应用方法和技术的研

---

① 刘璐:《我国人才评价政策的变迁研究》,硕士学位论文,兰州大学,2021年。
② 叶忠海、郑其绪总主编:《新编人才学大辞典》,中央文献出版社2015年版,第285页。

究，过于强调实践性，而理论研究还未成体系，如人才评价基模、条模和点模[①]还未形成逻辑链条，这是人才评价实践经常受到质疑的根本性原因。因此，需要进一步加强人才评价基础性研究，促进理论和实践的有效结合。

二 细化人才评价活动的要素研究

科学的人才评价是以组织行为学、心理测量学、系统论及有关学科理论为基础，结合现代信息技术的应用，采用考试、心理测验、结构化面试等多种方法和手段，对人的知识结构、工作技能、心理素质、职业倾向和个性特征等进行多方面的结构化的评价。[②] 人才评价体系的合理构建需要对各要素进行深化研究。

（一）深化评价标准的类别化精细化研究

谁是人才？我们需要什么样的人才？这些都是需要借助评价标准来回答的问题。评价标准作为人才价值的体现和反映，始终是人才评价研究中最核心的问题。长期以来我们基本是从评价对象本身出发，强调德才兼备。不论在什么时代，"德"始终是基础性标准。而对"才"的理解与当时的人才发展状况紧密结合，传统上"才"的评价标准更多是依据"身份""资历"等个体属性来设置的。但实际上，人才价值更多是在与"事"相结合的情况下才得以体现，自身的"身份""资历"等属性很难真实反映人才价值，比如会写论文的医生并不一定手术做得好，拥有高学历的工程师在工艺改造方面未必比技师强。因此，科学合理的评价标准需要从"事"出发，与专业要求、职业要求、岗位要求挂钩，以能力、实绩、贡献为导向。"事"要分类，有的"事"需要体现创新价值，有的"事"需要强化社会价值，还有的"事"需要追求经济价值，不同"事"

[①] 人才评价基模是指人才评价最基本的指标，其他所有子要素均由基模而派生。目前研究认为，"德、智、能、绩"就是人才评价的基模。人才评价条模是对基模的再分解，是在基模基础上延伸出的不同行业应用的人才评价模型。点模是直接用于现场的、体现岗位特色的人才评价系统。基模和条模具有规定性特征，点模则体现人才评价具体性、应用性特征。——该观点出自叶忠海、郑其绪总主编《新编人才学大辞典》，中央文献出版社2015年版，第291—293页。

[②] 徐颂陶、王通讯、叶忠海主编：《人才理论精粹与管理实务》，中国人事出版社2004年版，第165页。

下人才的成长规律各不相同，因此根据不同"事"的价值需求和成长阶梯设置相应的评价标准才能真正做到人才评价的精细化。

（二）厘清评价主体关系的研究

谁来评价这一问题是人才评价研究中争论较多的问题，而这一问题的答案主要应该由评价目的和内容来决定。传统意义的人才评价一般以政府和用人单位为主体，政府评价主要解决的是公信力问题，用人单位评价解决的是使用问题。近些年来兴起的市场化评价、社会化评价、第三方评价解决的是权威性、专业性和公平性问题。而不同评价主体秉持的评价标准也有所不同，政府评价更多采用的是基础性、门槛性标准，用人单位采用的是职位或岗位标准，市场化评价机构采用的是市场性标准，专业组织采用的大多是专业标准。因此，需要在人才分类管理的基础上，进一步厘清政府、市场、专业组织和用人主体在各类人才评价中的职能定位，确定各类人才的评价主体，尽可能减少多头评价、重复评价、交叉评价，避免增加人才不必要的评价负担。

（三）强调人性化评价方法的研究

怎么评价是人才评价中的操作环节，直接影响评价质量。伴随着测量理论和技术的发展，人才评价的技术方法也日益丰富，除了传统的考试、面试等方法，现代人才评价中开始大量引入心理测验、AR操作考核、情境判断、评价中心技术等新型测评方式方法。但每种测评方法的产生背景、适用条件、测试精度等都有所不同，在很多情况下，并不是测试精度越高越好，需要结合评价目的、专业化要求、时间条件等多种因素综合考量，选择性价比最优前提下的精度最高的方法。同时需要注意的是，"人"的评价不同于"物"，评价方法的选择要以人为本，要避免将测量"物"的思想和方法移植到人才评价中，避免评价工具化趋势。

（四）合理确定评聘关系的研究

人才评价作为一项重要的人才制度，其结果的应用是"指挥棒"效力的根本体现。当前评价结果的应用主要体现在评聘关系的处理上，目前可以概括为"评聘结合"和"评聘分开"两种模式。人才评价主体可以是政府、用人单位、专业组织、市场化机构等，但用人单位才是人才使用的主体，到底选择哪种评聘模式，需要结合自身功能定位和发展方向，深入分析职业属性、单位性质和岗位特点，合理确定评聘关系，以达到评以适用、以用促评的目的。

三　推进人才评价国际可比等效的研究

伴随着世界多极化、经济全球化、社会信息化、文化多样化的深入发展和"一带一路"建设的深入推进，一方面我国要更加积极有效地引进急需的紧缺海外高层次人才、聚天下英才而用之，另一方面我国越来越多的技术技能人才也迫切需要随着"中国制造""中国服务"走出去。而推进人才评价国际化、积极与他国建立互认机制正是人才全球化流动的基础性举措，目前工程技术领域正在进行积极的尝试。例如，中国科学技术协会2018年参照《国际职业工程师协议》标准研制了中国工程能力评价的系列标准，并开展了工程能力评价与国际互认合作的探索。未来在更多的领域推进人才评价国际化将是大势所趋。

第二章

人才评价的发展历史

人才评价思想自古以来便在社会文明发展中扮演着至关重要的角色，早在尧舜时期，贤能的选拔与评价就已经成为治理国家、推动社会进步的重要一环。随着历史的演进，人才评价思想逐渐丰富和发展。科举制度的兴起，更是将人才评价推向了一个新的高度。进入现代社会，人才评价思想继续发展与创新，西方在评价技术方面的发展为人才评价带来了更多的可能性和机遇，使其更加科学、准确、公正和透明。随着科技的进步和全球化的深入发展，人才评价也逐渐走向科学化、多元化和国际化。

第一节 我国古代人才评价的发展历史

我国的人才评价历史悠久，在古代，人才评价也被称为"知人"或"察人"，是人才思想的重要组成部分。古人认为，知人察人是成事、用人、治人的基础，因此，历代思想家、政治家都极为重视知人察人的问题，并进行了多方面的探讨，提出了许多有价值的见解，古人流传下来的经史子集中处处闪烁着关于人才评价的智慧之光。从有记载的历史发展来看，我国古代人才评价的历史大致可以分为萌芽期、发展期和成熟期三个时期，每个历史时期都形成了重要的人才评价思想，进行了实践和制度探索，对后世人才评价的发展具有重要借鉴意义。

一 萌芽期（远古时代—春秋战国时期）

人才评价思想自古以来便在社会文明发展中扮演着至关重要的角色，其源头可以追溯到远古时代的尧舜时期，在那个时期，贤能的选拔与评价就已经成为治理国家、推动社会进步的重要一环。《尚书·尧典》中记载了唐尧对舜禹的长达28年的测试与考察，这时人们就已经开始注重对人的品德与才能的评价，强调以德才兼备为标准来选拔和评价人才。这种思想奠定了古代人才评价的基础，为后来人才评价、选任、使用、培养等制度的建立提供了重要的参考。

春秋战国时期，人才评价思想呈现出多元而深入的特点，这一时期的社会变革和动荡为人才评价思想的发展提供了肥沃的土壤。《管子·权修》中提出了"察能授官"的主张，即根据能力给予官职、区分等级给予奖赏，并且指出这是用人的关键。儒家学派的代表人物孔子在《论语》中详细记载了他的人才评价思想，如，孔子在《论语·公冶长》中提出，知人要"听其言而观其行"，在《论语·尧曰》中进一步指出："不知言，无以知人"，强调了对人进行评价时分辨其言语，观察其行为的重要性；在《论语·子路》中，提出了听取和鉴别群众意见的原则，"不如乡人之善者好之，其不善者恶之"，即评价人的好坏，不能笼统地一般性地看待群众意见，而应该首先分清评价主体是好人还是坏人；在《论语·里仁》中孔子指出："人之过也，各于其党。观过，斯知仁矣"，即人们所犯的错误类型不一，观察一个人所犯错误的性质，就可以知道他的为人。道家学派的代表人物庄子提出察人的"九征法"，即以九种不同情境测试人的不同反应，以达到对人在忠诚、敬慎、能力、智识、信誉、廉洁、节操、仪态、人际等九个方面[①]识别、察验的目的。墨家学派的代表人物墨翟撰写的《墨子·尚贤》一文被认为是我国古代第一篇人才学专论，[②] 他是历史上第一个提出"有能则举之"这一任人唯贤的原则，主张国家在选任人才时，应当"不辨贫富贵贱远近亲疏"，而主要看其是否贤能，"贤者举而上之，富而贵之，以为官长；不肖者抑而废之，贫而贱之，以为徒役"。墨子强调"察能予官"，提出"听其言，迹其行，察其所能而慎予官"，即通过对人们的言论、行动、能力认真考察，根据其能力的大小授

---

① 《庄子·杂篇·列御寇》："远使之而观其忠，近使之而观其敬，烦使之而观其能，猝然问焉而观其知，急与之期而观其信，委之以财而观其仁，告之以危而观其节，醉之以酒而观其则，杂之以处而观其色。"

② 李哲夫：《我国古代第一篇人才学专论——读〈墨子·尚贤〉》，《河南师大学报》（社会科学版）1982年第3期，第94—98页。

予适当官职。法家学派重视人才的实践,强调人才要通过自己的行为产生积极的结果与影响,提出"尚法不尚贤"的实用人才观,代表人物韩非子提出鉴别人才时,"不听其言也,则无术者不知"①,这里的"言"是针对事实而言,最终要落在实践上。

《吕氏春秋》综合先秦诸子百家察人法,提出了"八观六验""六戚四隐"察人法②。"八观六验"主要是对人才自身素质的考察,"六戚四隐"主要是对人才社会关系的考察。③"八观"主要是通过观察一个人的外在表现和行为举止来判断其内在品质和性格特征,这八观包括:当一个人有地位时,观察他是否趾高气扬、蛮横无理;当一个人任要职之时,观察他推荐什么样的人;当一个人富足之后,观察养什么样的门客、结交什么样的人;当一个人无事可做时,观察他有哪些爱好,看他业余时间追求什么、崇尚什么;当一个人身处领导周围,有一定的发言权时,观察他是出好主意还是坏主意;当一个人贫穷时,观察他不接受什么;当一个人地位卑贱时,观察他什么事不会去做。"六验"则是通过观察一个人在六种情况下的反应来检验其真实品质,这六验包括:使一个人高兴,借此考验他安分守己的能力,看他是否得意忘形;讨好一个人,看他有没有什么癖性;使一个人发怒,考验他自我控制的能力;使一个人恐惧,看他能否坚定立场、凛然有为;使一个人哀伤,考验他的为人;使一个人痛苦,考验他是否有志气。"六戚"是指父、母、兄、弟、妻、子这六种非常亲密的亲属关系,也就是说,当要对一个人委以重任时,首先要向他的父母了解一下他对父母够不够孝敬;还要向他的兄弟了解一下,看看他能不能够尊敬兄长、帮助弟弟妹妹;还要问一问他最亲近的妻子、儿女,这些人整日和他生活在一起,对他的生活习惯、毛病、习气是最了解的。"四隐"为交友、故旧、邑里、门郭,即通过他现在所交的朋友、以前交过的朋友、同乡、邻居来考察这个人。

---

① 余兴安、类成普等:《中国古代人才思想源流》,党建读物出版社2017年版,第40页。
② 《吕氏春秋·论人》:"凡论人,通则观其所礼,贵则观其所进,富则观其所养,听则观其所行,止则观其所好。习则观其所言,穷则观其所不受,贱则观其所不为。喜之以验其守,乐之以验其僻,怒之以验其节,惧之以验其持。哀之以验其人,苦之以验其志。八观六验,此贤主之所以论人也。"
③ 余兴安、类成普等:《中国古代人才思想源流》,党建读物出版社2017年版,第49页。

二 发展期（秦汉时期—隋朝初期）

秦汉时期的人才评价思想在继承春秋战国时期的某些观念的基础上，随着封建制度的巩固和发展，与大一统的中央集权相适应，也从纷呈多元逐渐归于集中，更注重为大一统政权选人用人的实用主义功能，人才评价也逐步向更为系统和规范化的方向发展，形成了一些有影响的制度和著作。

（一）察举制

察举制是汉朝确立的一种识才取士制度，是依靠中央的三公九卿、郡守、列侯以及地方上的高级官员，从平民或低级官吏当中按照一定的标准，考察举荐出在道德、品行、才能方面符合当时统治阶级需要的人才入朝为官的制度。以"察举"方式选拔人才始于汉高祖，高祖二年下诏"举民年五十以上，有修行，能帅众为善，置以为三老，乡一人"，即乡官是从退居乡里的官僚、儒生这些较有威望的人中选来出任的。文帝时诏令："天下治乱，在予一人，举贤良方正，能直言极谏者，以匡朕之不逮"，这"举贤良方正，能直言极谏者"，即要求向他举荐有才能并且正直而敢于直言意见、极力劝谏的人。

汉武帝将"察举"定为制度，并不断加以完善。这一制度要求地方长官在辖区内随时考察、选取人才并推荐给上级或中央，经过试用考核再任命官职。建元元年，汉武帝下诏："诏丞相、御史、列侯、中二千石、二千石、诸侯相举贤良方正直言极谏之士"，明确察举的主体。元光元年，下诏策试贤良："贤良明于古今王事之体，受策察问，咸以书对，著之于篇，朕亲览焉。"元光元年年底，武帝又下诏确定了郡国岁举孝廉的察举制度。此后，汉武帝进一步细化了各地察举的责任，将其与所辖人口总数关联，如人口二十万以上，每年察举一人，人口四十万以上，每年察举两人，人口六十万以上，每年察举三人……并明确了察举的四个科目，"限以四科，一曰德行高妙，志杰清白；二曰学通修行，经中博士；三曰明习法令，足以决疑，能按章覆问，文中御史；四曰刚毅多略，遭事不惑，明足决断，材任三辅县令。"元封五年又诏曰："其令州郡察吏民有茂材异等可为将相及使绝国者。"① 汉武帝通过察举，确立了从全社会人口中选拔官员的常设性制度，从制度层面上改变了世家大族垄断官员来源的状况。②

东汉光武帝时，开始对选拔与提拔的对象施行"授试以职"，即对他们进行文字方面的测试，内容有策、经、笺奏（章奏文体）等。开始仅在部分科目，后来向所有科目渗透，考试这一环节变得愈来愈重要。汉顺帝对察举制进行改革，推行尚书令左雄提出的"阳嘉新制"：一是限年40岁以上才得举"孝廉"；二是确定考试内容，"儒者试经学，文吏试章奏"；三是对有特殊才干者，不限年龄。从此，不满40岁不得举"孝廉"；察举者要到公府考试，然后试用，以"练其虚实"，有名不副实者，治其罪。这是察举制度改革的重大突破，至此，举荐加考试的制度模式正式确立，只是这时的考试对于人才选拔还没有起到决定性作用。

(二) 九品中正制

九品中正制，又称九品官人法，是魏晋南北朝时期重要的选官制度，沿袭了东汉乡里评议的传统。它的基本内容是：由中央政府挑选各地有名望、品行端正的官员做"中正"，负责推荐人才，并加以品评后分成九个等级，吏曹按等级择"上"录用。中正就是品评人才的官职名称。中正官又有大小之分，州设大中正官，掌管州中数郡人物之品评，各郡则另设小中正官。中正官最初由各郡长官推举产生，晋朝以后，改由朝廷三公中的司徒选授。其中郡的小中正官可由州中的大中正官推举，但仍需经司徒任命。中正评议结果上交司徒府复核批准，然后送吏部作为选官的根据。中正评定的品第又称"乡品"，和被评者的仕途密切相关。

中正官品评人才，先是调查何处何人为"优异"，然后加以评议。品评内容包括：一是家世，即家庭出身和背景，父祖辈的资历仕宦情况和爵位高低等；二是行状，即个人品行才能的总评，相当于品德评语；三是定品，即确定品级，原则上依据的是行状，家世只作参考，但晋以后完全以家世来确定品级。出身寒门者行状评语再高也只能定在下品；出身豪门者

---

① 转引自余兴安、类成普等《中国古代人才思想源流》，党建读物出版社2017年版，第59页。
② 余兴安、类成普等：《中国古代人才思想源流》，党建读物出版社2017年版，第60页。

行状不佳亦能位列上品。于是就形成了当时"上品无寒门，下品无势族"的局面。

（三）《人物志》

《人物志》是三国·魏时期刘劭编写的一部系统品鉴人物才性的著作。全书共有三卷十二篇，上卷讲考察人才的理论，包括《九征》《体别》《流业》《材理》等四篇；中卷讲识别使用人才的理论，包括《材能》《利害》《接识》《英雄》《八观》等五篇；下卷讲在考察使用的过程中容易出现的各类问题，包括《七缪》《效难》《释争》等三篇。刘劭在自序中阐述了他的撰著目的："夫圣贤之所美，莫美乎聪明，聪明之所贵，莫贵乎知人，知人诚智，则众材得其序，而庶绩之业兴矣"，明确提出"知人"是"用人""成事"的前提。此外，自序中还提到"（孔子）又曰：察其所安，观其所由，以知居止之行。人物之察也，如此其详。是以敢依圣训志序人物，庶以补缀遗忘；惟博识君子裁览其义焉"，意指要学习孔子的人才评价方法，遵循他人才辨别的教诲，希望君王能够向古代圣人学习，让人才各得其所。从刘劭的自序就可以看出，《人物志》是一部人才评价学专著。

《人物志》中提到了鉴别人才的原则，在《接识》篇中指出知人是有一定难度的，因为很多人习惯"以己观人"，即用自己的观点和标准去观察和衡量别人。"是故能识同体之善，而或失异量之美"，这样就只能看到与自己同类的人才，而无法识别与自己不同的人才。他用清节之人、法制之人、术谋之人、器能之人、智意之人、伎俩之人、臧否之人、言语之人等八类人举例说明这种评价现象：清节之人，以公平与正直作为衡量人才的标准，所以其与各种人才接触时，只赏识性情与行为具有普遍规律的人，而怀疑法家和术家不够诚实；法制之人，以法制作为衡量人才的标准，因此赏识公正无私的人，而忽略了重视谋略的术家；术谋之人，以策划和谋略为衡量人才的标准，能成就谋略的奇异的人，而不知道遵纪守法的好处；器能之人，以办事得力及能自我保全为衡量人才的标准，因此鉴识处理事情有方法和策略的人，而不知道制定法规的根本性；智意之人，以智谋为衡量人才的标准，因此能认识到韬略智谋所获得的利益，而忽略法制和教化长远的重要性；伎俩之人，以功名利禄为衡量人才的标准，因此赏识锐意进取的功效，对思想道德的感化不感兴趣；臧否之人，以明辨是非为衡量人才的标准，因此赏识苛责与针砭的人，而欠缺洒脱的气度和宽阔的胸襟；言语之人，以口才为衡量人才的标准，因此赏识应对如流、口若悬河的好处，而不知含蓄之美。说明评价者和被评价者是相互对应的关系，评价者自己的知识、才能、德行等，会影响到对被评价者的判断，很容易产生偏向性。

《人物志》详细给出了人才鉴别的具体方法，在《八观》篇中阐述了八种观人方法，并详细分析了每种方法的应用及结果。"一曰观其夺救，以明间杂。二曰观其感变，以审常度。三曰观其志质，以知其名。四曰观其所由，以辨依似。五曰观其爱敬，以知通塞。六曰观其情机，以辨恕惑。七曰观其所短，以知所长。八曰观其聪明，以知所达。"具体来说，一是观察一个人面对利益争夺和救助别人的态度是善是恶，就可以辨别他的品质；二是观察一个人面对不同境况时的情感如何变化，就可以辨别他为人处世的基本方式；三是观察一个人表现出来的志向和品质，再对照他的行为就可以辨别他的名实是否相符；四是观察一个人做事时表达的行为动机，再对照实际情况就可以辨别他有没有似是而非；五是观察一个人真正爱戴和敬重的是什么，就可以辨别他选的这条路是否顺畅通达；六是观察一个人表现出来的情绪和真实欲望，就可以辨别他待人接物真的宽容还是迷惑别人的假象；七是观察一个人的短处，就可以辨别他的长处；八是观察一个人究竟聪明到何种程度，就可以辨别他能够胜任什么事情。

此外，《人物志》在《七缪》篇中还提出了"知人"过程中容易出现的偏差，"一曰察誉，有偏颇之缪；二曰接物，有爱恶之惑；三曰度心，有大小之误；四曰品质，有早晚之疑；五曰变类，有同体之嫌；六曰论材，有申压之诡；七曰观奇，有二尤之失"。具体来说，评价他人好坏时，如果用听闻取代自己的观察，就会失之偏颇；评价他人的待人接物，容易受喜恶之情的干扰；评价他人的志向时，容易出现不知其大小的失误；判断他人的品质时，容易出现早晚的疑惑；如果称誉与自己同一类型的人，而诋毁与自己相反类型的人，就有袒护的嫌疑；如果只从富贵亨通、贫贱穷困的地位出发，就会失之公正；如果只看外貌，就会失却"含精于内，外无饰姿"的"尤妙之人"和"硕言瑰姿，内实乖反"的"尤虚之人"。刘劭的《七缪》大体可分为评价标准导致的误差和评价方法导致的误差，标准方面提出评价人的素质，不能从听别人的议论出发、从评价者的主观认识出发、从被评价者的外在特征着手；方法方面提出不能只看外表不见本质、只看一点不见全面、停留一端不通其他。总之，他强调要秉持全面、发展变化的观点，才能对人作出正确的评价。

三 成熟期（隋朝—清朝末年）

隋唐时期是中国古代历史上的一个巅峰时期，在政治、经济、军事、文化、科技等众多领域都达到前所未有的高度。在人才评价领域，开创了科举制度，延续了1300多年，成为历时最长久、影响最深远的选官制度，也是我国封建社会人才评价的主要制度。科举制度的核心特点是分科取士，即通过不同的科目考试来选拔官员。隋朝确立的科举制度，在唐代得到发展完善，宋代达到鼎盛时期，一直延续到清朝末年才衰落。

（一）隋朝创立科举制度

隋代选官办法沿袭于两汉时期分科察举办法。开皇十八年（598），隋文帝诏诸州举贡士人按志行修谨、清平干济两科分别荐进，大业三年（607）隋炀帝诏令荐人，分为孝悌有闻、德行敦厚、节义可称、操履清洁、强毅正直、执宪不挠、学业优敏、文才美秀、才堪将略、膂力骁壮共十科。大业五年（609）又诏诸州荐人，分为"学业该通，才艺优洽""膂力骁壮，超等绝伦""在官勤奋，堪理政事""立性正直，不避强御"四科。[①] 除了这些根据社会需求开设的新科目，隋代沿袭前制，继续开设孝廉、秀才、明经科，并在大业年间创设进士科，科举制正式得以确立。这一时期的科举制与察举制的区别之一就在于士人可以"投牒自举"，自由报考，另一个重要特征就是考试开始对人才选拔起到决定作用，根据考试成绩的优劣决定录取与否或科第高低。

（二）唐朝科举制度逐步完善

唐朝科举制度的完善主要体现在如下方面：一是允许考生"自荐""自举"；二是完善考试内容，形成以明经科和进士科为主的考试科目，两科目的考试内容逐步规范化；三是丰富考试科目，将考试科目分为常科和制科，后又增加了武举；四是建立了定期考试制度。

唐高祖武德四年（621）诏令"诸州学士及早有明经及秀才、俊士、

---

① 路莉莉：《隋代科举制度考论》，硕士学位论文，曲阜师范大学，2011年。

进士，明于理体，为乡里所称者，委本县考试，州长重复，取其合格，每年十月随物入贡"，提出了"每年十月"赴朝廷应试的定期，明确了州、县地方预试，即相当于后世"乡试"的办法，而且不必像隋代那样必须官府举荐。武德五年（622）唐朝的诏书明确了士人可以"投碟自应"，下层寒士得不到举荐者"亦听自举""洁己登朝，无嫌自进"① 自此正式确定了士人"自举""自进"的制度。唐高祖武德五年（622）的诏令标志着以自应考试为特点的科举制度的诞生。②

　　唐代有了每年定期考试的制度，同时也保留临时下诏考试的办法，即所谓"制科"。"制"之意义与"诏"相同，即皇帝之令。每年举行的科举考试则称为"常科"。常设的科目有秀才、明经、俊士、进士、明法、明字、明算、一史、三史、开元礼、道举等等。唐朝对秀才要求特别高，结果士人很少应试秀才，不久秀才一科就废罢了。此后"秀才"遂成为对一般读书应举者的通称。明经、进士二科在唐代科举吸引了最多的考生。明经起源于汉代，唐代"明经"科考试各部儒家经典，此外还包括《老子》。明经不全考十多部儒家经典，而是分为明一经、两经、三经、五经四个级别。唐玄宗开元二十五年（737）规定明经考试加试时务策，考官就当前时务提出策问，考生书面作答。唐科举各项中，明经科取士最多。但最荣耀尊贵的，却是进士科。唐朝初期的进士科考试为"时务策"五条。时务策涉及国家现实问题，使读书人从故纸堆中爬起来，面向社会，观察、思考问题，提出解决办法。唐高宗调露二年（680）为进士科加试帖经、杂文，进士科形成了杂文、帖经、策问三场考试制。唐玄宗时，诗赋成为进士科主要的考试内容。他在位期间，曾在长安、洛阳宫殿八次亲自面试科举应试者，录取很多很有才学的人。在唐代还产生了武举。武举开始于武则天长安二年（702）。应武举的考生来源于乡贡，由兵部主考。考试科目有远射、马射、步射、平射、筒射、马枪、摔跤、举重等。唐代制科科目多达一百多个，如"贤良方正能直言极谏""军谋宏远堪任将帅"等等。应制科试者可以是平民，也可以是科举及第者，现

---

① 《唐大诏令集 卷一〇二》："宜革前弊，惩劝之方式加恒典苟有才艺所贵适时，洁己登朝，无嫌自进""其有志行可录才用未申，亦听自举"。

② 金铮：《科举制度与中国文化》，上海人民出版社1990年版，第50页。

任或罢任官员也可参加。

唐代科举考试每年春天在京师长安的尚书省举行,简称"省试"。而各地乡供举人的"发解试"都在头一年秋天举行。此后,地方上的"秋试"(秋闱)和京师的"春试"(春闱)成为历代科举沿袭的定制。唐代科举的应试者主要由两部分人组成,即"生徒"和"乡贡"。生徒是指官办学校的学生。乡贡则是指自学成才或学成的学生,到县、州应试,经地方考试合格,再到京师应试。乡贡每年十月随地方向京师进贡的粮税特产一起解赴朝廷,称为"发解"。州县预试的第一名称为"解元"。唐朝各种官办学校包括国子学、太学、四门学等,此外还有专门性质的律学、算学、书学等。各地方也设有官立的府学、州学、县学等。

(三) 宋代科举制度改革状况

宋代科举在科目设置上大体延续唐代,有常科、制科和武举,但相比之下,常科的科目大为减少,其中进士科仍然最受重视,进士一等多数可官至宰相,因此,宋朝将进士科也称为宰相科。进士科之外,其他科目总称诸科。但总体看,宋代科举在形式和内容上都进行了重大改革。

首先从形式上看,宋朝的改革表现在:(1) 宋代科举杜绝引荐,纯以试卷定取舍。(2) 宋代科举放宽了录取和作用的范围。宋代进士分为三等:一等称进士及第;二等称进士出身;三等赐同进士出身。对于屡考不第的考生,允许他们在遇到皇帝策试时,报名参加附试,叫特奏名。也可奏请皇帝开恩,赏赐出身资格,委派官吏,开后世恩科的先例。(3) 宋代确立了三年一次的三级考试制度。宋朝初期的科举仅有两级考试制度,一级是由各州举行的取解试,一级是礼部举行的省试。宋太祖为了选拔真正踏实而又有才干的人担任官职,为之服务,于开宝六年实行殿试。自此,殿试成为科举考试的最高一级,并正式确立了州试、省试、殿试的三级科举考试制度。州县发解试第一名自唐以来即称"解元",中央省试第一名宋代改称"省元",殿试第一名方才称"状元"。"连中三元"遂成为科举时代读书人的最高愿望。(4) 自宋代开始,科举开始实行弥封和誊录,并建立防止徇私的新制度。弥封就是将试卷上的考生姓名、籍贯等记录封贴起来,又叫作"糊名"。考生姓名弥封后,考官仍能认识其笔迹。大中祥符八年(1015)设置誊录院,殿试卷子一律派专人抄录,然后试官审阅,此后省试、发解试也次第推行誊录制度。此外,北宋还进一步加强了科场纪律，实行严格的搜身法规，考察内兵卫罗列，巡行监视。

其次从内容上看，宋朝加强了科举考试中策论的地位和重要性。熙宁四年（1071）宋神宗与王安石正式推行科举改革：科举只设进士一科，将原来的明经、学究等科（泛称"诸科"）都撤销并入进士科；废除诗赋、帖经墨义考试，改试经义、论、策，所谓经义，与论相似，是一篇短文，只限于用经书中的语句作题目，并用经书中的意思去发挥；殿试仅试策一道，限千字以上。王安石改革科举的重要目的是统一思想、学术。王安石的改革，遭到苏轼、司马光等人的反对。宋神宗死去，高太后"垂帘听政"，司马光当宰相，推翻了科举改革，仅保存了新法以经义取代墨义的部分。元祐四年（1089），由于经义取士推行了十多年，许多士人已不长于诗赋，因此宋朝又将进士分为诗赋、经义两科。元祐八年（1093），高太后病死，宋哲宗亲政，又恢复了王安石所定的科举规制。

（四）明清科举制度演化

朱元璋建立明朝，即于洪武三年（1370）召开科举，规定"中外文臣皆由科举而进，非科举者勿得与官"。但朱元璋不久又认为所取举人进士少实才，遂宣布停罢科举。洪武十五年（1382）朱元璋又宣布恢复科举，洪武十七年（1384）明朝公布《科举成式》，基本制定了明朝此后250多年的科举成文法规。清朝大体照搬明朝成例，明清科举一脉相承，达500多年。

明清时代的科举成为一个层次、等级、条规、名目繁多苛严的庞大体系，包括童试、院试、乡试、会试、殿试五级。具体特点如下：（1）考试科目上，明清时期的科举考试主要分为文科和武科。明朝时期，科举考试重视经学和文化素养，考试科目主要包括诗赋、政论等文科内容。而到了清朝，由于满族文化的影响，武科的地位逐渐提升，考试科目中增加了骑射等军事技能。（2）考试层次上，明清时期的科举考试分为多个层级，包括县试、府试、院试、乡试、会试和殿试。县试和府试是预备考试，通过者才能获得参加更高层级考试的资格。院试由各省学政主持，合格者称为生员，即秀才。乡试每三年在各省省城举行一次，考中者称为举人。会试则是在京城举行的考试，各省的举人都可以参加，考中者称为贡士。最后的殿试由皇帝亲自主持，对贡士进行策问，录取者分为三甲，第一名为状元，第二名为榜眼，第三名为探花。（3）考生要求上，明、清两代都实行"科举必由学校"之制,参加乡试的士人,必须是官办学校的生员;地方学校的优秀生员,可以报送到京师国子监读书,而国子监生则可直接选授官职。(4)考生范围上,明朝的科举考试广纳士大夫阶层,而清朝初期则主要招收满、蒙、汉三族,范围相对较窄。此外,随着科举制度的发展,其选拔官员的标准也逐渐从重视儒家经典涵养转变为注重应试技巧,这在一定程度上影响了合格者的素质和思想倾向。(5)管理体制上,明清时期的科举制度与政治紧密相连。明朝时期,科举由文官掌控,选拔官员主要看重文化素养。而到了清朝,科举制度则由八旗控制,选官更趋向于对清政权的忠诚度。这一变化反映了科举制度与政治体制之间的密切关系。

除了科举制度,宋代实行的保举制[①]、磨勘制,元代实行的"五事三等考课升殿法",明代实行的考满制度和考察制度,清朝实行的"四格八法"考核制度都是当时人才评价的重要手段。

第二节 西方人才评价的发展历史

一 西方人才评价思想的发展历史

西方人才评价思想是伴随着西方哲学思想的发展而演进的,西方哲学史从古希腊哲学开始,经过中世纪哲学、近代哲学,一直到现代哲学,其中包含了各种流派和思潮,对人才评价思想产生了深远的影响。其中具有代表性的人物有古希腊哲学家柏拉图、唯心主义代表人物黑格尔、唯物主义代表人物马克思。

(一)柏拉图的人才评价观

柏拉图是古希腊著名的哲学家,他的人才评价观主要体现在他的哲学思想中,特别是在其著作《理想国》中对人才评价标准进行了深入阐述,概括起来主要表现在以下几个方面:一是强调道德为先。柏拉图认为,一个真正有价值的人才,首先必须具备高尚的道德品质。他坚信,道德是人才评价的核心标准,只有具备高尚道德的人,才能为社会的发展和人类的

---

① 徐颂涛、王通讯、叶忠海:《人才理论精粹与管理实务》,中国人事出版社2004年版,第378—382页。

进步作出真正的贡献。二是重视知识与智慧。柏拉图认为真正的人才应该具备深厚的学识和广阔的视野,能够独立思考、探索真理,并在实践中运用知识解决问题。三是突出评估才能和潜力的重要性。柏拉图认为,每个人都有其独特的才能和天赋,人才评价应该注重发掘这些才能,使其得到充分发挥,此外一个人的未来发展潜力同样应该在人才评价中得到重视。四是注重社会的需求与角色的匹配性。柏拉图认为人才评价还需要考虑社会需求和人才角色的匹配,应该根据社会需要来评价和培养人才,使每个人都能在适合自己的岗位上发挥作用,进而实现个人价值和社会价值的统一。综上,柏拉图的人才评价观是一个多维度的体系,涵盖了道德、知识、才能、潜力以及社会需求等多个方面,体现了他对于人才全面发展的关注。

（二）黑格尔的人才评价观

黑格尔是德国著名的哲学家,是19世纪唯心论哲学的代表人物之一。他的人才评价观主要基于其深厚的哲学思想,反映了他对辩证法和历史与社会发展的深刻理解,概括起来主要体现在以下几个方面:一是强调人才的发展是一个辩证的过程。黑格尔认为人才发展不是静态的、固定的,而是在与周围环境的互动中不断变化和发展的,包含了矛盾、对立和转化的过程。因此,在评价人才时,需要考虑到其内在的矛盾和潜力,以及这些矛盾和潜力如何推动其成长和变化。二是强调人才评价的历史性与社会性。黑格尔认为,人才的发展受到历史和社会条件的深刻影响,因此,要准确评价一个人才,必须将其置于特定的历史和社会背景中进行考察,即人才的评价不仅仅是对其个人能力和成就的评价,更是对其在历史和社会中所扮演角色的理解。三是强调在评价时要关注人才在理性和对自由追求方面的品质。黑格尔认为,人才是追求理性和自由的主体。因此,在评价人才时,需要关注其是否具备独立思考、追求真理和自由的品质,这些品质不仅是人才发展的动力,也是其对社会贡献的基础。四是强调人才评价的全面性与整体性。黑格尔认为,人才评价应该是一个全面和整体的过程,即在评价人才时,不能仅仅关注人才的某一方面或某一阶段的成就,而应该将其视为一个不断发展、不断变化的整体。综上,黑格尔的人才评价观是一个复杂而深刻的体系,强调在评价人才时,要辩证看待人才发展过程,需要综合考虑其知识、能力、品德、情感等多个方面,以及其在不同历史阶段的表现。

（三）马克思的人才评价观

马克思是 19 世纪德国的思想家、哲学家、经济学家、革命理论家、历史学家和社会学家。他创立了马克思主义，这一理论是关于全世界无产阶级和全人类彻底解放的学说。他提出了历史唯物主义和辩证唯物主义，强调了经济基础与上层建筑的关系，揭示了社会发展的客观规律。马克思的人才评价观主要体现在他对人才在社会历史发展中的地位和作用的深刻认识上。概括起来，马克思人才评价观主要体现在以下方面：一是强调人才是社会进步的基础。马克思认为，人才是最宝贵的财富，是推动社会进步和发展的重要力量，他强调人才在创造历史、推动社会变革中的关键作用，没有人才就没有现代文明。二是强调人才的全面性和多样性。马克思认为，人才不仅应具备丰富的知识和卓越的能力，还应具备高尚的品德和坚定的信念。同时，他也强调不同领域、不同行业的人才对社会发展的贡献，认为人才的多样性是推动社会全面进步的重要保障。三是强调实践是检验人才的唯一标准。马克思认为，实践是检验人才的重要标准。人才的价值和贡献不是空洞的理论或虚妄的想象，而是要通过实践来体现和证明。只有在实践中不断创造价值、推动社会进步的人，才能被真正称为人才。四是强调人才评价的社会性和历史性。马克思认为人才评价应该放在特定的社会历史环境中进行，考虑到不同社会历史条件下人才发展的特点和规律。同时，他也认为人才评价应该是一个动态的过程，随着社会的进步和发展而不断调整和完善。

特别是马克思提出的劳动价值论对当今的人才评价工作实践具有直接指导意义。马克思的劳动价值理论是一个关于价值及其意识的本质、规律的学说，是马克思主义哲学基础理论的重要组成部分，该理论的核心观点是：劳动是价值的唯一源泉，价值是由人的劳动创造的，凝结在商品价值中的社会必要劳动时间是决定商品价格变动的终极原因。其主要内容包括：(1) 劳动是价值的唯一源泉。马克思认为，劳动是把物质性质材料转化为有价值的物品的过程，是物品商品的一种有特定功能的材料，也是人类改变物质自然环境的能力。(2) 价值的数量确定了交换的数量。由于劳动是价值的唯一源泉，它的数量影响着价值的数量。这就意味着，在相同的时间里，所投入的劳动之间的差别将决定商品交换的数量。(3) 价值确定和货币。劳动不仅是价值的源泉，也是货币的基础。

（4）价值变动和利润。劳动的数量决定了价值的数量,当劳动的数量变动时,价值的数量也会发生变化,从而影响商品价格和利润。

（四）泰勒的人才评价观

弗雷德里克·温斯洛·泰勒是19世纪美国著名管理学家、经济学家,被后世称为"科学管理之父"。虽然泰勒并没有形成一套完整的人才评价观,但是从他的评价理念和目标评价模式中,可以清晰地提炼出他的人才评价观。泰勒的人才评价观可以归纳为强调科学化评价、明确的目标设定、自主管理、反馈机制和激励奖励,这些观点为人才评价提供了科学的指导和方法。（1）科学化评价。泰勒主张通过科学的方法来进行工作评价,这同样适用于人才评价,即在人才评价中,应该运用科学的方法和工具,如心理测验、绩效评估等,来收集和分析数据,从而更准确地评估个体的能力和潜力。（2）明确的目标设定。泰勒目标评价模式强调设定明确的目标和指标。在人才评价中,这意味着需要为个体设定清晰、可衡量的目标和期望,以便评估其是否达到预期的标准,如可以根据组织的战略目标和岗位需求,为个体设定具体的绩效目标和能力标准。这些目标和标准应该具有可衡量性,以便能够客观地评估个体的表现。（3）自主管理。泰勒目标评价模式鼓励员工自主管理,在人才评价中,这意味着应该鼓励个体参与评价过程,让他们了解评价的标准和期望,并有机会自我评估和反思。如,可以通过定期的反馈和沟通,让个体了解自己的工作表现和需要改进的地方。同时,也可以提供培训和发展机会,帮助个体提升自己的能力和潜力。（4）反馈机制。泰勒目标评价模式提供了一个明确的反馈机制。在人才评价中,这意味着应该为个体提供及时、具体的反馈,让他们了解自己的表现如何,以及需要如何改进,如可以通过定期的绩效评估、360度反馈等方式,为个体提供全面的反馈。这些反馈应该具体、明确,并指出需要改进的地方和可能的解决方案。（5）激励和奖励。泰勒认为激励和奖励对于激发员工的工作热情和积极性非常重要。在人才评价中,这意味着应该根据个体的表现给予适当的奖励和激励,以激发他们的工作动力,如可以通过设立奖励制度、晋升机会等方式,对表现优秀的个体给予奖励和认可。这些奖励和认可应该与个体的表现和贡献相匹配,以确保公平性和有效性。

二 西方人才评价技术的发展历史

在早期的西方社会结构中，人们的活动是由其出生的社会阶层所决定，个性的表达和发展受到极大的限制。到 16 世纪，西方的社会结构发生很大的变化，传统教条逐渐弱化，人们越来越认识到个体是独特的，具有各自不同天赋，并且有能力改善自己在生活中的地位。在文艺复兴和随后的启蒙时期，个人主义获得新生，个人自由和个体价值在艺术、哲学和政府工作等各领域都得到广泛提倡。19 世纪初，如何科学评价个体价值也逐步成为研究者们关注的领域。

（一）高尔顿的人才评价技术

弗兰西斯·高尔顿是达尔文的表兄弟，他开创了用测量方式进行个体差异的研究，被认为是"个体心理学之父"。他认为人的所有特质，不管是物质的还是精神的，最终都可以定量描述，这是实现人类科学的必要条件。他对智力的遗传基础和人类能力的测量颇有兴趣，在这方面作出的探索性研究为人才评价技术的发展奠定了坚实的基础。具体表现在：

一是高尔顿致力于建立更精确的测量方法来考察人类才能的差异。自 1884 年起，高尔顿先是在国际卫生博览会、后是在南肯新顿博物馆开设了一个"人体测量实验室"，用仪器来检测人们的各种能力。他测量的项目包括身高、体重、左手中指的长度、听力、出手的灵敏度、视觉敏锐度、肺活量、色度辨别能力、双手拉力和握力等等，以研究能力的个体差异，并启了测量技术在人才评价领域的运用。他的实验室在六年时间里，共收集了 9337 位男女的详细资料，为人类个体差异研究提供了大量数据。

二是高尔顿开发了"相关系数"。他最先应用统计法处理心理学研究资料，收集了大量资料证明人的心理特质在人口中的分布如同身高、体重那样符合正态分布。他在论及遗传对个体差异的影响时，首次提到了相关系数的概念。比如他研究了"居间亲"和其成年子女的身高关系，发现居间亲和其子女的身高呈正相关，即父母的身材较高，其子女的身材也有较高的趋势；反之，父母的身材较低，其子女也有较矮的趋势。同时发现子女的身高常与其父母略有差别，而呈现"回中"趋势，即回到一般人身高的平均数。

三是高尔顿是第一个提出有关智力测量的人，在他 1869 年的著作

《遗传的天才》中，高尔顿主张人类的才能是能够通过遗传延续的。他列出了来自 300 个家庭的近 1000 个知名人物的数据，并提出智力能力在人群中呈正态分布的观点。

（二）比奈的人才评价技术

阿尔弗雷德·比奈是法国实验心理学家、智力测验的创始人，他在人才评价技术方面的贡献是开创性的，特别是在智力测量和评估领域。他的贡献主要体现在以下几个方面：

一是开发了历史上第一个智力测验。1904 年，当时的法国公共教育部长任命比奈为智力落后儿童委员会委员，要求该委员会就巴黎学校中智力落后儿童的教育方法提出建议。比奈在佩雷·沃克卢斯精神病院医生 T. 西蒙的协助下，用了不到一年的时间就为小学正常与异常儿童的智力水平诊断制定了新的方法。1905 年，比纳在第 11 期《心理学年报》上对该研究进行了论述，提出这一测验是由一系列难度逐渐增大的测量能力的项目组成的。1908 年，经过修改和增订，终于形成了著名的《比奈—西蒙智力量表》。1908 年的修订本不但增加了试题，而且使试题的难度随年龄的增大而上升，量表的适用年龄是 3—16 岁。1911 年，发表了该量表的第二次修订本。修订本增加了一些新的项目，而舍弃了一些比奈认为过于依赖学校知识的旧项目，把适用年龄改为 3—18 岁。

二是关注个体差异与多样性。比奈的研究不仅关注一般智力的测量，也关注个体差异和智力的多样性。他深入研究了人类心智发展的多个层面，包括意识、意志、注意力、感觉知觉等，并试图理解不同人群（如儿童、成人、精神残疾者、艺术家等）在智力表现上的差异。这种对个体差异和多样性的关注，使得比奈的研究在人才评价方面更具深度和广度。

三是推动特殊教育的识别与发展。比奈—西蒙量表的一个重要应用是帮助识别和筛选需要接受特殊教育的孩子。这为特殊教育的发展提供了重要的技术支持，有助于更准确地评估孩子的智力水平和发展需求，从而为他们提供更为合适的教育资源和支持。

（三）罗夏的人才评价技术

赫尔曼·罗夏是瑞士一名弗洛伊德学派的精神科医师以及精神分析学家，他在人才评价技术方面作出的杰出贡献，主要体现在他通过发展并改进墨迹测验（也称为罗夏墨迹测验）来评估个体的人格特质和潜意识过程。这一测验在心理学和人才评价领域具有广泛的影响和应用。

罗夏墨迹测验是一种投射性测验,通过向被试者呈现一系列对称的墨迹图案,要求他们根据自己的第一印象描述所看到的内容。由于这些墨迹图案本身并没有固定的意义,因此被试者的解释和反应可以揭示出他们的个人经验、情感、需求和人格特质。

罗夏对墨迹测验的贡献不仅在于其创新和设计,更在于他对测验结果的深入解读和分析。他通过观察和分析被试者的反应,总结出了一系列关于人格特质的分类和描述,这些分类和描述至今仍在心理学研究和实践中被广泛应用。此外,罗夏的墨迹测验还具有重要的理论意义,它强调了个体的主观性和潜意识过程在人格形成和发展中的重要作用,打破了传统心理学对客观性和意识过程的过分强调。这一理论观点对后来的心理学研究和人才评价技术产生了深远的影响。

(四)斯特朗的人才评价技术

E. K. 斯特朗是美国心理学家,他于1927年编制完成了史上第一个正式的职业兴趣量表。他的方法是先编制涉及各种职业、学校科目、娱乐活动及个体类型的问卷,然后结合评定能力和特征的量表,对从事某种职业的人群施测,比较他们与一般人的反应,挑选那些显示特定职业者与一般人之间有显著差异的题目编制成量表。把被试在各方面的喜好分数与某种职业人士的喜好分数相比较,就可正确测出其职业兴趣。分为男性用职业量表和女性用职业量表。共有399个项目,其中男性被试可分作54种职业兴趣类型,女性被试可分作32种职业兴趣类型。重测信度报告,间隔20年是0.75,间隔35年以上为0.55,在预测职业满意度方面非常有效,但没有发现预测职业成功的有效性。在学习方面,能预测对主修专业的满意程度,但不能预测课程成绩的高低。

斯特朗职业兴趣量表为人才评价提供了一种科学、客观且有效的工具。通过这一量表,企业和教育机构能够更准确地了解个体的职业兴趣、特长和潜在能力,从而为他们提供更加精准的职业发展建议和教育培养方案。斯特朗职业兴趣量表在人才选拔和匹配方面发挥了重要作用。通过测量个体的职业兴趣,企业可以更加精准地筛选符合岗位需求的候选人,提高招聘效率和匹配度。同时,教育机构也可以根据学生的职业兴趣进行有针对性的专业选择和课程设置,帮助学生更好地实现个人价值。此外,斯特朗职业兴趣量表还有助于个体的自我认知和自我发展。通过了解自己的职业兴趣，个体可以更加清晰地认识自己的优势和不足，从而制定更加明确的职业发展规划和学习计划。这有助于个体在职业生涯中更好地发挥自己的潜力，实现自我价值。

三 西方人才评价制度的发展历史

西方人才评价制度的发展历史与经济社会发展形态、理论技术发展水平、实践工作发展需要密切相关，本部分将围绕公务员和技术技能人才评价制度的演化过程进行阐述。

（一）西方公务员评价制度的发展历史

西方公务员评价制度的发展历史是随着政治、经济和社会环境的变化而不断调整、改革和完善的过程。

早期西方社会实行的是君主专制与国王恩赐制，君主拥有至高无上的权力，国家的行政、立法、司法三大权力都集中在君主手中。官吏被视为君主的奴仆，他们的职位往往由国王恩赐或世袭而来。公务员评价往往基于个人的忠诚、经验和声誉，评价过程完全取决于君主的好恶，公务员的晋升和薪酬主要依赖于君主的恩赐或政治势力的支持。随着资产阶级的崛起和封建制度的逐渐瓦解，资产阶级开始掌握更多的政治和经济权力。在这一背景下，原先的封建恩赐制度逐渐转变为资产阶级权贵通过个人关系和影响力来任命官员的制度。这种制度下，官员的评价往往依赖于统治者或政治领导者的个人喜好和意愿。随着政党政治的兴起，公务员任命采取了政党分肥制，即由竞选获胜的政党分配。公务员的评价更多地受到党派因素的影响，考察的主要是党派关系和党内地位，由于不同政党可能有不同的政治理念和政策取向，因此政党分肥制下的公务员评价缺乏统一的评价标准。从早期西方公务员制度来看，对于公务员的评价相对主观，缺乏明确的评价标准和客观的评价方法。

随着工业革命的推进和现代社会的发展，对公务员的能力和效率要求逐渐提高，西方国家开始建立现代公务员制度，并探索制定公务员评价制度。在英国，这一转变的标志性事件是1854年《关于建立英国常任文官制度的报告》的提出，也被称为《诺斯科特—杜维廉报告》。该报告建议通过公开竞争性考试来录用文官，并根据功绩制原则进行提升。1855年5

月 21 日公布的《关于录用王国政府文官的枢密院令》被视为现代公务员制度（也称文官制度）正式确立的标志。这一阶段，公务员评价开始引入更为客观和量化的方法，如绩效考核、能力测试等。第二次世界大战后，随着全球化和信息化的发展，公务员面临的挑战日益复杂多样，西方国家普遍加强了对公务员评价制度的改革和创新，评价内容更加注重工作实绩、能力和潜力，而非仅仅关注资历和学历。同时，也更加注重评价的公正性和透明度，强调公众参与和监督。

(二) 西方技术技能人才评价制度的发展历史

西方技术技能人才评价制度的发展历史是一个从简单到复杂、从主观到客观、从单一到多元的过程。

早期的西方社会发展主要依赖于手工业和农业，对技术技能人才的评价往往基于传统的学徒制或经验传承，评价主要依赖于个人的技艺、经验和声誉。人们通常是通过观察技术技能人才在工作中的表现来评价他们的实际操作能力和技艺水平，比如完成工作的速度、准确性和创新性。同时也会关注他们是否具备解决复杂问题的能力，以及是否能够适应新技术和新工艺的发展。此外，人们认为，一个优秀的技术技能人才不仅应该具备高超的技艺，还应该具备认真负责、勤奋敬业的品质。但由于缺乏标准化的评估体系，对技术技能人才的评价主要依赖于主观观察和经验判断，存在一定的片面性。

随着工业革命的到来和科技的飞速发展，技术技能人才在社会生产中的作用日益凸显，对其评价也逐渐形成了更为系统和科学的体系。与早期主要依赖经验和直观判断不同，开始强调客观评价方式的运用。实践经验成为技术技能人才不可或缺的一部分，评价一个技术技能人才的好坏，往往要看他是否能够熟练掌握各种工具和设备，是否能够迅速适应生产过程中的各种变化，以及是否能够在实践中不断积累经验和提升技能水平。这一时期技术创新成为推动社会进步的重要动力，对技术技能人才的评价不再仅仅局限于其现有技能和工作表现，而是更加注重其是否能够在实践中发现问题、解决问题，以及是否具备推动技术创新的能力。随着生产规模的扩大和分工的细化，团队协作成为完成复杂任务的关键，对技术技能人才的评价也开始关注其是否能够与他人有效合作、沟通顺畅，以及是否具备领导团队的能力。需要注意的是，由于工业革命时期的社会背景和生产条件有限，技术技能人才的评价也存在一定的局限性和不足，如，当时对技术技能人才的评价往往过于注重单一技能或某一方面的能力，而忽略了其综合素质和全面发展的可能性。

第二次世界大战后，随着科技和工业的迅猛发展，技术技能人才评价制度也逐渐走向标准化和专业化。各国纷纷建立起标准化的技能认证和资格考核体系，确保技术技能人才具备统一的、可衡量的能力标准。同时，针对不同行业和领域的技术技能，评价制度也呈现出更加专业化的特点，以满足不同行业的特定需求。在评价过程中更加注重实际操作、案例分析以及解决实际问题的能力，不仅关注当前的技能水平，还关注技术技能人才的职业成长和学习潜力，鼓励技术技能人才在工作中不断创新和改进。随着职业需求的多样化和技术的快速更新，除了传统的考试和认证方式，还引入了绩效评价、能力展示、同行评审等多种评价方式，以更全面地评价技术技能人才的能力和贡献。随着全球化的深入发展，技术技能人才评价制度也开始强调国际接轨，各国纷纷参与国际技能标准和认证体系的制定和推广，加强跨国界的技能交流和合作，以提高本国技术技能人才在国际市场上的竞争力。

第三节 新中国成立以来我国人才评价的发展历程

新中国成立以来，我国人才评价工作就受到高度重视，形成了与当时的经济社会发展阶段相适应的人才评价思想、技术和制度。伴随着经济体制改革和干部人事制度的发展，人才评价经历了从"大一统"人才评价，到"多元化"人才评价，再到"分类"人才评价的一系列变革。

一 历任国家领导人的人才评价思想

新中国成立以来，历任国家领导人都非常重视人才评价。毛泽东认为科学地识别干部是使用好干部的前提。如何识别干部，方法很重要。他指出："必须善于识别干部。不但要看干部的一时一事，而且要看干部的全部历史和全部工作，这是识别干部的主要方法。"[①] 邓小平认为使用人才

[①] 毛泽东：《毛泽东选集》（第2卷），人民出版社1991年版，第527页。

的前提是发现人才,指出要"善于发现人才,团结人才,使用人才"①"选人要选好,要选贤任能"②。江泽民指出:"识人是用人的前提。只有把人看准,才能把人选好用好""考察准确,任用才能得当。考察失真,用人必然失误。任用失误,则贻害无穷"。③ 胡锦涛指出:要"建立健全科学的社会化的人才评价机制"④。习近平指出:要"完善好人才评价指挥棒作用,为人才发挥作用、施展才华提供更加广阔的天地,让作出贡献的人才有成就感、获得感"⑤。

二 人才评价发展历程

(一)"大一统"人才评价(1949—1991)

这一时期人才评价的特点是:计划经济体制下,以国家为主导、政治为中心的人才评价制度,按照大一统的行政主导模式,通过单一的标准和手段,来评价千差万别的人才。

新中国成立之初,人才数量与质量远远不能满足国民经济建设的需要,增加干部数量,成为当时急需解决的政治任务和组织任务。针对这一情况,中共中央明确提出,要"人尽其才""把社会上所有的人才,只要有一技之长者,都发现出来,组织起来,分配以适当工作,使他们能各得其所,把他们的全部能力贡献给国家的建设事业"。⑥ 为了便于发现人才、鉴别人才,针对不同人才形成了具有中国特色的评价制度,包括针对专业技术人员形成的职称制度,针对技能人员形成的"八级工"制度等,这些制度适应经济社会发展,经过不断改革完善,延续至今。

1978年11月3日,中央组织部《关于落实党的知识分子政策的几点

---

① 邓小平:《邓小平文选》(第3卷),人民出版社1993年版,第109页。
② 邓小平:《邓小平文选》(第2卷),人民出版社1994年版,第400页。
③ 江泽民:《江泽民论有中国特色社会主义(专题摘编)》,中央文献出版社2002年版,第679页。
④ 胡锦涛在2003年第一次全国人才工作会议上的讲话——《大力实施人才强国战略,不断开创人才工作新局面》。
⑤ 2014年6月9日,习近平在中国科学院第十七次院士大会、中国工程院第十二次院士大会上的讲话。
⑥ 罗崇瀚:《建国初期中国共产党加强干部队伍建设问题研究》,硕士学位论文,广西师范大学,2009年,第27页。

意见》提出:"现代化大工业生产和科学技术,管理工作十分重要,需要大批有知识、有文化、懂技术、会管理的干部。我们要充分发挥现有技术人员的作用,把其中政治觉悟高、业务能力强、工作干劲大、群众关系好的知识分子(包括非党干部),提拔到适当的领导岗位上来。生产、业务、教学、科研第一线的领导干部,要成为业务、管理的能手。"

1980年12月,在中共中央工作会议上,邓小平明确提出了人才方面的革命化、年轻化、知识化、专业化的"四化"评价标准,他指出:"要在坚持社会主义道路的前提下,使我们的干部队伍年轻化、知识化、专业化,并且要逐步制定完善的干部制度来加以保证。提出年轻化、知识化、专业化这三个条件,当然首先是要革命化。"① 以后,他又多次强调这个标准。1982年12月,他指出:"进行机构改革和经济体制改革,实现干部队伍的革命化、年轻化、知识化、专业化。"② 1986年9月,他又提出:"几年前我们就提出干部队伍要'四化',即革命化、年轻化、知识化、专业化。这些年在这方面做了一些事情,但只是开始。"③ 在邓小平看来,"四化"标准是一个整体。革命化是前提,年轻化是中心,知识化、专业化是基础。

(二)"多元化"人才评价(1992—2011)

这一时期人才评价的特点是:确立和建设"社会主义市场经济体制",人才评价主体日益多元化、人才评价标准不断科学化,人才评价方式日趋多样化。

2003年中共中央、国务院印发《关于进一步加强人才工作的决定》,指出"建立以能力和业绩为导向、科学的社会化的人才评价机制。坚持走群众路线,注重通过实践检验人才。完善人才评价标准,克服人才评价中重学历、资历,轻能力、业绩的倾向。根据德才兼备的要求,从规范职位分类与职业标准入手,建立以业绩为依据,由品德、知识、能力等要素构成的各类人才评价指标体系。改革各类人才评价方式,积极探索主体明确、各具特色的评价方法。完善人才评价手段,大力开发应用现代人才测

---

① 邓小平:《邓小平文选》(第2卷),人民出版社1994年版,第361页。
② 邓小平:《邓小平文选》(第3卷),人民出版社1993年版,第3页。
③ 邓小平:《邓小平文选》(第3卷),人民出版社1993年版,第179页。

评技术，努力提高人才评价的科学水平"。并分别对党政人才、专业技术人才和企业经营管理人才评价提出具体要求，突出强调评价主体的多元化，即"党政人才的评价重在群众认可；企业经营管理人才的评价重在市场和出资人认可；专业技术人才的评价重在社会和业内认可"；评价方式的多样化，即"进一步完善民主推荐、民主测评、民主评议制度，把群众的意见作为考核评价党政人才的重要尺度；积极开发适应不同类型企业经营管理人才的考核测评技术；积极探索资格考试、考核和同行评议相结合的专业技术人才评价方法"。2006年中央提出，"健全以品德、能力和业绩为重点的人才评价和激励保障机制。抓紧建立符合各类人才特点，以能力和业绩为导向、科学的社会化的人才评价机制"。[①]

2010年6月7日，《国家中长期人才发展规划纲要（2010—2020）》颁布，提出"创新人才评价发现机制"，"建立以岗位职责要求为基础，以品德、能力和业绩为导向，科学化、社会化的人才评价发现机制。完善人才评价标准，克服唯学历、唯论文倾向，对人才不求全责备，注重靠实践和贡献评价人才。改进人才评价方式，拓宽人才评价渠道。把评价人才和发现人才结合起来，坚持在实践和群众中识别人才、发现人才"。

（三）"分类"人才评价（2012年至今）

这一时期的人才评价特点：围绕科教兴国、人才强国和创新驱动发展战略，分类健全人才评价标准、改进和创新人才评价方式、加快推进重点领域人才评价改革、健全完善人才评价管理服务制度。

2016年，中央明确提出，"要研究制定分类推进人才评价机制改革的指导意见，并列入中央全面深化改革重点工作任务"。3月20日，中共中央印发《关于深化人才发展体制机制改革的意见》，提出人才发展体制机制改革要"体现分类施策。根据不同领域、行业特点，坚持从实际出发，具体问题具体分析，增强改革针对性、精准性"，其中就创新人才评价机制而言，提出"突出品德、能力和业绩评价""改进人才评价考核方式""改革职称制度和职业资格制度"。

2018年2月，针对我国人才评价机制仍存在分类评价不足、评价标准单一、评价手段趋同、评价社会化程度不高、用人主体自主权落实不够

[①] 《中华人民共和国国民经济和社会发展第十一个五年规划纲要》，2006年。

等突出问题,中共中央办公厅、国务院办公厅印发《关于分类推进人才评价机制改革的指导意见》,这是历史上第一个以"人才评价"为主题的中央文件。文件提出"分类健全人才评价标准",要"实行分类评价""突出品德评价""科学设置评价标准";"改进和创新人才评价方式",要"创新多元评价方式""科学设置人才评价周期""畅通人才评价渠道""促进人才评价和项目评审、机构评估有机衔接";"加快推进重点领域人才评价改革",要"改革科技人才评价制度""科学评价哲学社会科学和文化艺术人才""健全教育人才评价体系""改进医疗卫生人才评价制度""创新技术技能人才评价制度""完善面向企业、基层一线和青年人才的评价机制";"健全完善人才评价管理服务制度",要"保障和落实用人单位自主权""健全市场化、社会化的管理服务体系""优化公平公正的评价环境"。

2021年中央人才工作会议指出,要"完善人才评价体系""加快建立创新价值、能力、贡献为导向的人才评价体系,基础前沿研究突出原创导向,社会公益性研究突出需求导向,应用技术开发和成果转化评价突出市场导向,形成并实施有利于科技人才潜心研究和创新的评价体系"。

从"大一统""多元化"到"分类"人才评价,评价标准从"单一"转向"科学设置""分类评价",评价方式从"行政评价""一评定终身"转向"多元评价""周期性评价",管理方式从"政府主导"转向"多方参与",并且逐步形成了包括职称制度、职业资格制度、职业技能等级认定制度的人才评价基础制度体系,在专业技术人才队伍和技能人才队伍的建设过程中发挥着重要的"指挥棒"作用,为人才发挥作用、施展才华提供有力的制度保障。

第 三 章

人才评价的理论来源

人才评价是一项系统化工作,要达到评价结果的科学合理、客观公正,需要首先确定为什么要进行评价、根据什么来进行评价、如何进行评价等问题。这些问题的回答都需要一套科学完善的理论体系。因此人才评价具有深厚的理论和学科基础,这些基础不仅为人才评价领域的学术研究提供理论依据和科学方法,也为人才评价工作实践提供指导和支撑。

第一节 人才评价基础理论

人才评价是在多学科基础上发展起来的,其基础理论主要是从哲学层面思考的理论,包括涉及底层逻辑的价值理论、评价理论,涉及框架思路的系统理论,涉及评价过程的比较理论、分类理论。

一 价值理论

价值理论是一切评价的基础。人才评价本质上就是对人才进行价值评价的过程,评价的目的是更准确地了解人才的价值,从而为组织发展提供有力的人才保障。

(一)价值的概念

在价值论中,核心概念是"价值",它指的是事物或现象对于一定的个人、群体乃至整个社会的生活和活动所具有的积极意义。价值的大小取决于主体喜好、需要、利益或志趣的程度,同时也受到社会环境的影响。价值这个普遍的概念是从人们对待满足他们需要的外界物的关系中产生的。① 价值既然是关系概念，那就连着两个关系项，这就是价值的客体和价值的主体。价值客体是被需求的客观事物，价值主体是需求的人。②

（二）价值论的基本内涵

价值论，亦称"价值哲学"，是在19世纪末20世纪初形成的。首先明确提出并使用"价值哲学"这一术语的是法国哲学家拉皮埃和德国哲学家哈特曼。他们认为，诸如愿望、目的、效用、善、正义、德行、道德判断、审美判断、美、真理等等，都同价值或应当是什么有关，因此可以建立起包括经济学、伦理学、法学、美学、认识论甚至神学等领域在内的一般价值理论，这种理论就是价值论。从定义来看，所谓价值论就是关于价值的性质、构成、标准和评价的哲学学说。它主要从主体的需要、客体能否满足主体的需要以及如何满足主体需要的角度，考察和评价各种物质的、精神的现象及主体的行为对个人、阶级、社会的意义。

1. 价值的性质

关于价值性质的讨论有很多，不同领域和学科有着不同的解释和分析，综合起来，主要性质体现在如下几个方面：（1）客观性。价值并非完全是主观判断，而是要基于客体的属性、功能和效用。价值客体是否有价值，在一定程度上取决于它能否满足人们的某种需要，这种满足关系是有一定客观依据的。（2）主体性。价值的判断和认同在很大程度上取决于个体或群体的主观感受和认知。同一价值客体对于不同的价值主体来说可能具有不同的价值，这是因为人们的需要、偏好、价值观等主观因素存在差异。（3）社会历史性。没有人类之前，无所谓价值。在人类历史上，价值客体和价值主体都是变化发展的，两者的关系也是变化发展的，所以价值也在不断变化中。不同的社会形态和不同的历史时期，价值的形成、内涵和量度都有所不同。（4）多元性。由于主体与客体的结构和规定性都是复杂的、多样的，因而二者之间的价值关系也是多方面的。在哲学上，价值可以是客体属性与主体需要之间的满足关系；在经济学中，价值

---

① 《马克思恩格斯全集》第19卷，人民出版社2006年版，第406页。
② 杨祯钦：《价值论刍议》，《广西师范大学学报》（哲学社会科学版）1986年第3期，第51—57页。

则更多地体现为商品或服务的交换价值和使用价值。综上，这些属性不仅体现了价值的复杂性和多样性，也揭示了价值在不同领域和学科中的不同表现和应用，为我们理解和评估价值提供了重要的视角和工具。

2. 价值的构成

价值的构成是一个复杂而多元的概念，涉及经济、文化、社会等多个方面。在不同的背景和情境下，价值的构成和评判标准可能会有所不同。因此，在理解和评价价值时，需要综合考虑各种因素，并尊重不同观点和立场。

在经济学中，价值被视为商品或服务在交换中所表现出的重要性。价值的构成主要受到供求关系、稀缺性、效用和劳动价值等因素的影响。供求关系决定了商品或服务的价格水平，稀缺性增加了商品或服务的价值，效用则反映了商品或服务能够满足人们需求的程度，而劳动价值则是指生产商品或服务所需的劳动时间和劳动强度。在更广泛的意义上，价值可以泛指客体对于主体所表现出的积极意义和有用性。价值的构成包括主体的需要和客体满足这些需要的能力。主体的需要可以是物质或精神的，如利益、欲望、审美、安全等，而客体可以是任何能够满足这些需要的对象或现象。此外，价值的构成还受到文化、社会和历史背景的影响。不同的文化和社会对价值的理解和评价可能存在差异，而历史的发展也会改变人们对价值的看法和评判标准。

3. 价值的标准

价值的标准是指价值主体以自身的需要为尺度，对外在事物或现象所蕴含的意义的认识和评价。价值一定有着其客观的基础和标准。价值的客观基础是指人的需要具有客观性，价值的主观性是指价值是人所特有的，需要通过人的主体活动才能表现出来。同时，价值具有社会性，是历史的产物。价值标准是与社会的发展紧密联系的，会随着社会实践的发展而发生变化。在实践中，价值标准往往与人的主观需要、兴趣、爱好、情感、意志、信念、理想等密切相关，但它会受到社会历史条件、文化传统、价值观念等多种因素的影响和制约。因此，价值标准既有主观性，又有客观性，是主客观的统一。

在评价事物或现象时，人们会根据自身的价值标准来判断其好坏、优劣、美丑等。这些价值标准可以是个人的，也可以是社会的、文化的或群体的。不同的价值标准会导致不同的评价结果，这也是价值观多样性和相对性的体现。为了制定更加公正、合理的价值标准，我们需要从社会实践的角度出发，深入了解事物的本质和规律，同时也要充分考虑人类社会的发展需要和人民群众的利益诉求。只有在这样的基础上，我们才能制定出更加符合实际、更加科学的价值标准，为社会的和谐与发展提供有力的支撑。

4. 价值的评价

价值的评价是指主体根据一定的价值标准对客体进行价值判断的过程。这一过程涉及主体对客体的主观认知和评估，其基础在于主体自身的需要、利益、信仰、文化背景等因素，以及所持有的价值标准或价值观。在评价过程中，主体会运用各种认知手段和方法，对客体的属性、功能、意义等进行深入分析和比较，以确定其是否符合自己的价值标准。这种评价既可以是理性的，也可以是感性的；既可以是客观的，也可以是主观的。

价值的评价具有多样性和相对性。不同的主体由于所持有的价值标准不同，对同一客体的评价可能存在差异。同时，随着社会实践的发展和人们认识水平的提高，价值标准也会发生变化，从而导致对同一客体的评价也会发生变化。因此，在进行价值评价时，我们需要充分考虑各种因素，尽可能做到客观、公正、全面。同时，也要尊重和理解不同主体的价值标准和观点，以促进社会和谐与发展。

（三）价值论对人才评价的影响

价值论是人才评价的基本理论依据，人才评价就是如何理解和衡量人才价值的过程，价值论对人才评价的影响主要体现在以下方面：

一是价值理论强调人才评价的全面性和整体性。人才的价值不应仅仅基于其在某一领域的专业知识或技能来评价，而应考虑其综合素质和潜力，包括人才的道德品质、团队协作精神、创新能力、适应能力等多个方面。

二是价值理论强调人才评价的动态性和发展性。人才的价值不是一成不变的，而是会随着时间和环境的变化而发展变化的。因此，人才评价不应仅仅关注其当前的表现，还应预测其未来的发展趋势和潜力。

三是价值理论还关注人才评价的公正性和客观性。人才评价应该是一个公正、公平的过程，避免主观偏见和歧视。同时，评价方法和技术应该具有科学性和客观性，能够准确反映人才的实际价值和潜力。

二　评价理论

人才评价是评价理论应用的重要领域。通过评价理论，可以更深入地分析人才评价中涉及的主观态度、观点和判断，从而更准确地评估人才的能力和潜力。同时，人才评价的实际操作也为评价理论的应用提供了实证依据，有助于进一步完善和发展评价理论。

（一）评价的概念

评价是评价主体基于一定标准对评价客体的价值进行估量的过程。这个过程涉及评价主体对评价客体的属性、功能、效果等方面的观察、测量、分析和比较，以便形成对评价客体价值的判断。评价可以应用于各个领域，包括教育、经济、科技、文化等，帮助人们了解客体的现状、发现潜在的问题、优化决策和推动改进。

评价是主体的一种思维活动，即具有一定价值观念的主体对客体的表象进行分析、综合、判断、推理等一系列的认识过程。评价在本质上属于主观判断，是主体的主观意识的度量。评价是主体的一种思维活动，即具有一定价值观念的主体对客体的表象进行分析、综合、判断、推理等一系列的认识过程。评价在本质上属于主观判断，是主体的主观意识的度量。

评价是主体与客体的辩证统一。没有主体，就失去了可以作出价值判断的条件，客体及其活动的价值无从判断。主体处于评价的主动地位，决定评价客体的价值尺度。客体处于评价的被动地位，但当客体是人类群体时，也会影响主体价值尺度的选择。评价的主体永远是人或人类群体，而评价的客体可以是人、人类群体、其他事物等。

从操作层面来看，评价一般就是按照确定的目标，在对被评价对象进行系统分析的基础上，测定被评价对象的有关属性并将其转变为主观效用的过程，即明确价值的过程。因此，评价工作包括两个基本点：（1）在评价目标的指导下，对被评价对象进行系统分析，确定评价指标体系及相应的权重体系；（2）对被评价对象的有关属性进行测定，并将其转化为评价者的主观效用。

(二) 评价的特征

评价具有主观性和客观性两个方面的特点。主观性体现在评价过程中，评价者的价值观、经验、知识背景等因素会影响评价的结果。因此，评价需要尽可能排除个人主观偏见，力求客观公正。客观性则要求评价依据事实和数据，采用科学的方法和标准，确保评价结果的准确性和可靠性。

评价是人类的一种有目的的活动。主体对客体作出价值判断，是从主体的需要出发的，因此目的性是评价的一个本质特征。通过评价，我们可以了解事物的优点和不足，发现潜在的机会和挑战，为制定合适的政策和措施提供支持。同时，评价还可以激发人们的创新精神，推动事物不断向更高水平发展。

评价是主体对客体的价值判断，价值判断取决于主体的价值观念，而价值观念往往是时间的函数，因此时间性是评价的又一特征。① 所谓"此一时彼一时"，人们时常会反省以往的价值判断，可能会认识到过去的价值判断是错误的或者是不合时宜的，今天的价值判断很可能被明天的价值观念所推翻，因此理性的人和组织应当理解和接受这种认识规律，并尽量使今天的价值判断经得起历史的考验。

在进行评价时，我们需要遵循一定的原则和步骤，因此评价具有可操作性特征。首先，要明确评价的目的和范围，确定评价的对象和标准。其次，要收集和分析相关信息和数据，确保评价的全面性和准确性。最后，要形成评价结论和建议，为决策提供有力支持。在评价过程中，我们需要保持客观公正的态度，遵循科学的方法和原则，确保评价结果的准确性和可靠性。

综上，评价是一种重要的具有客观性、主观性、目的性、时间性和可操作性的认知活动，它有助于我们深入了解事物的本质和价值，为决策和行动提供有力的支持。

(三) 评价论对人才评价的影响

人才评价属于评价的一种类型，涉及丰富的评价内容，基于不同的评价目的、面对不同的评价对象，评价内容和重点也各不相同。本部分介绍

---

① 马维野：《评价论》，《科学学研究》1996年第3期，第5—8、80页。

的是人才评价实践中应用到的一些评价概念。

1. 学术评价

学术评价（academy assessment）是指对学者、研究者的学术活动及其成果进行的价值判断，是对学者、研究者进行管理的基础和依据，是学术制度和学术规范的重要组成部分，对学术健康发展起着保障和导向作用。在评价内容上，学术评价的核心是对学术成果的评价，包括学术论文、专著、报告、专利等各类学术产出；还会关注学者的学术合作与交流情况，这包括学者在国内外学术会议上的发言和参与情况，以及与其他学者的合作研究等；此外，学者在学术机构、学术组织中的贡献，以及他们在社会公众中的影响力，都是评价其学术价值的重要内容。在评价标准上，主要从学术活动和学术成果的"量"与"质"两方面进行考察，"量"就是学术成果的数量以及参加学术活动的数量等，"质"就是指学术成果的质量和影响力，以学术论文为例，"质"可以体现为论文发表期刊的权威性、论文被引率等。在评价方法上，主要采用同行评议、引用分析、期刊排名和专家评审等方式。学术评价既涉及自然科学研究领域，也涉及社会科学研究领域，经常和"科研评价"一词混用，相较而言，科研评价更多用于自然科学领域。

2. 技术评价

技术评价（technology assessment）是指对技术与主体之间价值关系的全面认识，是对技术功能及效应的综合估价活动。人才领域的技术评价关注的是对个体在特定技术领域的技能表现进行的评价。这种评价通常关注人才在技术应用、创新、问题解决以及技术项目管理等方面的能力和成就。进行人才的技术评价时，通常会考虑以下几个方面：（1）技术知识与技能，即评估人才是否具备扎实的技术基础知识，以及在相关领域中的实际操作能力；（2）技术创新与研发能力，即考察人才是否能够在现有技术基础上进行创新，或者在技术研发方面取得显著成果；（3）技术问题解决能力，即评估人才在面临技术难题时，是否能够迅速找到解决方案并有效实施；（4）团队协作与沟通能力，即技术工作往往需要团队合作，因此评价人才在团队中的协作能力、沟通能力以及领导能力等也是非常重要的；（5）项目管理与执行能力，即对于负责技术项目的人才，还需要评估他们在项目管理、进度控制、质量控制等方面的能力。技术评价可以通过多种方式进行，如面试、笔试、实际操作测试、项目评审等。评价结果可以为组织在招聘、选拔、培训、晋升等方面提供重要依据，有助于组织更好地开发使用人才资源，推动技术创新和发展。

3. 知识评价

知识评价（knowledge evaluation）是 2016 年全国科学技术名词审定委员会公布的管理科学技术名词，它是指由专门机构建立系统的、标准化的知识考核量化指标体系，对知识及应用状况进行完整的分析和评定。根据布鲁姆的认知领域教育分类，按照个体对知识的掌握程度，可以分为知道、领会、应用、分析、综合和评价六个层次，因此对个体或群体的知识评价也可以从这六个方面进行。知道关注的是对基础知识的识别与记忆；领会是指对事物的领会，但不要求深刻地领会，而是初步的，可能是肤浅的，其包括转化、解释、推断等过程；应用是指对所学习的概念、法则、原理的运用。它要求在没有说明问题解决模式的情况下，学会正确地把抽象概念运用于适当的情况。这里所说的应用是初步的直接应用，而不是全面地、通过分析、综合地运用知识；分析是指把材料分解成它的组成要素部分，从而使各概念间的相互关系更加明确，材料的组织结构更为清晰，详细地阐明基础理论和基本原理；综合是以分析为基础，全面加工已分解的各要素，并再次把它们按要求重新地组合成整体，以便综合地创造性地解决问题。它涉及具有特色的表达，制订合理的计划和可实施的步骤，根据基本材料推出某种规律等活动。它强调特性与首创性，是高层次的要求；综合是认知领域里教育目标的最高层次。这个层次的要求不是凭借直观的感受或观察的现象作出评判，而是理性且深刻地对事物本质的价值作出有说服力的判断，它综合内在与外在的资料、信息，作出符合客观事实的推断。

4. 绩效评价

绩效评价（performance assessment）是指组织依照预先确定的标准和一定的评价程序，运用科学的评价方法、按照评价的内容和标准对评价对象的工作能力、工作业绩进行定期和不定期的考核和评价。绩效评价是组织管理中不可或缺的一环，其目的在于了解员工完成工作任务的水平情况，从评估中辨认出员工的优、缺点，以作为员工薪酬、晋升、训练、发展的参考，并为组织的人事决策提供依据。绩效评价的标准通常涵盖多个方面，包括工作成果、工作能力、工作态度、创新思维和道德素质等。这些标准共同构成了绩效评判的框架，确保评价过程能够全面、公正地反映员工的工作表现。绩效评价的方法有很多，如直接观察法、360度评估法、关键绩效指标法、成就导向法、比较法等。通过客观、公正的绩效评估，可以激发员工的工作积极性，提升组织绩效，促进组织和个人共同发展。同时，通过绩效评价过程中的沟通和反馈，还可以加强员工与管理者之间的理解和信任，为构建良好的组织文化奠定基础。

三 系统理论

系统理论也是人才评价的基础理论之一，人才评价活动中，不仅评价对象可以被看成一个系统，评价活动也是一个复杂的有机系统，都需要应用到系统理论。

（一）系统的概念

系统指的是由若干部分相互联系、相互作用形成的具有某些功能的整体。我国著名学者钱学森对系统给出了定义：系统是由相互作用、相互依赖的若干组成部分结合而成的，具有特定功能的有机整体。同时，这个有机整体又是它从属的更大系统的组成部分。系统是一个复杂而广泛的概念，它在各个领域都有广泛的应用和研究，无论是自然科学、社会科学还是工程技术领域，系统都是重要的研究对象和工具。

一般来说，系统具有以下基本特点：一是系统是由若干要素（部分）组成的，这些要素之间存在相互的联系和相互作用。二是系统具有一定的结构，这些结构决定了系统的功能。三是系统具有一定的功能或目的，这是系统存在的意义和价值所在。

（二）系统的分类

系统可以根据不同的属性和特征进行分类，常见的分类方式有：

（1）按构成要素属性可以分为自然系统、人工系统和复合系统。自然系统是由自然物组成，并在客观世界发展过程中自然形成的系统，例如天体系统、气象系统、生理系统等；人工系统是由人们用一定的制度、程序、组织所组成的管理系统和社会系统，如各类管理系统、经济系统、教育系统等；复合系统是由自然系统和人工系统相结合的系统，如农业系统、生态环境系统等。

（2）按系统形态或存在形式可以分为实体系统和虚拟系统。实体系统是具有明确的物理形态或实体组成的系统。虚拟系统是通过特定的软件技术，在实体计算机上模拟出的一种逻辑上的计算机系统。

（3）按系统与环境的关系可以分为封闭系统和开放系统。封闭系统是与外界环境没有物质和能量交换的系统。开放系统是与外界环境有物质、能量或信息交换的系统。

（4）按功能或应用领域可以分为信息系统和控制系统。信息系统是涉及信息的获取、存储、处理、传输和应用的系统，如计算机网络系统、数据库系统等。控制系统则是用于控制和调节某个过程或对象的系统，如工业控制系统、自动驾驶系统等。

（5）按系统规模或复杂性可以分为小型系统和大型系统。小型系统是规模较小、结构简单、功能单一的系统。大型系统是规模庞大、结构复杂、功能多样的系统，如国家经济系统、全球气候系统等。

（6）按生态系统的性质可以分为自然生态系统和人工生态系统。自然生态系统是指由自然力量创建的生态系统，如陆地生态系统、水域生态系统等。人工生态系统是指由人类活动创建的生态系统，如城市生态系统、农田生态系统等。

此外，还有根据应用领域、工作原理、行业特点等多种方式进行系统分类的方法。系统的分类多种多样，取决于分析者的视角和关注点。在实际应用中，可能需要结合多种分类方式来全面描述和理解一个系统。

（三）系统理论

系统理论是研究系统的一般模式、结构和规律的学问。它研究各种系统的共同特征，用系统理论知识定量地描述其功能，寻求并确立适用于一切系统的原理、原则和模型。它的研究对象非常广泛，可以是任何一种系统，包括但不限于自然系统、社会系统、经济系统、生物系统等。这些系统通常由多个组成部分构成，它们之间相互作用、相互依赖，以实现系统的整体功能和目标。

系统理论的研究目的是揭示系统的内在规律和本质，从而更好地理解和控制系统。它运用定量和定性的方法，描述系统的功能，并寻求适用于所有系统的原理、原则和模型。系统理论的基本概念包括反馈、控制、稳定性、动态等。其中，反馈是指系统对其内部状态和外部环境变化的反应；控制是指对系统进行调节和操纵的过程；稳定性是指系统在受到扰动后能否保持其原有状态的能力；动态则是指系统在不同时间点上的状态和行为。

在实际应用中，系统理论被广泛应用于各种领域，如工程、生态学、社会学等。在工程领域，系统理论被用于设计和优化各种复杂系统，如航空航天系统、电力系统等。在生态学领域，系统理论被用于研究生态系统中各组成部分之间的相互作用和关系，以及生态系统的演化和稳定性。在社会学领域，系统理论被用于研究社会网络和人类行为，以及社会系统的演化和发展。

（四）系统理论对人才评价的影响

人才评价可以看成一个系统，系统理论为人才评价提供了一种全面、整体性的思考框架，有助于从多个角度和层面来理解和评价人才。

首先，系统理论强调系统的整体性和动态性，将人才视为一个复杂的系统，而不仅仅是单一的个体。在这个系统中，人才的各种特质、能力和经验都是相互关联、相互作用的。因此，在评价人才时，需要考虑到这些元素之间的内在联系和相互影响，从而得出更全面、准确的评价结果。

其次，系统理论强调系统的目标性，即系统是为了实现特定目标而存在的。在人才评价中，这意味着评价的目的应该是明确且具体的，例如确定人才是否适合某个职位或项目，或者评估人才的潜力和发展方向等。通过明确评价目标，可以更有针对性地选择评价方法和标准，提高评价的准确性和有效性。

此外，系统理论还提供了结构和功能的分析框架。在人才评价中，可以借鉴这种框架来分析人才的内部结构（如知识、技能、价值观等）和外部功能（如工作表现、团队合作、创新能力等），从而更深入地了解人才的特质和潜力。

最后，系统理论也强调跨学科性和综合性，这意味着在人才评价中需要综合考虑多个学科的知识和方法，如心理学、管理学、社会学等。通过综合运用这些知识和方法，可以更全面地评估人才的各个方面，提高评价的全面性和科学性。

四 比较和分类理论

人才评价是从区分对象开始的，要区分就得进行比较和分类。比较和分类是评价中常用的思维方法，两者关系密切，比较是分类的基础，分类是比较的结果。只有通过比较，人们才能确定事物间的异同点，进而进行科学的分类。同时，分类也有助于人们更深入地理解事物的本质和特征，进一步完善和深化比较的结果。

（一）比较的概念与内涵

比较是一种思维过程和方法，它涉及对两个或多个事物、概念、观点或理论进行对照、鉴别和分析，以找出它们之间的相似性和差异性。通过比较，人们可以更好地理解每个对象的特点、性质和价值，并据此作出决策或形成新的观点。比较可以应用于各个领域，包括但不限于科学、文学、艺术、历史、社会学等。在科学研究中，比较可以帮助科学家发现不同现象或实验结果之间的关联和规律；在文学和艺术领域，比较可以揭示不同作品之间的风格、主题和技法的异同；在历史学和社会学中，比较可以揭示不同文化、社会制度或历史时期的异同和演变。

比较过程通常包括以下步骤：一是选择对象，明确要比较的对象，这些对象既可以是具体的事物，也可以是抽象的概念或理论；二是确定比较维度和标准，这些维度既可以是外在的特征，也可以是内在的属性、功能、价值等；三是收集关于每个对象在所选比较维度上的信息或数据；四是将收集到的信息进行比较分析，找出相似点和差异点；五是根据比较的结果，形成对象之间关系的认识或新的观点。比较有助于深化人们对事物的认识和理解，促进知识的积累和创新。但需要注意的是，比较时应该保持客观和公正，避免主观偏见和片面性。同时，比较也需要在适当的情境和背景下进行，以确保比较的准确性和有效性。

（二）分类的概念与内涵

分类是指以事物的性质、特点、用途或学科体系等作为依据，将符合同一标准的事物聚类，把不同的事物区分开来的科学方法。分类是人类认识事物、整理知识和进行科学研究的重要手段之一。它基于人们对事物的认知和理解，根据某些共同的或相似的特征将事物归为一定的类别。通过分类，我们可以更好地组织和理解大量信息，把握事物的共性和差异，进而形成对事物的全面认识。有效地分类有助于我们更好地理解和分析事物，提高决策和推理的准确性。

分类过程通常有如下步骤：一是确定分类目的，即明确为什么要进行分类，以便确定后续步骤中的方向和重点。二是根据分类目的，选择合适的分类标准。分类标准可以是事物的属性、功能、形态、结构、行为等特征，也可以是时间、地点等外部因素。三是收集与分类对象相关的数据和信息，进行深入分析，以便了解对象的特征和差异，为分类提供依据。四是根据分析结果，制定具体的分类方案。分类方案应明确各类别的定义、范围和界限，确保分类的准确性和一致性。五是按照分类方案，对对象进行分类。这可以包括将对象归入相应的类别、标记类别标签等步骤。六是对分类结果进行验证，确保分类的准确性和合理性。如果发现分类存在问题或不合理之处，应及时进行调整和优化。需要注意的是，分类并不是一成不变的，随着人们对事物的深入了解和认识的发展，分类的方法和标准也可能发生变化。因此，在进行分类时，需要保持开放和灵活的态度，不断调整和完善分类体系。

按照不同的划分依据，人才可以有多种分类方式。按工作性质和内容进行分类，人才可以分为学术型人才、工程型人才、技术型人才和技能型人才。学术型人才主要从事科学研究和学术创新，工程型人才则专注于将科学原理转化为实际工程项目，技术型人才注重技术的应用和推广，而技能型人才则强调实际操作和技艺的掌握；按照能力特点进行分类，人才可以分成专业人才、创新人才、领导人才和人文人才等。专业人才具备特定领域的知识和技能，如医生、律师等；创新人才则具有创新意识和创新能力，能够推动科技进步和社会发展；领导人才则擅长组织协调和决策，能够引领团队取得成功；而人文人才则注重人文素养和人文关怀，为社会带来温暖与和谐。此外，人才还可以根据其他因素进行划分，如级别（初级人才、中级人才、高级人才等）和年龄段（中老年人才、离退休人才、中青年人才等）。这些分类方式有助于更全面地认识和理解人才的特点和需求，为人才的培养、选拔和使用提供科学依据。

（三）比较和分类理论对人才评价的影响

比较是人才评价的基础。通过比较不同人才，我们可以揭示他们之间的相似性和差异性，为人才评价提供依据。人才评价是比较的深化和拓展，不仅仅是简单地指出人与人之间的异同，还需要对这些异同进行价值判断，提出自己的看法和观点。在人才评价过程中，我们可以结合比较的结果，对人才的优缺点进行权衡，从而得出更为准确和深入的结论。比较和人才评价在方法论上也存在相似之处。它们都需要客观、公正、全面的态度，都需要遵循一定的逻辑和规则。同时，它们也都需要收集和分析大量的信息和数据，以便得出更为准确和可靠的结论。然而，比较和人才评价也存在一定的区别。比较更注重于揭示事物之间的相似性和差异性，而人才评价则更注重于对这些相似性和差异性进行价值判断。同时，比较可以是一种中性的描述，而人才评价则往往带有一定的主观性和价值取向。

人才分类是对人才进行归类的过程，主要是根据人才的属性、特征或作用等，将相似或相关的人才归为一类。这种归类有助于我们更好地组织和理解大量的信息，从而能够更清晰地认识人才的本质和特性。人才评价则是对人才进行价值判断的过程，通常基于一定的标准或准则，对人才的优劣、好坏、重要性等进行评估。人才评价可以是对人才本身的评价，也可以是对人才分类结果的评价。因此，分类可以为评价提供基础。通过分类，我们可以将具有相似特征或属性的人才聚集在一起，从而更容易地对其进行评价。同时，人才评价的结果也可以反过来影响分类，比如根据人才评价的结果调整人才分类的标准或方法，使人才分类更加准确和有效。

第二节　人才评价技术理论

人才评价科学化与评价技术理论的发展和应用密不可分。评价技术理论主要包括心理测量理论和计量理论，心理测量和计量为人才评价提供了客观的数据基础，人才评价通过深入分析这些数据结果，为组织提供有关人才选拔、培养和使用的科学依据。

一　心理测量理论

人才评价中最常使用的技术方法就是测评法，即通过一系列科学、客观、标准的测量手段对人的特定素质进行深入且系统的测量、分析和评价的方法。测评法的理论基础就是心理测量理论。

(一) 测量的概念

测量是指依据一定的法则用数字对事物加以确定的过程。从这个定义可以看出，测量包括三个主要元素，即法则、数字和事物。法则指的就是测量时采用的规则或方法。数字即指自然数，具有区分性、等级性、等距性和可加性等特点。事物指的是测量的对象，如属性、特征、行为等。

任何测量都应该具备的要素是参照点和单位。参照点就是计算事物的量的起点。参照点有两种，一种是绝对参照点，即以绝对的零点作为测量的起点，比如长度和重量测量就是建立在以绝对的零点为参照点的基础上的测量；另一种是相对参照点，即以人为确定的零点为测量的起点，如地势高度的测量，就是以海平面为测量的起点。单位是指测量时用来比较的标准量。理想的单位需要具备两个条件：一是有确定的意义，不同的人有相同的意义解释；二是最好有相等的价值，就是说，相邻单位间是等距的。

根据测量的对象的不同，可以分为物理测量和心理测量。物理测量是指对事物及其属性进行直接而客观的测量，例如大小、长短等。心理测量是通过科学、客观、标准的测量手段对人的特定素质进行测量、分析、评价，如对完成特定工作或活动所需要或与之相关的感知、技能、能力、气质、性格、兴趣、动机等个人特征的测量。人才评价中常用的人才测评方法，属于心理测量的范畴。

(二) 心理测量的概念

心理测量就是根据一定的法则用数字对人的行为加以确定的过程，即根据一定的心理学理论，使用一定的操作程序，给人的行为确定出一种数量化的价值。

心理测量具有如下特点：（1）间接性。心理测量是一种间接的评估方法，通过收集个体的反应、表现或自我报告来推断其心理特征或状况。测量结果是通过对个体的回答、选择或行为进行解读而得出的，而非对其心理内在状态的直接观察。间接性使得心理测量能够通过客观可量化的指标来了解个体的内在心理特征。（2）客观性。心理测量旨在提供客观的评估结果。其使用的测量工具通常要经过科学验证和标准化，测量过程具有一定的标准性和统一性，以减少主观偏见的影响。客观性要求测量结果不受个体主观意愿、心理状态或评估者的主观影响，从而提供更客观和可比较的数据。(3) 相对性。心理测量的结果通常是相对于参照群体或其他个体进行比较的。测量工具经过标准化过程，使得个体的测量结果可以与相同年龄、性别、文化背景的参照群体进行比较，或与其他个体进行相对评估。相对性使得心理测量能够提供个体在特定领域或特征上的相对表现，而非绝对的评估。

(三) 心理测量理论

心理测量理论包括经典测量理论（Classical Test Theory，CTT）、概化理论（Generalizability Theory，GT）和项目反应理论（Item Response Theory，IRT）。概化理论和项目反应理论也被称为现代测量理论。

1. 经典测量理论

经典测量理论也叫真分数理论。真分数是指测量中不存在误差时的真值或客观值，即被测者在所测特质上的真实值。在实际的测量中，误差是不可避免的，所以观察值并不等于所测特质的真实值，观察分数包含真分数和误差分数。要获得真分数的值，就必须将测量误差从观察分数中分离出来。

1904 年，英国心理学家斯皮尔曼把信度概念引入心理测量，为真分数理论奠定了基础，后经瑟斯顿等人的工作形成了较完整的体系。真分数理论假设观测分数是由真分数和随机误差组合而成的，用公式表示就是：$X = T + E$。其中，X 表示测量得到的观测分数，T 表示真分数，E 表示随机误差。测量时，T 被认为是稳定不变时，因此，个体实测分数 X 的变化是由误差 E 引起的。多次测量的误差 E 的平均数等于 0；误差 E 与真分数 T 间的相关为 0。根据这些基本假设，提出信度和效度的概念。信度等于真分数变异数与实得分数变异数之比。效度等于有效分数变异数与实得分数变异数之比。在此基本理论框架基础上，经典测验理论建立了自己的测验方法体系，推导了包括信度和效度在内的各种指标的计算公式，完善了测验的标准化程序，使整个测验过程建立在较为客观的基础上。

2. 概化理论

凡测量都有误差，误差可能来自测量工具的不标准或不适合所测量的对象，也可能来自工具的使用者没有掌握要领，也可能是测量条件和环境所造成，也可能是测量对象不合作所引起。总之产生测量误差的原因是多种多样的，而 CTT 理论仅以一个 E 就概括了所有的误差，并不能指明哪种误差或在总误差中各种误差的相对大小如何。这样对于测量工具和程序的改革没有明确的指导意义，只能根据主试自己的理解去控制一些因素，针对性并不强。鉴于此种情况，20 世纪 70 年代初，克伦巴赫等人提出了概化理论。

概化理论的基本思想是：任何测量都处在一定的情境关系之中，应该从测量的情境关系中具体地考察测量工作，提出了多种真分数与多种不同的信度系数的观念，并设计了一套方法去系统辨明多种误差方差的来源，并用"全域分数"代替"真分数"，用"概化系数"代替"信度"。

概化理论认为，测量的总方差可以分解为代表目标测量的方差成分和构成误差的种种方差成分。测量目标是对心理特质的水平进行了解，而构成测量条件与具体情境关系的因素，称为测量侧面（Facets of Measurement）。如学生阅读能力测验，其目的是对学生阅读能力的测量，因此，阅读能力就成为测量目标，除此之外试题的水平和评分者等因素也会影响测验的总变异。这两个因素就是测量侧面。这里对学生阅读能力的测量是在双侧面情境的条件下进行的。测量侧面中的单个事例叫侧面的水平，如有两个评分者甲和乙，则评分者这一侧面就有两个水平。测量侧面又分为随机侧面和固定侧面。随机侧面是指测量侧面中所包含的各水平是所有可能水平的随机样本，而非固定不变的侧面，如大规模考试中评分者每次都有可能不同，由这样变化的评分者所组成的测量侧面就称为随机侧面。固定侧面是指在各次实施中测量侧面的所在水平一直保持不变的测量侧面，如标准化的心理测验中测验项目总是一样的，这样的侧面就叫固定侧面。因此，进行测验的标准化就是对某些测量侧面进行固定。固定测量侧面可以减少测量误差，却会使测量目标变得更为局限。比如，把阅读理解题定为科技说明文，这时，所测的特质就不再是一般的阅读理解能力，而是特定的对科技说明文的理解能力了。这样，测验所得的分数就不能再推广到原来那么宽广的范围了。

概化理论在研究测量误差方面有更大的优越性，它能针对不同测量情境估计测量误差的多种来源，为改善测验、提高测量质量提供有用的信息。其缺陷是统计计算相当繁杂，如果借助一些统计分析软件可以解决这一问题。

3. 项目反应理论

项目反应理论也称潜在特质理论或潜在特质模型，研究是以潜在特质为假设并从项目特征曲线开始。所谓项目特征曲线就是用能稳定反映被试水平的特质量表分代替被试卷面总分作为回归曲线的自变量，并把求得的被试在试题上正确作答概率对特质分数的回归曲线称为项目特质曲线（Item Characteristic Curve，简称ICC）。项目反应理论研究中的一项重要工作就是要确定项目特征曲线的形态，然后写出这条特征曲线的解析式，即项目反应函数，也称为项目特征函数（Item Characteristic Function，简称ICF）。

与CTT理论和GT理论相比，IRT具有以下优点：

一是项目反应理论深入测验的微观领域，将被试特质水平与被试在项目上的行为关联起来，并且将其参数化、模型化，是通过统计调整控制误差的最好方法。若模型成立并且项目参数均已知，则模型在测验中为项目性质调整数据，可生成独立于测验项目性质的特质水平测量，这是项目反应理论建立项目反应模型的最大优点。也就是通常所说的被试能力估计不依赖于测验项目的特殊选择。

二是IRT模型项目参数的估计独立于被试样本。项目特征曲线是被试作答正确的概率对其潜在特质水平的回归，而回归曲线并不依赖于回归变量本身的次数分布。所以，在求取项目特征曲线的各种参数时，由于回归线的形状、位置都不依赖于被试的分布，所以它的参数，包括难度、区分度和猜测参数也都是不变的。

三是能力参数与项目难度参数的配套性，即能力参数与项目难度参数是定义在同一个量表上的。对一个能力参数已知的被试，配给一个项目参数已知的试题，我们可以立刻通过模型预测被试正确作答的概率。如果估出被试的能力，我们可以在题库中选出难度与其能力相当的项目进行新一轮的测试，使得能力估计更为精确。这一特点为自适应测评奠定了基础。

四是项目反应理论用项目信息函数代替了传统的信度概念，使误差控制更具精确性、预控性。

IRT的优良特性确实是测评希望达到的理想状态，但也存在着一定的局限性，首先它假定所测的特质是单维的，这只是一种理想状态，在现实中很难满足这一假设。其次，现有的IRT模型主要针对的是二级评分试题

（即只有正确与错误两种答案的试题），而对多级评分的试题模型，虽说有一些探索，但还不是太成熟。最后，IRT 的参数估计不依赖于特定的样本，但是要使参数的估计具有稳定性，需要大样本才可以，而在现实的测评中要对大量的试题进行大样本测试以获取稳定的参数估计值，其人才和物力的投入都是相当可观的。上述问题都制约了 IRT 理论在实践中应用的推进程度。但必须提出的是，IRT 代表了现代测量理论的发展方向，随着统计理论成熟、计算机技术的普及和测评需求的发展，IRT 理论将逐步扩大其在现代人才测评中的应用范围。

（四）心理测量理论对人才评价的影响

心理测量理论对人才评价的影响是深远的，它提供了一种科学、客观、标准的方法来评估和筛选人才。具体来说，主要体现在以下几个方面：

一是心理测量理论通过量化评估，使得人才评价更具科学性和客观性。心理测量依据一定的心理学理论，使用特定的操作程序，对人的能力、人格及心理健康等心理特性和行为进行数量化的价值确定。这种量化评估方式有助于减少主观偏见和人为因素的影响，使得评价结果更加客观可靠。

二是心理测量理论有助于识别个体的潜在特质和能力。通过心理测评，可以评估个体的职业能力、职业性格、职业兴趣及职业价值观等，从而发现个体的潜在特质和能力。这对于人才评价和选拔具有重要意义，有助于找到最适合岗位的人才，实现人与岗位的最优匹配。

三是心理测量理论还可以用于预测个体未来的行为表现。通过测量个体的心理特质和行为模式，可以预测其在特定情境下的行为表现和可能产生的结果。这对于组织制订人才培养计划和职业规划具有重要的参考价值。

但是，需要注意的是，心理测量理论在人才评价中的应用也存在一定的局限性。例如，心理测量的结果可能受到多种因素的影响，包括测量工具的选择、测量环境的设置以及被测者的心理状态等。因此，在使用心理测量理论进行人才评价时，需要充分考虑这些因素，确保评价结果的准确性和可靠性。

二 计量理论

科学评价主要是对被评价对象的质和量进行评价，而计量学就是进行"量"的评价的基础。人才评价中"量"的考量，主要是针对被评价对象的成果和业绩展开，通过计量被评价对象的业绩、成果，来评价其能力素质水平。

（一）计量的概念

计量是实现单位统一和量值准确可靠的活动，是一种特殊的测量。计量是关于测量的科学，但它不同于测量。测量是为确定量而进行的全部操作，是对非量化实物的量化过程，其目的是用数据描述事物。而计量是实现单位统一、保障量值准确可靠的活动，计量的目的是确保测量结果准确。狭义地讲，计量是与测量结果的置信度相关、与不确定度相联系的一种规范化测量，具备计量特性的测量活动才能获得有效的测量结果。

计量在我们生活中无处不在，任何计量都要关注三个方面的问题：一是计量什么（即确定和区分计量的对象）；二是如何计量（即采用什么标准、尺度、方式、方法、工具来计量）；三是计量的效果如何（即如何检验和改进计量效果）。在评价领域，计量是指为了反映被评对象的发展状态、水平及规律，通过数学方法和统计方法对被评价对象的数量特征和规律进行统计分析的活动。人才评价在"量"方面的特征主要体现为基本条件（如学历、资历）、成果业绩（如学术论文、科研项目、获得奖项、承担重大任务等）等，需要设计科学的计量方法来进行统计分析。

计量的四个重要特征是准确性、一致性、溯源性和法制性。（1）准确性是计量的基本特点，它表征的是计量结果与被测量的真值的接近程度。严格地说，只有量值，而无准确程度的结果，不是计量结果。（2）一致性是指在统一计量单位的基础上，无论在何时何地采用何种方法，使用何种计量器具，以及由何人测量，只要符合有关的要求，测量结果应在给定的区间内一致，即测量结果应是可重复、可再现（复现）、可比较的。（3）溯源性是指任何一个测量结果或测量标准的值，都能通过一条具有规定不确定度的连续比较链，与测量基准联系起来的特性。这种特性使所有的同种量值，都可以按此条比较链通过校准向测量的源头追溯，也就是溯源到同一测量基准（国家基准或国际基准），从而使其准确性和一致性得到技术保证。(4) 法制性是指计量活动受到法律法规的规范和约束,以确保计量的准确性、可靠性和公正性。以《中华人民共和国计量法》为例,它明确规定了计量工作的基本原则、管理制度和法律责任,为计量的法制性提供了有力的法律保障。

(二) 计量理论

在计量学研究领域有几个颇具影响的理论体系,经过数十年的发展,基本具备清晰明确、相对固定的研究对象和科学可信的研究方法,这些理论体系对人才评价具有重要的指导意义。

1. 文献计量理论

文献计量分析,是指用数学和统计学的方法,定量地分析一切知识载体的交叉科学。它是集数学、统计学、文献学于一体,注重量化的综合性知识体系。其计量对象主要是文献量(各种出版物,尤以期刊论文和引文居多)、作者数(个人、集体或团体)、词汇数(各种文献标识,其中以主题词居多),文献计量学最本质的特征在于其输出务必是"量"。在实际应用中,文献计量法通常包括理论分析、收集数据、运算分析和结果解释等步骤。通过对论文、引文、索引、文摘等文献资源的统计和分析,可以揭示学科领域的研究热点、发展趋势以及潜在的研究方向。

作为一种科技评价的工具,文献计量学的测度体系提供了科技成果的各种定量或定性指标。虽然这些成果只涵盖了已经发表的科学成果,但它们适用于不同的科研层次,小白科学家个人,大到一个学科、机构、地区,甚至国家。因此,文献计量理论主要应用于科学出版物评价、科研工作评价、学科发展评价、机构评价等。利用引文索引等工具开展科研定量研究、高被引学者榜单、出版物排名、大学排名等,已经成为国际通行做法。

文献计量法的核心在于以经验定律和规律为基础,通过对文献信息的量化处理,来探寻学科发展的内在规律。布拉德福定律、洛特卡定律、齐普夫定律并称为文献计量学的三大定律,它们在揭示文献分布、作者生产率、词汇分布等方面发挥着重要作用,共同构成了文献计量学的基本理论框架。以与人才评价直接相关的洛特卡定律为例,它是由美国统计学家洛特卡在20世纪20年代率先提出的描述科学生产率的经验规律,又称"倒数平方定律",它描述的是科学工作者人数与其所著论文之间的关系:写两篇论文的作者数量约为写一篇论文的作者数量的 1/4；写三篇论文的作者数量约为写一篇论文作者数量的 1/9；写 N 篇论文的作者数量约为写一篇论文作者数量的 $1/n^2$，而写一篇论文作者的数量约占所有作者数量的 60%。这个定律揭示了作者与其发表作品数量之间的关系，并为文献计量学提供了重要的理论基础。通过洛特卡定律，我们可以更好地理解和分析科学工作者的生产力和研究效率，以及学科领域的发展情况。此外，洛特卡定律的应用具有一定的限制条件，它仅对物理、化学等特定学科领域抽样导出的理论估计有效，并非精确的统计分布，它要求研究的学科必须相对稳定，研究的论文时间区间必须足够长，研究的作者数目必须足够大，否则对该定律必须作相应的修正。

2. 科学计量理论

科学计量学是用定量方法处理科学活动的投入（如科研人员、研究经费）、产出（如论文数量、被引数量）和过程（如信息传播、交流网络的形成）的研究领域。由于其研究结论较为客观，因此有助于加深对科学发展内在规律的认识，从而为科研管理工作和科技政策制定提供参考和指导。科学计量学与文献计量学和信息计量学有一定的交叠。由于科学活动的产出和交流的主要形式之一是科学文献，因此对这类文献进行的定量研究既是科学计量学研究，又是文献计量学研究。同理，用定量方法处理科学信息的产生、流行、传播和利用，则既属科学计量学研究，也属信息计量学研究。但科学计量学也有独特的研究领域，如对科学创造最佳年龄结构的研究，出重大科技成果时科学家年龄的频度分布规律的研究，等等。

科学计量理论主要关注基础性、探索性、先行性的计量科学研究，以便为科技和经济秩序提供重要的计量保障。主要研究方向包括以下几个方面：一是关注计量单位与单位制的研究。这涉及如何准确、一致地定义和表示各种物理量，包括长度、质量、时间、温度等。通过使用最新的科技成果，科学计量能够确保计量单位的精确性和可靠性。二是关注计量基准与标准的研制。计量基准是量值传递的起点，是各国计量体系的核心，也是确保测量结果准确性和一致性的关键。科学计量致力于研究和开发高准确度的计量基准和标准，以支持各种精密测量和科学实验。三是关注物理常量与精密测量技术的研究。物理常量是自然界中不变的、基本的量，它们的准确测量对于科学研究和技术发展具有重要意义。科学计量通过研究精密测量技术，提高物理常量的测量精度，为科技进步提供有力支持。四是关注量值溯源与量值传递系统的研究。量值溯源是指通过一系列连续的、具有规定不确定度的测量，将测量结果或测量标准的量值追溯至国家基准或国际基准的过程。量值传递系统则是指确保测量结果在不同实验室、不同设备之间一致性的体系。科学计量通过研究和优化这些系统，提高测量的可靠性和可比性。五是关注量值比对方法与测量不确定度的研究。量值比对是通过比较不同实验室或测量设备之间的测量结果，评估测量一致性的方法。测量不确定度则是对测量结果精度的度量，它反映了测量结果的可靠性和置信水平。科学计量通过研究和改进这些方法和技术，进一步提高测量的准确性和可靠性。

3. 知识计量理论

知识计量是以整个人类知识体系为对象，运用对象分析和计算技术对社会的知识（生产、流通、消费、累积和增值等）能力和知识的社会关系（组织形式、协作网络、社会建制等）进行综合研究的一门交叉学科，是正在形成的知识科学中的一门方法性的分支学科。

知识计量学是以知识为研究对象的，因此对知识的界定显得非常重要。知识是人类社会的重要财富，也是推动人类社会发展的重要因素。因此对知识的研究很早就有，国内外许多知名学者都对知识进行了定义，通过这些定义，可以总结出知识的几个重要特征：（1）知识的实用性。并不是任何信息都可以称作知识，知识必须具有实用性，必须是能够解决问题的。可以是某些学术领域的问题，也可以是生产实践中的问题，所以我们常称知识为"有用的信息"。我们生活在一个信息泛滥的世界里，但知识却是匮乏的。（2）知识的价值性。知识能够创造价值，这已经是毋庸置疑的事实了。当今的时代又称为"知识经济时代"，知识就是力量，知识就是财富，知识可以直接或间接地应用于生产活动从而创造社会价值。（3）知识的动态性。知识与人类活动是密切相关的，知识也常常蕴含在人类活动的过程中，人类的创新活动中就产生了知识。因此我们不该把知识仅仅理解为一种人类创造的成果，也应该理解为一个动态的过程。

知识计量理论的核心在于对知识体系的深入剖析和量化分析。它关注知识的流动、传播、应用等各个环节，并试图通过科学方法和技术手段对这些环节进行精确度量。通过运用对象分析和计算技术，知识计量理论可以揭示知识活动的内在规律和机制，为科技创新、经济发展和社会进步提供有力支持。此外，知识计量理论还关注知识与社会、经济、文化等各个领域的相互作用和影响。它通过对知识活动的综合研究，揭示知识在社会发展中的重要作用和价值，为政策制定和决策提供科学依据。

4. 经济计量理论

经济计量学是以经济学理论为基础，利用统计工具并运用数学计算方法，以测度经济活动的数量、研究经济关系并揭示经济规律的科学。该理论强调经济学、数学和统计学的有机结合，以实现经济问题理论定量与经验定量相统一的目标。经济计量理论的应用广泛，主要被用于计量经济活动的效率和效益，对投入、产出、成本和效益进行测度。

经济计量学的基本理论是基于一定的经济理论和统计资料，运用数学、统计学方法与电脑技术，以建立经济计量模型为主要手段，定量分析研究具有随机性特性的经济变量关系。它的初衷是为经济理论建立一种科学的"证伪"手段，为模糊的经济理论赋予确切的数学关系。在经济计量学中，一组（可能存在经济关系的）变量之间建立数学关系的过程被称为"数学建模"。这个建模过程至少包括理论或假设陈述、计量经济模型构建、获取数据、参数估计、假设检验与结果运用等六个步骤。经济计量学的核心方法包括回归分析法、投入产出分析法、时间序列分析法等，借助这些方法帮助理解经济变量之间的关系，并为经济政策的制定和评估提供依据。此外，经济计量学还关注样本选择和数据处理的问题。在进行研究时，需要收集大量的经济数据，并对这些数据进行处理和分析。由于数据的限制和偏差，数据处理和分析过程中需要注意样本选择偏误和数据处理方法对结果的影响，以确保结论的准确性和可靠性。

经济计量学研究的内容十分丰富，但其方法在人才评价中的应用主要体现在利用经济计量理论和模型对人才的相关经济指标进行量化分析上，从而辅助人才评价工作。尽管经济计量学本身并不直接涉及人才评价，但其量化分析的方法和工具可以为人才评价提供科学、客观的依据。具体来说，经济计量学可以通过收集和分析人才的薪资、绩效、培训投入等经济指标，建立相关模型，来评估人才的价值和潜力。例如，可以通过回归分析来探究薪资与绩效之间的关系，或者通过时间序列分析来预测人才未来的发展趋势。此外，经济计量学还可以用于评估人才管理政策的效果。比如，可以分析某项人才激励政策实施前后，人才的流失率、满意度等指标的变化，从而评价该政策的实际效果。

（三）计量理论对人才评价的影响

计量理论对人才评价的影响主要体现在以下几个方面：

一是支撑人才评价的标准化与客观性。计量理论强调单位统一和量值准确可靠，这为人才评价提供了标准化的基础。通过制定统一的评价标准和指标，可以使得人才评价更具客观性，减少主观性和人为因素的干扰。这有助于确保评价的公正性和公平性，使评价结果更加可信。

二是助力人才评价的量化与精确性。计量理论的核心在于量化，通过数据化、量化的方式对人才的能力和表现进行衡量。这使得人才评价更加精确，能够更准确地反映人才的真实水平。同时，量化指标也便于进行比较和分析，有助于发现人才的优势和不足，为人才培养和使用提供依据。

三是提高人才评价的系统性与全面性。计量理论在人才评价中的应用需要考虑多个方面和多个指标，从而形成一个系统的评价体系。这有助于全面评估人才的能力、素质、潜力等多个方面，避免单一指标评价的局限性。系统性的评价能够更好地反映人才的综合表现，为人才的选拔和任用提供更为科学的依据。

但是需要注意的是，虽然计量理论为人才评价提供了有力的工具和方法，但在实际应用中仍需注意其局限性和适用范围。例如，过于依赖量化指标可能会忽视人才的非量化因素，如创新能力、领导力等；同时，不同领域和行业的人才评价可能具有不同的特点和要求，需要根据实际情况灵活运用计量理论。

第三节　人才评价学科基础

人才评价是一门源自实践的科学，是人才学学科体系的重要组成部分。从科学的角度来看，人才评价涉及多个学科领域的知识，如管理学、经济学、心理学等。这些学科为人才评价提供了理论基础和研究方法，使得人才评价更加科学、系统、规范。

一 人才学

人才学是一门新兴学科，主要研究人才成长、人才培养和人才管理使用的规律。它的研究对象是人才现象的特殊矛盾性，即把人才现象作为物质运动的一种特殊形式来研究。因此，人才学是以人才现象作为研究对象的学科，也是研究人才运动及其发展规律的学科。

人才学研究内容涵盖了人才和人才结构、人才成长和发展规律、人才辈出规律以及人才开发和人才管理等多个方面，可以概括为四个方面：[①]一是关于人才的基础理论研究，包括对人才的概念、本质、基本要素、类型、作用和价值、结构的研究；二是关于人才成长规律的研究，包括人才成长过程及其阶段、人才成长基本原理及内外因素、个体人才成长规律和社会人才辈出规律的研究；三是关于成才主体自我开发的研究，即成才主体创造实践的研究，包括创造实践的战略思想和战术问题研究；四是关于社会人才开发研究，即关于人尽其才的研究，包括人才的战略管理、预测规划、教育培训、考核评价、选用配置、使用调控等研究。这四方面的研究又可以划分成人才学的基础理论研究和应用理论研究两大部分。前者为后者提供科学依据，后者是前者的应用发展，为充实丰富前者提供支持，两者相辅相成，相互促进，共同构成了人才学的学科体系。

人才学的学科特性主要体现在以下几个方面：（1）综合性。这是因为人才既有自然属性，如生理机制、遗传素质等，又有社会属性。在阶级社会中，社会性主要表现为阶级性。因此，研究人才成长既要分析人才主体的内在因素，包括先天因素和后天因素，又要分析人才的外部因素，包括社会环境和自然环境。这导致人才学研究涉及自然科学、社会科学和人体科学的有关领域，是一门以社会科学为主的跨学科的综合性学科。（2）应用性。人才学的研究不仅关注理论层面的探讨，更重视实践应用。它关注人才的发现、识别、培养、教育、选拔、设计、考核、管理、使用、交流、预测、规划等实际问题，旨在提高人才的使用效率和培养质量，促进人才与社会的和谐发展。（3）动态性。人才的发展是一个持续

---

① 徐颂陶、王通讯、叶忠海：《人才理论精粹与管理实务》，中国人事出版社2004年版，第67页。

的过程，需要在不同的阶段采取不同的策略和资源。因此，人才学的研究需要关注人才成长的各个阶段，以及不同阶段的特点和需求，为人才提供针对性的支持和指导。

人才评价是人才学学科体系的重要组成部分，人才学对人才评价学的影响主要体现在以下几个方面：（1）人才学为人才评价学提供了理论支撑。人才学研究视角为人才评价学提供了深入理解人才特性的基础，使评价工作更加具有针对性和准确性。人才学强调人才的整体性、综合性和动态性，为人才评价学提供了全面的、发展的评价视角。（2）人才学的研究内容直接影响了人才评价学的评价标准和指标体系。人才学关注人才的基础研究，如人才的概念、本质、标准、类型、结构、作用和价值等。这些研究内容为人才评价学提供了评价人才的基本框架和参考标准，使得评价工作更加系统、规范。（3）人才学的研究方法也为人才评价学提供了启示。人才学在研究过程中采用多种方法，如文献研究、实证研究、案例研究等，这些方法可以为人才评价学所借鉴，使得评价工作更加科学、客观。（4）人才学还关注人才的成长和发展规律，这为人才评价学提供了动态的评价视角。人才评价不仅仅是对人才现状的评估，更需要关注人才的潜力和发展趋势。人才学的这一观点使得人才评价学更加注重人才的长期发展和持续进步。

二 管理学

管理学是一门研究管理规律、探讨管理方法、建构管理模式、取得最大管理效益的学科。它是一门综合性的交叉学科，旨在系统研究管理活动的基本规律和一般方法。

管理学的目标是研究在现有条件下，如何通过合理地组织和配置人、财、物等因素，提高生产力的水平。具体来说，管理是一个围绕实现组织目标而展开的复杂过程，涉及对组织所拥有的资源进行有效计划、组织、领导和控制。管理包含四层含义：首先，管理是为实现组织目标服务的，是一个有意识、有目的的活动过程；其次，管理工作的过程是由一系列相互关联、连续进行的活动构成的；再次，管理工作的有效性要从效率和效果两个方面来评价；最后，管理工作是在一定环境条件下展开的。管理学具有自然属性和社会属性。管理的自然属性是由许多人进行协作劳动而产生的，是有效组织共同劳动所必需的，与生产力和社会化大生产相联系。而其社会属性则体现在管理体现着生产资料所有者指挥劳动、监督劳动的意志，与生产关系和社会制度相联系。

管理学的学科特性主要体现在以下几个方面：（1）综合性。管理学是一门综合性的交叉学科，它涉及多个领域的知识，如经济学、社会学、心理学、数学、计算机科学等。这使得管理学具有广泛的适用性，能够适用于各种不同的组织和环境。（2）实践性。管理学的理论和方法都是基于实践经验的总结和提炼。管理学强调理论与实践的紧密结合，管理理论和方法必须为实践服务，以解决现实中的问题。这种实践性使得管理学具有很强的操作性和实用性。（3）社会性。管理活动涉及人与人之间的关系，其主体和客体都是社会人。因此，管理学具有显著的社会性。同时，管理活动在很大程度上受到社会制度、文化、法律等社会因素的影响，这也体现了管理学的社会性。（4）历史性。管理学是对前人的管理实践、管理思想和管理理论的总结、扬弃和发展。了解历史对于理解、把握和运用管理学至关重要，因为管理学的理论和方法都是随着历史的发展而不断演进的。

管理学对人才评价的影响主要体现在以下几个方面：（1）管理学为人才评价提供了理论基础和框架。通过借鉴管理学的理论和方法，人才评价得以建立起一套系统、科学的评价体系。这种体系不仅包括了评价的标准、指标和方法，还涉及了评价的过程、反馈和改进等方面，使得人才评价更加全面、客观和准确。（2）管理学促进了人才评价的科学性和客观性。在管理学的影响下，人才评价开始注重量化分析和实证研究，通过收集和分析大量的数据和信息，来更准确地评估人才的能力和表现。同时，管理学也强调评价过程的公正性和透明性，避免了主观性和偏见的影响，提高了评价的客观性。（3）管理学推动了人才评价的多元化和个性化。管理学强调个体差异和多样性，认为不同的人具有不同的特点和优势，应该根据个人的实际情况进行针对性的评价。因此，在人才评价中提倡采用多种评价方法和工具，结合个人的职业兴趣、能力和发展需求等因素，进行个性化的评价。（4）管理学对人才评价的持续改进和发展也起到了积极的推动作用。管理学注重持续改进和创新，鼓励不断探索和实践新的评价方法和理念。这使得人才评价能够不断适应时代的变化和组织的发展需求,保持其活力和有效性。

三 经济学

经济学是一门研究人类社会在各个发展阶段上的各种经济活动和各种相应的经济关系及其运行、发展规律的学科。它的核心思想是物质稀缺性和有效利用资源。经济学的目标是探讨如何在有限的资源条件下,通过合理的配置和决策,实现社会经济的最优发展。

经济学可以分为微观经济学和宏观经济学两大主要分支。微观经济学研究微观经济主体,即单个消费者、单个厂商、单个市场的经济学分支,其核心是价格的决定。宏观经济学则研究一个经济总体运行的经济学分支,关注整体经济现象,如国内生产总值、失业率等。经济学的研究不仅关注理论层面的探讨,还强调实践应用。通过经济学的研究,人们可以找出经济发展的客观规律,以采取相应措施来刺激或保持经济增长,避免经济衰退等。经济学对世界的解释是独特而理性的,大到国计,小到民生,都可以找到经济学理论的切入点进行研究。

经济学的学科特性主要体现在以下几个方面:(1)经济学具有广泛的应用性。作为一门社会科学,经济学研究的是人类社会在各个发展阶段上的经济活动和经济关系,其理论和方法可以应用于各种经济现象和问题的分析和解决。无论是微观层面的个人消费决策、企业经营管理,还是宏观层面的国家经济政策制定、国际经济关系处理,都需要经济学的指导。(2)经济学强调实证分析和理性思维。它不仅是一种理论学科,更注重通过实证数据和经验观察来检验和修正理论。经济学家们经常运用数学、统计学等工具来量化分析经济现象,以此为基础提出政策建议或预测未来趋势。这种实证分析和理性思维的特点使得经济学具有更强的科学性和说服力。(3)经济学具有跨学科的特性。它与其他社会科学、自然科学甚至人文科学都有着密切的联系。例如,经济学与政治学、社会学、心理学等学科在研究社会现象时常常有交叉点;同时,经济学也借鉴了数学、统计学等自然科学的方法论。这种跨学科的特性使得经济学能够更全面地理解经济现象,提出更综合的解决方案。(4)经济学具有很强的时代性和发展性。随着全球化的推进、科技的快速发展以及社会结构的变迁,经济学也在不断适应和变革。新的经济理论、方法和研究领域不断涌现,为经济学的发展注入了新的活力。

经济学对人才评价的影响主要体现在以下几个方面：（1）经济学为人才评价提供了经济效益导向。在经济学视角下，人才被视为一种资源，其价值和作用主要体现在对经济增长和效益的贡献上。因此，经济学强调在人才评价中注重经济效益的评估，考察人才在工作中所创造的经济价值，以及对组织和社会经济发展的贡献程度。（2）经济学提供了人才评价的量化分析方法。经济学注重运用数学、统计学等量化工具对经济现象进行分析，这种分析方法同样可被应用于人才评价中。通过对人才的工作绩效、能力水平、贡献程度等进行量化评估，可以更客观、准确地评价人才的综合素质和价值。（3）经济学强调人才评价的市场化导向。在市场经济条件下，人才的流动和配置受到市场机制的调节。因此，经济学认为人才评价应该与市场需求和竞争状况相结合，关注人才的市场竞争力和适应性。这有助于引导人才向更具发展潜力和市场需求的方向发展，提高人才的就业竞争力和职业发展前景。（4）经济学对人才评价的长期性和动态性也有所贡献。经济学研究经济现象时注重长期趋势和动态变化，这种视角同样适用于人才评价。人才评价应该关注人才的长期发展潜力和成长轨迹，而非仅仅关注短期表现。同时，人才评价也应该是一个动态的过程，随着人才的发展和市场的变化进行适时调整和优化。

四　心理学

心理学是一门研究人的心理现象发生、发展规律和个性心理倾向与心理特征形成、发展的规律的科学。心理现象是人与客观现实相互作用时，客观现实反映在脑中而产生的感觉、知觉、记忆、想象、思维、情感、意志等心理过程，以及在这些心理过程中形成与表现出来的需要、兴趣、理想、信念、态度、性格、气质、能力等个性心理倾向与心理特征。

人的心理既是脑的机能，又是客观现实的反映，因而心理学既是一门与自然科学和社会科学都有交叉关系的边缘科学，又是一门建立在自然科学与社会科学基础之上的高层次科学。心理学不仅是一门认识世界的科学，也是一门认识、预测和调节人的心理活动与行为的科学，对改造客观世界与人的主观世界有重大意义。由于人的全部行动是受心理活动支配的，因此研究人的心理发生、发展规律的心理学在社会生活各个领域中的作用日益重要。

　　心理学的学科特性主要体现在以下几个方面：（1）规律性。它研究的是人类心理现象的发生、发展规律。无论是人的感知、记忆、思维等心理过程，还是人的情绪、动机、人格等心理特性，都有其内在的规律和机制。（2）历史性。这是因为心理现象和心理问题随着社会的发展和变化也在不断变化。因此，心理学的研究需要考虑到历史背景和社会环境的影响。（3）交叉性。它与许多其他学科，如神经科学、医学、哲学、生物学、宗教学等有着密切的联系和交叉。这些学科所探讨的生理或心理作用会影响个体的心智，因此，心理学的研究需要借鉴这些学科的理论和方法。（4）心理学还表现出连续性、阶段性、定向性、顺序性、不平衡性和差异性等特性。这些特性反映了人类心理发展的动态性和多样性，使得心理学的研究充满了挑战和深度。（5）心理学是一门兼具理论性和应用性的科学。它既要研究心理现象的本质和规律，又要将这些研究成果应用于实际生活中，解决人们面临的各种心理问题，提高人们的生活质量。

　　心理学对人才评价的影响主要体现在以下几个方面：（1）心理学提供了科学的方法和工具，使得人才评价更为客观和准确。例如，通过心理测试，可以深入了解个体的性格特征、职业适应性、动机和需求等，从而更准确地评估其潜力和适应性。这些测试包括智力测试、性格测试、职业兴趣测试等，能够为组织提供更全面的人才信息，有助于组织在招聘和选拔人才过程中作出更明智的决策。（2）心理学在面试和评估过程中发挥着关键作用。面试官可以运用心理学知识，通过观察应聘者的言谈举止、姿态和表情等非言语行为，获取更多关于其性格、能力和潜力的信息。同时，心理学还可以帮助制定有效的面试问题和评分标准，使得面试过程更为科学和客观。（3）心理学在员工职业生涯规划和发展方面也起到了重要作用。通过对员工的职业兴趣、职业能力和职业价值观等进行评估，心理学可以帮助员工了解自己的优势和劣势，从而制定更为合理的职业发展规划。同时，心理学还可以为组织提供关于员工职业发展的建议，有助于组织更好地保留和培养人才。（4）通过制定科学的评价标准和指标，心理学可以帮助组织客观地评估员工的能力和表现。例如，360度评价可以收集来自不同角度的反馈意见，帮助员工全面了解自己的优势和改进方向；绩效评估则可以定量地评价员工的工作成果和贡献。这些评价能够为组织提供科学和客观的依据，对于提升员工工作表现和激励员工起到重要的作用。

第二篇 技术篇

方法是确保研究科学性和可靠性的基础，也是推动科学进步和知识积累的关键因素。人才评价作为实践性科学，在发展过程中形成了一系列的技术方法，为人才评价结果的科学性和可靠性提供了保障和支撑。本篇从人才评价的方法论认识入手，梳理了人才评价程序、人才评价过程中使用的方法，并从操作实施技术视角对人才评价中常用的同行评议、面试、评价中心技术、心理测量法、文献计量法等定量和定性方法进行详细阐述，包括这些技术方法的基本概念、作用特点、分类形式、关键性指标及其在人才评价领域的应用场景等，希望能为研究者们在选择技术方法时提供一定的参考。

第四章

人才评价的方法论

方法论,是关于人们认识世界、改造世界的方法的理论。方法论是人才评价研究中不可回避的问题。科学方法是科学认识的工具,是科学研究中的"桥"与"船"。方法正确,可以事半功倍;方法错误,则事倍功半,甚至可能一事无成。有效的方法是科学结论的有力保障。人才评价涉及的方法众多,方法本身内容也十分丰富,方法论是人才评价研究的重要组成部分。

第一节 人才评价方法论概述

方法论是一种以解决问题为目标的理论体系或系统,通常涉及对问题阶段、任务、工具、方法技巧的论述。方法论会对一系列具体的方法进行分析研究、系统总结并最终提出较为一般性的原理。据此,人才评价方法论就是以解决人才评价问题为目标的理论体系或系统,通过对一系列具体评价方法进行分析研究、系统总结,提出人才评价中的方法使用的一般性原理。

一 人才评价方法论的研究内容

任何一门科学学科,在其形成和发展的过程中都会通过实践总结出一套适用于自身研究的科学方法,人才评价也不例外。科学方法是人们在认识和改造世界中遵循或运用的、符合科学一般原则的各种途径和手段,包括在理论研究、应用研究、开发推广等科学活动过程中采用的思路、程序、规则、技巧和模式。在人才评价中,科学方法强调运用科学思维开展理论研究和实践应用，从而得出关于人才评价相关内容的本质和规律。科学方法的特点包括：（1）鲜明的主体性，即科学方法体现了科学认识主体的主动性、创造性以及具有明显的目的性；（2）充分的合乎规律性，即科学方法是以合乎理论规律为主体的科学知识程序化；（3）高度的保真性，即科学方法追求的是保证通过科学研究获得的事实的客观性和可靠性。

一般而言，各学科所使用的方法，大体可分为哲学方法、一般科学方法和专门研究方法三种类型。人才评价研究中所运用的方法按其普遍程度不同，由高到低也可以分为三个层次，即哲学方法、人才评价一般方法、人才评价特殊方法。

哲学方法是以哲学的原理、范畴和规律为基础的最一般方法，涉及如何认识世界、如何理解事物之间的关系、如何把握事物的本质等方面。如，利用物质和意识的辩证关系原理、规律的客观性和普遍性原理、尊重客观规律和发挥主观能动性辩证关系原理等，来指导人们进行思考和实践活动。此外，哲学方法也包括了对于认识过程的指导，如归纳法、演绎法、分析和综合、类比、比较、实验、观察等科学思维的一般原则。哲学方法是一种高度抽象和概括的方法论，它为人们提供了认识世界和改造世界的普遍原则和工具，是其他学科方法论的哲学基础。这些方法论原则普遍适用于自然科学、社会科学等一切认识领域，显然也是适用于人才评价，可以帮助人们更加系统地认识人才评价，从而更好地把握人才评价的本质和规律。

人才评价一般方法是指在人才评价研究中概括程度较高、运用范围较广的一类方法。大类上可以分为定量研究方法和定性研究方法，两类研究方法又包含一些适用的方法，例如测验法、面试法、笔试法、逻辑方法（包括比较法、分类法、综合法、分析法、归纳法、演绎法等）、数学方法、信息方法、系统方法等，这些都属于人才评价一般方法。这类方法中，有些是人才评价实践的经验概括，有些则源自其他科学领域，但随着人才评价科学体系的发展，已经被逐渐引入人才评价研究领域，成为人才评价研究中普遍适用的行之有效的方法。

人才评价特殊方法是指适用于某一类人才评价需求的具体方法。这类方法概括程度低、与研究对象对应性强、应用效果明显，有些属于纯粹的操作技巧。如人才评价中使用心理测验时，可能用到的智力测验、人格测验、兴趣测验等；面试中可能用到的结构化面试、无领导小组讨论等方法；资格笔试中可能用到的专业知识考试、职业能力测验等。

人才评价研究所涉及的三类方法中，哲学方法具有最普遍意义的方法论功能，是一切科学都会涉及的最一般的方法，因此它不是人才评价方法论研究的主要对象。人才评价特殊方法概括程度低、适用面过窄，在人才评价研究领域中也不具备普遍意义，也不是人才评价方法论研究的主要对象。剩下的中间层次——人才评价一般方法，由于它既以特殊方法为基础，又以哲学方法为指导，概括程度相对较高，普遍适用于整个人才评价领域，因此它才是人才评价方法论研究的主要对象。据此，人才评价方法论研究是关于人才评价一般研究方法的规律性的科学，它既要研究各种一般研究方法的功能和特点，又要研究一般研究方法在整体上相互联结、相互配合、相互渗透等规律性问题。

二　人才评价方法论的研究意义

人才评价方法论是研究人才评价方法和原则的学科，涉及科学研究、学术探索以及实践活动中的人才评价方法体系和规范，影响着人才评价研究的方向、深度和有效性。凡是在人才评价研究中被证明行之有效的方法，对现实的人才评价实践均具有指导和操作意义，当然方法的有效性往往也是有条件的，面对不同目的、不同对象，人才评价所使用的方法也不同。就某一种方法而言，尽管它有着特殊的运用价值，但可能也只适用于某一类情境。只有了解每一种方法的适用范围及注意事项，才可能更好发挥方法的特性和功能，这就要求研究者必须掌握每一种方法有关的知识。此外，大多数时候人才评价不是只应用一种方法，而是需要应用一系列方法，如公务员招录考试既要有笔试测验又要有面试测量，这些方法之间往往有相互交叉印证、互为补充衔接等复杂关系，如果要发挥系列方法的综合效应，必须研究方法间的关系，掌握其存在的规律性。由此可见，有关人才评价方法学的研究是人才评价活动不可避免的问题，但又不是人才评价活动本身的研究对象，有人将这类问题称为"元问题"。人才评价方法论就是专门研究人才评价"元问题"的科学，即研究人才评价方法的科学。

强化对人才评价方法研究，将评价方法上升为方法论的理论高度，并且建立科学的人才评价方法论体系，必将对人才评价理论发展和实践应用产生积极的推动作用。首先，方法论为人才评价科学研究提供了指导和规范。科学研究需要遵循一定的方法和步骤，才能保证研究的可靠性和有效性。方法论为研究者提供了一套科学的研究框架和方法，帮助他们更好地设计研究方案、收集和分析数据、得出结论。这有助于确保科学研究的严谨性和可信度，推动科学知识的积累和发展。其次，方法论有助于推动人才评价实践探索的创新和发展。实践是人类认识世界和改造世界的重要途径，而方法论则为人才评价实践提供了理论支持和技术手段。在实践中，人们需要不断地探索新的人才评价方法和技术，以应对不断变化的社会需求和挑战。方法论的运用有助于提升实践活动的效率和质量，推动人才评价领域的创新和发展。再次，方法论有助于引导人才评价机制改革的方向和路径。社会进步需要不断地进行改革和创新，而方法论则为社会改革提供了理论支持和技术手段。在人才评价机制改革中，人们需要不断地探索新的思路和方法，以应对不断变化的社会环境和挑战，推动社会向更加公正、和谐、繁荣的方向发展。最后，方法论也是个人学习和发展的重要工具。通过学习和掌握人才评价方法论，人们可以更加有效地获取人才评价知识、提升人才评价技能、解决人才评价问题，提升个人在人才评价领域的综合素质和竞争力。

综上，深入研究人才评价方法要比一般人才评价研究更具现实意义。一项具体的人才评价研究固然能加深人们对某一人才评价现象的认识水平，并在一定程度上可以促进人才评价理论和实践的发展，但它的影响多半是局部的。而方法的研究成果一旦为广大研究者和实践者掌握，就能早出人才，多出成果，其影响是促进整个人才评价领域，甚至是人才学学科的发展和进步。

三　人才评价方法论的发展趋势

随着时代的进步、社会的发展和科技的革新，人才评价的方法和手段也呈现出新趋势、新变化和新特点。具体表现如下：

（一）生态化趋势

人才评价是强调实践应用的科学，随着人才评价理论和方法的不断深入和社会需求的日益迫切，人才评价方法更加注重生态化趋势，即强调人才评价方法在现实生活中、在实际场景中的应用。生态化趋势使人才评价方法研究更为客观、更具操作性，能够提高评价结果的外部效度和生态效度。除了传统的理论知识和技能评估，现代的人才评价方法论也越来越强调实践和成果的评价。这要求评价方法能够关注人才的实践经验和成果表现，通过实践项目、案例分析等方式来评估人才的实际能力和贡献。

（二）多元化全面化趋势

随着人才类型的多样化，人才评价方法论也趋于多元化。传统的单一评价标准已不能满足对各类人才的全面评价，因此需要构建多元化评价体系，以涵盖不同领域、不同岗位的人才特点。此外，传统的人才评价往往只关注某一方面的能力或素质，而现代的人才评价方法论则更加注重多维评价和全面化。这意味着评价将涵盖知识、技能、能力、态度、价值观等多个方面，以更全面地反映人才的综合素质和潜力。

（三）精细化个性化趋势

随着人才市场的竞争加剧以及对人才需求的深入理解，人才评价方法将更加注重人才的独特性、差异性需求，针对特定行业、特定岗位或特定人才类型制定符合其特点和需求的评价标准和方案，以便能够更准确地评估人才的综合素质和潜力，更全面地评估人才的优势和不足，为人才的选拔、培养和使用提供更有针对性的建议。

（四）科技化智能化趋势

随着科技的进步，人才评价方法也越来越注重科技化和智能化的应用。例如，利用大数据、机器学习等技术手段，可以实现对人才信息的自动化收集、分析和处理；利用人工智能技术进行自动化的人才筛选和评估；利用虚拟现实和增强现实技术模拟真实的工作场景，评估员工的应对能力和决策能力等，这些科技手段的应用可以为人才评价提供更为丰富的数据支持，提高评价的效率和准确性，帮助决策者更全面地了解人才的情况。

（五）动态化持续化趋势

传统的人才评价往往只在特定的时间点进行，如年度评估或晋升评估。然而，动态化和持续化的人才评价方法强调人才评价不再是一次性的活动，而是需要贯穿人才的整个职业生涯，持续不断地对员工进行关注、跟踪和评估，通过定期的评估和反馈，及时发现人才的潜力和问题，并为他们的职业发展提供持续的支持和指导。

（六）国际化标准化趋势

随着全球化的加速推进，人才评价方法将越来越注重国际化和标准化。各国及有关国际组织如经济合作与发展组织（OECD）、国际劳工组织（ILO）、国际人力资源管理协会（IPMA等）开始寻求制定全球统一的人才评价标准。这些标准通常基于国际公认的能力框架、最佳实践以及行业规范，以确保评价的公正性和有效性。通过分享经验、交流技术和方法、共同制定标准等方式，促进人才评价方法的国际化和标准化进程，提高全球范围内的人才评价水平。

第二节 人才评价程序

评价程序是否恰当、评价过程是否规范对获得理想的评价结果至关重要。人才评价必须按照一定的程序进行，严格按照规定程序进行评价，是减少评价误差、保证评价可靠性和有效性的基本条件之一。因此，评价程序也是评价方法论的重要内容。

一 人才评价程序概述

人才评价程序是指为了全面、客观、系统地评价人才而采取的一系列有组织、有步骤的活动。人才评价具有一定的目的性，是一个系统搜集及采用逻辑分析人才信息的过程。从评价任务分工的角度，可以将人才评价程序分为委托方程序和实施方程序。就委托方而言，人才评价程序大体可分为三个阶段，分别是评价准备阶段（包括确定评价主体、明确评价任务等）、评价实施阶段（包括选择评价方、布置评价任务、监控评价过程等）、评价结果利用阶段（包括为管理与决策服务、评价报告整理等）。就实施方而言，人才评价程序也可以分为三个阶段，分别是评价准备阶段（包括确定评价对象、目标、标准，搜集资料信息等）、评价实施阶段（包括构建评价指标体系、选择科学的评价方法、实施评价过程等）、评价结果确立与反馈阶段（包括得出评价结果、验证修正评价结果、反馈评价结果等）。

二 以委托方为主体开展人才评价的具体程序

委托开展人才评价的具体程序可能因不同的组织、行业或特定需求而有所差异。以委托方为主体开展人才评价，要求委托方能够清晰明确地表达自己的评价目标和需求，具备一定的判断力和选择能力，能够选择合适的评价机构或团队，能够与评价机构或团队保持良好的沟通和协调，能够根据评价结果制定合理有效的决策，将评价结果转化为实际的优化措施和行动。

（一）评价准备阶段

评价准备是指在人才评价活动正式开始之前，要明确人才评价的目标和范围、征询利益相关者的意见和建议、确定人才评价工作的进度、估算人才评价工作的成本等。

1. 明确人才评价目标。如，确定组织的核心人才，识别高潜力员工；构建岗位胜任力模型；为晋升选拔合适的候选人；为人才管理决策提供建议等。评价目标为整个人才评价过程提供明确的导向和参考，明确的目标为评价活动使评价者能够清晰地知道需要关注哪些方面，快速锁定关键信息，减少在无关信息上的浪费，从而提高评价效率。因此，评价目标应当主次分明，不能设置过多，避免人才评价工作过于分散，影响评价结果的有效性和针对性。

2. 确定人才评价范围。人才评价范围定义了评价活动的边界和重点，涉及评价活动涵盖的具体领域、内容、对象等，通常可分为重点范围和一般范围。有了明确的工作范围，评价者可以明晰具体评价需求，有的放矢地收集和分析相关信息，减少不必要的工作量，提高评价效率；可以确保评价活动的系统性和全面性，避免遗漏重要信息或评价偏差。

3. 征询利益相关者的意见和建议。相较于其他类型的评价，人才评价的特殊性在于其评价主体和评价客体都是人。利益相关者往往与被评价者有着密切的联系和互动，征询他们的意见可以收集到更加多元化、多角度的信息，更全面地了解被评价者的能力和表现，减少主观偏见的影响，更真实地反映被评价者的实际情况，增加评价结果的可靠性和可信度，提高评价活动在组织中的认可度。

4. 确定人才评价工作的进度。明确的进度安排可以确保评价活动按计划进行，避免延误或加速导致评价质量下降；可以更有效地分配和利用资源，包括时间、人力、物力和财力，提高资源利用效率；可以及时识别和解决潜在问题，降低风险对评价活动的影响。因此，一般而言，首先要根据评价活动的复杂性和所需资源，设定合理的时间表，考虑到可能出现的延误和意外情况，时间表要有一定的缓冲时间；其次要识别评价活动中可能出现的风险，制定相应应对策略，定期对评价活动的进度进行监控，确保各项活动按计划进行；此外要保持良好的内部沟通，确保所有参与者都了解评价活动的进度和计划，共同推进评价活动的顺利进行。

5. 估算人才评价工作的成本。人才评价工作需要花费一定的资金，成本估算是财务规划的基础，能够帮助组织预先了解评价活动所需的资金，从而更准确地制定和分配预算，为管理层提供关于人才评价活动经济可行性的重要信息。通过成本估算，组织可以识别出评价活动中哪些环节需要更多的资源投入，哪些环节可以节约资源。当面临多种评价方法或工具的选择时，通过了解不同评价方案的成本，组织可以选择最符合其需求和预算的方案。因此，在评价准备阶段，就要根据人才评价活动的广度和深度，精确估算评价成本，包括人力资源成本、时间成本、培训与工具材料成本、设施与技术支持成本、数据处理和分析成本、差旅成本、后续行动和报告成本等。

（二）评价实施阶段

以委托方为主开展人才评价的实施阶段通常包括选择评价方、布置评价任务、监控评价过程等程序。

1. 选择评价方。在评价过程中，评价方扮演着独立评价者、专业指导者、沟通协调者、监督反馈者等多个角色。一个客观的评价方能够基于事实和数据，不受主观偏见的影响，进行客观的评价，确保评价结果的准确性和可靠性；一个公正的评价方可以确保评价过程中不偏袒任何一方，对所有参与者一视同仁，有助于建立和维护评价的公信力；一个专业的评价方通常具备丰富的经验和专业知识，能够采用科学的方法和工具进行评价，有助于提高评价的有效性和实用性，使评价结果更具指导意义。评价方的选择通常包括评价人员选择或评价机构选择。选择评价方时，要重点从评价方专业能力、独立性和公正性、声誉和信誉等方面进行考察，同时要综合考虑成本和时间因素。

2. 布置评价任务。评价任务通常包括清晰明确的评价目标、评价范围、评价方式、评价时限、经费预算等内容。明确的评价任务能够为相关人员提供一个清晰的目标和方向，减少误解和混淆，确保每个人对评价目的有共同的理解，都知道他们需要关注什么，以及如何进行评价。具体的评价任务可以促使相关人员更加专注和认真地对待评价工作，更好地规划自己的工作，从而提升评价的质量和准确性。委托方应清晰、具体地阐述评价的目标、范围、时间表和期望结果；执行方应理解并确认这些要求，确保双方对评价活动的目标有共同的理解。

3. 管理和监控评价过程。研究表明，评价的独立程度越高，评价结果的可信度越大。但是，对评价过程进行监控，在评价关键阶段或固定时间间隔获取进展报告，并在需要时对评价工作作出一定的调整，也是非常有必要的。管理和监控的过程更多体现的是委托方和执行方合作推进工作的过程，通过设立定期沟通会议，如周会、月会等，双方及时交流信息、讨论问题和分享进展；使用电子邮件、即时通信工具等多种沟通方式，确保信息的及时传递和有效沟通。在执行过程中，双方应相互支持、协作，共同解决遇到的问题，委托方应为执行方提供所需的资料、数据、人员和其他资源支持，执行方在需要时，也应主动向委托方寻求支持和协助。执行方应定期向委托方汇报工作进展和成果，接受委托方的监督和评估，对评价过程中出现的问题和偏差进行及时纠正和调整。

（三）评价结果利用阶段

人才评价结果的利用阶段通常是在完成人才评价过程后，委托方根据评价结果制定和实施相应的策略、计划或决策。此外也可将评价报告结集成册发表或出版，为他人开展人才评价工作提供参考和借鉴。

1. 为管理与决策服务。评价结果通常是为组织人力资源管理提出决策依据，如，制订个性化发展计划，包括提供培训、指导、辅导或其他支持措施，以帮助员工克服弱点、提升能力，并实现职业发展目标；优化招聘和选拔流程，通过评价结果了解哪些类型的候选人更适合特定的职位或角色，提高招聘效率和质量；调整组织结构和人员配置，确保员工能够最大限度地发挥他们的能力和潜力；制订激励和奖励计划，包括提供晋升机会、奖金、股票期权等激励措施，以激发员工的积极性和创造力等。

2. 评价报告整理。将评价报告整理出版可以增强组织的透明度和公信力。通过公开评价过程和结果,组织可以向内部员工和外部利益相关者展示其公正、客观的管理态度,进而提升组织的声誉和形象。

三 以评价方为主体开展人才评价的具体程序

以评价方为主体的人才评价程序就是人才评价活动的操作实施程序,意味着在整个人才评价过程中,评价方(如人力资源部门、专家评审团、第三方评估机构等)扮演着核心角色,他们负责设定评价标准、设计评价方法、组织实施评价活动,并对评价结果进行解释和反馈。在以评价方为主体的人才评价中,评价方需要具备相关领域的专业知识和技能,能够熟练掌握各种评价方法和技术,需要保持公平公正的态度,能够与评价对象和利益相关者进行有效的沟通和协调,能够持续学习和自我提升,不断跟踪最新的人才评价理论和实践,不断优化评价标准和方法,提高评价工作的质量和效率。

(一)评价准备阶段

1. 确定评价对象。首先要明确组织的战略目标和发展规划,了解组织当前和未来的人才需求,根据组织的战略需求,确定需要评价的岗位、职能或业务领域。对目标岗位进行详细的岗位分析,明确岗位的职责、权限、任职要求等,根据岗位分析的结果,确定哪些人员属于该岗位或职能范围,从而成为评价对象。确定人才评价对象时,需要尊重个人意愿和参与度,确保被评价者对评价活动有充分的了解和准备;在资源有限的情况下,优先对关键岗位、重要人才进行评价;确保评价对象的确定过程公平、透明、一致,避免主观偏见和歧视。

2. 明确评价目标。评价目标是评价活动的起点和核心。它指导评价者关注哪些方面,收集哪些信息,以及如何进行分析和判断,确保评价活动的有效性、针对性和可操作性。没有明确的评价目标,评价活动可能会变得盲目、无序,甚至失去意义。评价目标应该既关注短期成果,也考虑长期发展,短期目标的设定用以监控进度和及时调整,长期目标的设定用以指导战略方向。评价目标设定时,要强调其 SMART 性,即具体性(Specific)、可测量性(Measurable)、可行性(Achievable)、现实性(Realistic)、时限性(Time-bound)。具体性指目标应具体明确,不含糊;可测量性是指目标应能够通过数据或指标来衡量;可行性是指目标应具有可实现性，避免设置过高或过低的目标；现实性是指目标设定应基于实际情况和资源限制，避免不切实际；时限性是指目标应设定明确的时间限制，以便监控进度和评估成果。

3. 制定评价标准。评价标准为评价过程提供了明确的指导，确保不同评价者在对同一事物或行为进行评价时能够遵循相同的准则，从而提高评估结果的一致性，减少主观偏见，使评估结果更加公正、客观。评价标准的制定应基于实际工作和业务发展对人才的需求，并有一定的前瞻性。评价标准应该清晰、具体，并避免模糊或主观的描述，确保评价标准具有可衡量性、可观察性和可比较性，以提高评估的客观性和准确性。此外，评价标准应该具有一定的灵活性和可扩展性，以适应环境变化和新的发展。在制定和修订评价标准时，要充分考虑利益相关者的需求和意见，确保评价标准的公正性和透明度。

4. 搜集信息资料。信息资料不仅有助于我们了解被评价者的专业技能、工作经验、沟通能力等显性能力，还能帮助我们洞察其工作态度、价值观、团队合作精神等隐性素质。评价信息资料搜集渠道有很多种，如研究被评价者的简历，以了解其教育背景、工作经历、专业技能和成就；设计有针对性的面试问题，通过提问和互动，可以深入了解被评价者的技能、经验、态度和价值观；利用专业测验来评估被评价者的职业能力、职业兴趣、个性特点等；利用大数据技术，搜集和分析应聘者在社交媒体、招聘网站等留下的"痕迹"，了解被评价者在行业中的参与度、声誉和专业能力等；向被评价者的领导、同事等寻求反馈，了解其在之前的工作中的表现、能力和潜力。

（二）评价实施阶段

以评价方为主开展人才评价的实施阶段通常包括构建评价指标体系、选择科学的评价方法、实施评价过程等程序。

1. 构建评价指标体系。评价指标是衡量评价对象的具体尺度。评价指标体系是由一系列相互关联、相互补充的指标所组成的集合，用于全面、系统地反映某一对象、现象或系统的各个方面和特性。这些指标可以是定量的（如数值、比率等），也可以是定性的（如描述、等级等），它们共同构成了一个多维度的评估框架，用于衡量评价对象的综合性能、状态或成就。构建评价指标体系时遵循以下原则：（1）系统性原则，即评价指标体系应该是一个有机整体，各指标之间要有一定的逻辑关系，共同构成一个有机统一体；(2) 典型性原则，即评价指标应该具有一定的典型代表性，能够准确反映评价对象的综合特征；(3) 动态性原则，即评价指标应该能够反映评价对象在一定时间尺度内的动态变化；(4) 简明科学性原则，即评价指标应该简明易懂，易于计算和解释，同时能够客观真实地反映评价对象的特性和状态；(5) 可比、可操作、可量化原则，即评价指标应该具有可比性和可操作性，便于进行比较和分析。同时，指标应该能够进行量化处理，以便于进行数学计算和分析。

2. 选择科学的评价方法。应在综合考虑评价目标、评价对象的特点以及实际条件的基础上，选择最适合的评价方法。此外，可以考虑综合使用多种评价方法，以提高评价的全面性和准确性。选择科学的评价方法时要遵循以下原则：(1) 系统性原则，即评价方法应能全面、系统地反映评价对象的各个方面和特性。因此，在选择评价方法时，应确保其能够覆盖评价对象的所有关键领域和指标；(2) 科学性原则，即评价方法应基于科学原理和理论，能够客观、准确地反映评价对象的实际情况。避免使用主观性强、缺乏科学依据的评价方法；(3) 可行性原则，即评价方法应具有可行性，在实际操作中能够顺利实施。这包括考虑评价所需的时间、资源、技术等因素，确保评价方法在实际应用中具有可操作性；(4) 定性与定量相结合原则，即在选择评价方法时，应注意定性与定量方法的结合使用。定量方法能够提供精确的数据支持，而定性方法则能够深入揭示问题的本质和规律。通过综合运用这两种方法，可以更加全面、深入地了解评价对象。

3. 实施评价过程。实施过程是遵循科学的评价流程和标准，采用事前确定的评价工具和方法，组织开展评价活动的过程。过程中需要确保评价的公正性、客观性和准确性，避免主观偏见和人情分的影响，未经被评价者同意，不得将评价结果用于其他非评价目的。实施人才评价过程需要遵循以下原则：(1) 公正性原则，即评价过程应公正无私，不偏袒任何一方，评价标准和程序公开透明，确保所有被评价者都受到平等对待；(2) 客观性原则，即评价应以事实和数据为依据，避免主观臆断和个人偏见的影响，使用标准化的评价工具和方法，确保评价结果的客观性和一致性；(3) 保密性原则，即尊重被评价者的隐私权，确保评价过程中的个人信息和数据不被泄露;(4)持续改进原则,即定期对评价过程进行反思和总结,发现问题和不足,及时改进和优化评价流程,借鉴其他组织的先进经验和做法,不断提升评价工作的专业性和有效性。

(三)评价结果确立与反馈阶段

这一阶段既涉及对评价结果的总结和分析、验证修正,还包括将结果有效地传达给相关利益方的过程。

1. 得出评价结果。对收集到的数据资料进行整理和分析,包括将原始数据转化为可比较的指标,对数据进行分类、统计和汇总,根据评价标准,对被评价者进行评分或评级。同时,根据评价目标,对结果进行合理的解释和说明,揭示其背后的规律和趋势。

2. 验证修正评价结果。核对所有用于评价的数据和信息的准确性,检查数据来源的可靠性,核实数据的真实性,确保没有遗漏或错误的数据。如果评价过程中涉及多个评价者,需要比较不同评价者给出的评价结果,看是否存在显著的不一致,如果存在不一致,需要分析原因,并进行必要的讨论和调整。如果有条件,可以邀请外部专家或第三方机构对评价结果进行验证。根据数据核对、评价者一致性检查、反馈与讨论以及外部验证的结果,对初步的评价结果进行必要的修正,修正时应确保理由充分、依据可靠,并避免主观偏见。记录所有验证和修正的过程和结果,以备将来参考。

3. 反馈评价结果。确定需要接收反馈的对象,如被评价者、管理者、利益相关者等。选择合适的反馈方式,如口头报告、书面报告、电子邮件、在线平台等,在选择反馈方式时,需要考虑接收者的需求和偏好。反馈内容应包括评价结果的总结、分析、解释以及建议或改进措施。在呈现结果时,应尽可能使用清晰、简洁的语言和图表,以便接收者能够快速理解。同时,针对存在的问题和不足,提出具体的改进建议或措施,以促进被评价者的成长和发展。反馈时需要注意反馈的时机和频率,以确保信息能够及时、有效地传达给接收者,对于重要的评价结果或需要紧急改进的问题,可以采取即时反馈的方式;对于常规性的评价结果或需要长期关注的问题,可以设定固定的反馈周期。反馈后的一段时间内,保持与委托方或被评价者的联系,了解他们的进展和困难,提供必要的支持和资源,确保实现评价结果的使用目标。

第三节　人才评价过程方法

人才评价是要对人才评价对象进行客观公正地分析判断。要做到这点，首先需要依据评价目的确定评价内容以及相应的权重，其次需要获得及时、可靠、清晰、全面的人才评价信息资料，并对所获得的资料进行整理分析，最后作出判断。按照这一过程，人才评价方法一般包括如下基本内容：确定评价指标的方法、确定评价指标权重的方法、人才评价信息搜集的方法、人才评价信息处理的方法。

一　确定人才评价指标的方法

人才评价指标的确定是人才评价活动开展的基石，直接影响到人才评价活动的准确性、公正性和有效性。通常来说，人才评价指标需要具备可衡量性、针对性、全面性、灵活性等特点。所谓可衡量性是指人才评价指标应该是可以量化或可观察的；针对性是指人才评价指标应该与岗位需求和组织战略相一致，能够反映人才在岗位上的表现和发展潜力；全面性是指人才评价指标应该涵盖知识、技能、能力和其他重要特征，以确保对人才的全面评价；灵活性是指人才评价指标能够适应不同岗位和组织的情况和需求，具有一定的变通性和适应性。常用于确定人才评价指标的方法包括工作分析法、行为事件访谈法、理论推演法、头脑风暴法等。

（一）工作分析法

工作分析法又称职位分析、岗位分析或职务分析，通过对职位的设置目的、任务或职责、权力和隶属关系、工作条件和环境、任职资格等相关信息进行收集与深入分析，明确人才需要具备的知识、技能、能力和其他特征，进而确定人才评价指标。这种方法需要对岗位（职位、职务）进行深入了解，确保评价指标与岗位需求紧密相关。工作分析为人才评价提供了明确的标准和依据，使人才评价更加科学、公正，减少了主观性和偏见。

（二）行为事件访谈法

行为事件访谈法（Behavioral Event Interview，简称 BEI）是一种开放式的行为回顾式探索技术，旨在揭示胜任特征以及员工在工作中的表现。

这种方法要求被访谈者详细描述他们在工作中遇到的关键事件，特别是那些他们在其中扮演了重要角色的事件。具体过程通常包括请受访者回忆过去一段时间（如半年或一年）内在工作上最具有成就感或挫折感的关键事例，并详细描述这些事件的情境、涉及的人物、实际采取的行为、个人感受以及最终结果。通过这种方式，可以收集到大量关于受访者如何在实际工作中运用自己的知识和技能的信息，进而挖掘出影响岗位绩效的具体行为。通过与高绩效和低绩效的员工进行访谈，了解他们在工作中的关键行为事件，从而提取出影响绩效的核心能力和素质，作为人才评价指标。这种方法可以深入了解员工的行为特征，确保评价指标与绩效紧密相关。

（三）理论推演法

理论推演法是指基于已有的理论知识和逻辑，通过推理和演绎来构建和验证人才评价指标合理性的技术方法。这一方法的使用首先需要明确人才评价的具体目标和目的，例如为了选拔优秀人才、评估员工绩效还是为了制订培训计划等；根据评价目标和目的，收集与人才评价相关的理论和知识，这些理论可能来自心理学、管理学、组织行为学等多个领域，涵盖了人才评价的理论基础、原则和方法等；在相关理论的基础上，结合实际情况，构建人才评价指标；分析每个指标与人才评价目标之间的逻辑关系，验证指标的合理性和有效性。

（四）头脑风暴法

头脑风暴法是由美国创造学家亚历克斯·奥斯本于1939年提出，并在1953年正式发表的一种激发创造性思维的方法。它通过组织小型会议，让参与者在自由、愉快的气氛中，自由交换想法或点子，以此激发与会者的创意及灵感，从而帮助团队产生更多的新观点或新创意。人才评价指标设定者可以借助自己的经验，提出指标的初步设想；引导大家围绕设想展开讨论，并鼓励大家相互交流和碰撞思维；在头脑风暴结束后，将大家的想法进行整理、分类、评估、筛选，最终确定人才评价指标。

二 确定人才评价指标权重的方法

权重是一个相对的概念，是人才评价指标体系中的各指标对实现整体目标中的贡献程度。简单来说，权重表示在评价过程中，被评价对象不同侧面的重要程度的定量分配，对各评价因子在总体评价中的作用进行区别对待。事实上，没有重点的评价就不算是客观的评价。需要注意的是，权重并不代表重要程度，而是用于平衡不同评价因子在总体评价中的贡献，以便更全面地反映被评价对象的综合情况。同时，权重也不是一成不变的，它可能会随着时间和情境的变化而调整。权重确定的方法通常有德尔菲法、层次分析法、主成分分析等。

（一）德尔菲法

德尔菲法也称为专家调查法，是一种反馈匿名函询法。它通过向专家发放问卷，收集专家对各个指标的权重赋值，然后对专家的意见进行统计和分析，最终确定各个指标的权重。这种方法依赖于专家的知识经验和主观判断。德尔菲法是一种有组织、有控制地收集专家意见的过程，专家是在事先规定的十分明确的调查表中，通过打分或赋值提出自己的意见；组织者对这些意见进行整理、归纳、统计，再匿名反馈给各专家；接着，再次征求意见，如此反复进行，直至得到一致的意见。

（二）层次分析法

层次分析法（Analytic Hierarchy Process，简称 AHP）是一种多目标、多标准的系统分析方法。它主要是通过对指标分层次两两对照比较，排列出各指标的重要程度的优先顺序，然后计算判断矩阵的最大特征值所对应的特征向量，从而决定各指标的权重值。层次分析法比较适合于具有分层交错评价指标的目标系统，而且目标值又难于定量描述的决策问题。

（三）主成分分析法

主成分分析法（Principal Component Analysis，PCA）是一种常用于在多个变量中识别出少数几个主成分的数据分析方法，这些主成分能够解释原始数据中的大部分变异。PCA 通过正交变换将一组可能存在相关性的变量转换为一组线性不相关的变量，即主成分。每个主成分都是原始变量的线性组合，并且第一个主成分具有最大的方差（即它解释了数据中的最大变异），第二个主成分具有次大的方差，以此类推。在人才评价中，往往需要考虑多个指标，如学历、工作经验、专业技能、团队协作能力等，这些指标可能存在信息重叠和相关性较高的问题，通过 PCA 可以对其进行降维和简化处理，将多个指标转化为少数几个互不相关的主成分，并且可以分析得到每个主成分的特征值和对应的贡献率，这些贡献率反映了主成分在解释原始变量信息中的重要程度。因此，可以将这些贡献率作为各指标的权重，从而确定人才评价中各指标的相对重要性。这种方法具有客观性和可靠性的优点，能够提高人才评价的准确性和有效性。

三　人才评价信息搜集的方法

人才评价是要对被评价对象作出客观、公正的价值判断。要做到这点，除了要有科学实用的人才评价方案，最主要的是获得及时、可靠、全面、清晰的评价资料，评价信息的搜集是人才评价赖以开展的前提和基础。常用的评价信息搜集方法有观察法、测验法、评估法、履历分析法等。

（一）观察法

观察法是面试过程中广泛使用的方法。评价者按照一定的评价目的和计划，用自己的感官和辅助工具去观察被评价对象，并作出准确、具体和详尽的记录，从而获得评价资料的一种方法。科学地观察具有目的性和计划性、系统性和可重复性。除了借助自己的感觉器官进行感知观察，评价者还可以运用照相机、闭路电视装置、录像机等现代技术手段来进行观察。观察法的步骤通常是：（1）事前做好充分准备，制订观察计划。根据评价目的和被评价对象的特点，确定观察目的、内容和重点，设计问题提纲、观察记录表等。（2）按计划实施观察法，既要严格按照观察计划进行，必要时也要随机应变。及时做好记录，必要时可以借助仪器。（3）及时整理观察记录，做好汇总和分析工作。

人才评价观察法的一个重要方面就是观察的测定，要求评价者用预先设计好的评级量表对被评价者的特征或行为作出评定。在观察评级中特别需要防止和控制某些反应偏向，其中最常见的有三种：（1）晕轮效应，这是以被评价者的一般印象而形成恒定的评价倾向。如因为某人同意自己的意见，就认为这个人总是聪明的，同时又觉得这个人正直、善良。特别在评级中，对被评价者的某种一般印象，往往会泛化到对他的其他方面特征的评价。研究证明，在所评定的特征定义不明确、不容易观察或者在伦理道德上比较重要时，这种效应特别强烈。（2）宽大效应，这是指在评级中出现过严或过宽的倾向，前者成为负宽大效应，后者成为正宽大效应。在观察评价时特别应该防止出现对某组或某类型的被评价者评级过宽，而对另一组评级过严的情况。（3）趋中效应，是指在评级判断中避免作出极端性判断，而倾向于在量表中段打分的情况。特别是当评价者对被评价对象不熟悉时，最容易出现趋中效应。这几种偏向情况都会严重影响评价的准确性，使观察测定结果的可靠性下降。

（二）测验法

测验法主要指借助心理测验对被评价者的心理特征和行为进行观察和描述的系统测量方法。心理测验可以根据内容、编制方法、编制或使用的目的，以及如何施测、计分和解释分成许多类型。常见的分类方式有：

按测验标准化程度可以分为标准化测验和非标准化测验。标准化测验是一种按照系统科学程序组织，具有统一的标准，并对误差做了严格控制的测验。这种测验要求采用标准化的测验题目、标准化的施测程序、标准化的评分规则、标准化的分数解释，其主要目的是客观、准确、高效地评估受试者在特定领域的知识、技能或能力。非标准化测验是与"标准化测验"相对的测验形式，它并没有统一的标准，不严格遵循编制程序，缺乏常模，测验内容和形式不固定，也未经效度、信度检验，如由任课老师根据教学需要而自行编制的随堂测试。

按测验方式可以分为个体测验和团体测验。个体测验是指一对一进行的测验，适合对个体进行深入评估；团体测验是指同时对多个被试者进行的测验，适合大规模筛选或评估。

按测验的时间限制可以分为速度测验和难度测验。速度测验通常由不需要过多思考的题目组成，题目数量较多，时间限制非常严格，几乎没有人能在规定时间内完成全部测验项目。难度测验的时间限制对多数被试是非常充足的，但题目的作答通常需要经过认真思考。

按测验材料的严谨程度可以分为结构性测验和非结构性测验。结构性测验是指具有明确结构和评分标准的测验；非结构性测验是指测验材料无严谨结构，依赖被试者的自由反应。

按测验功能可以分为智力测验、人格测验、职业能力倾向测验、特殊能力测验等。智力测验是通过一系列标准化问题或任务来评估个体智力水平的测量方法。智力测验旨在量化个体的认知能力、问题解决能力、逻辑推理能力、抽象思维能力以及学习能力等方面的表现；人格测验也称个性测验，是测量个体行为独特性和倾向性等特征的一种方法。人格是指一个人比较稳定的心理活动特点的总和，它是一个人能否施展才能、有效完成工作的基础。人格可以包括性格、兴趣、爱好、气质、价值观等，由多方面内容组成；职业能力倾向测验主要用于测量和评估一个人在特定职业领域内所具备的能力倾向。这种测验可以帮助人们了解自己的潜在才能，预测在将来的学习和工作中可能达到的成功程度，从而选择适合自己的职业；特殊能力测验是测量个体在某一特定领域或专业活动中所表现出的特殊能力。这种测验主要用于发现个体在某些专业能力方面的特殊才能，如管理能力、运动能力、机械能力、艺术能力、音乐能力等。特种能力测验有助于因材施教，充分发挥个体的潜力，使人尽其才，才尽其用。

（三）评估法

评估法是收集、整理和分析与人才评价相关的各种信息，以便对个体的能力、素质、绩效等进行全面、客观的评价的一种系统性、科学性的方法。在人才评价信息搜集中常用的评估法有以下几种：

行为面试评估法（Behavioural Based Interview，BBI）是通过要求面试对象描述其过去某个工作或者生活经历的具体情况来了解面试对象各方面素质特征的方法。它基于的假设是，通过了解候选人在过去某种特定情境中的行为，可以预测该候选人在未来类似或相似情境中的行为。这种方法强调行为的一致性和可预测性，能够有效地揭示面试者的真实能力和潜力。在行为面试评估法的实施过程中，通常会准备典型问题，如"请描述一次在工作中解决问题的经历""请分享一个你在团队合作中的成功经历"等。同时，面试官也会使用 STAR 法则（Situation 情境、Task 任务、Action 行动、Result 结果）来评估候选人的能力，即让候选人阐述在特定情境下的具体情况、行动和结果，以提高答案的结构化和逻辑性。

360 度反馈评估法也称为全方位反馈评价或多源反馈评价，是由与被评价者有密切关系的人，包括被评价者的上级、同事、下属和客户等，分别匿名对被评价者进行评价。同时，被评价者也对自己进行评价。然后，由专业人员根据这些评价，对比被评价者的自我评价，向被评价者提供反馈，以帮助其提高能力水平和业绩。这种方法可以为个体提供全面的反馈，帮助其了解自己的优点和不足，提高个人的综合素质。这种方法能够从多个角度（如上级、下级、同事、客户等）收集关于个体的评价信息，可以全面了解其工作表现和能力水平，也有助于个体发现自身的优点和不足，并制订改进计划。

关键绩效指标（KPI）评估法是指根据组织设定的关键绩效指标，对个体的工作绩效进行量化评估。这些指标直接关联到企业的战略目标，确保所有的努力都朝着实现这些目标的方向进行。这种方法能够直接反映个体对组织目标的贡献程度，是评价员工工作表现的重要参考依据。KPI是用于评估员工、团队或组织绩效的具体、可量化、可衡量的指标。通过跟踪和评估员工的KPI，帮助了解他们在关键领域的表现，从而进行绩效反馈和激励。

能力素质模型评估法是指根据组织对人才能力素质的要求，构建相应的能力素质模型，并据此对个体进行评价。这种方法侧重于识别和评估个体在特定职位或角色上所需的关键能力、素质和技能，帮助组织找到最适合某个职位或角色的候选人，以及为人才提供个性化的发展路径。能力素质模型通常包括以下几类能力：（1）通用能力，即适用于组织全体成员的基本能力，包括沟通、团队协作、问题解决等。这些能力是组织文化的体现，也是公司对员工行为的基本要求。（2）可转移的能力，即在组织内多个角色中都需要的技能，但不同的角色对其要求的重要程度和精通程度可能有所不同。例如，项目管理能力、领导力等。（3）特殊能力，即针对特定角色或工作所需要的特殊技能，通常是针对具体岗位来设定的。例如，某个技术职位可能需要的编程技能或某个销售职位需要的销售技巧。

（四）履历分析法

履历分析法，又称资历评价技术，它通过对评价者的个人背景、工作与生活经历进行深度分析，来判断其对未来岗位的适应性。在履历分析中，首先需要明确分析的目标和需求，如确定需要分析的候选人类型、所需的分析结果以及分析的时间范围等。然后，收集所需的履历数据，这可能包括教育背景、工作经历、技能等。接下来，对收集到的数据进行预处理，以确保数据的质量和一致性。

履历分析法有着广泛的人才评价应用场景，常见的有以下几种：（1）人员选拔与招聘。在招聘过程中，人力资源部门的人员会对应聘者的履历进行详细分析，评估其教育背景、工作经验、技能和成就等方面是否符合岗位的要求。履历分析有助于迅速排除明显不合适的候选人，同时也可以根据岗位需求，对应聘者的各项履历内容进行权重分配，从而更准确地评估其适应性和能力。（2）职位晋升与调整。当员工申请晋升或岗位调整时，履历分析可以帮助管理者了解员工过去的工作表现、能力和潜力。通过对比不同候选人的履历，管理者可以作出更明智的决策，选择最适合的人选来填补新的职位空缺。（3）培训与发展。履历分析也可以用于识别员工的培训需求和发展潜力。通过分析员工的履历，可以发现其在技能、知识和经验方面的不足，从而制订个性化的培训计划和发展路径。这有助于员工提升个人能力和职业竞争力，同时也为企业的发展提供有力支持。（4）绩效评估。虽然履历分析主要用于招聘和选拔过程，但它也可以作为绩效评估的一个辅助工具。通过对比员工过去的履历和现在的绩效表现，可以发现员工在哪些方面有所进步，哪些方面还存在不足，从而为绩效反馈和改进提供依据。

履历分析法的优点在于其较为客观且低成本。通过对应聘者的年龄、学历、受训经历、工作经验、工作业绩和相关工作背景等进行细致定量分析，可以迅速排除明显不合格的人员，降低测评选拔成本。同时，履历分析还能得到履历定量分析成绩，实现测评的职位区分，使测评选拔更加科学合理。然而，履历分析法也存在一些缺点。首先，履历填写的真实性问题是一个挑战，应聘者可能会夸大或隐瞒部分信息。其次，履历分析的预测效度随着时间的推进可能会越来越低，因为过去的经历并不一定能完全预测未来的表现。此外，履历项目分数的设计是纯实证性的，除了统计数字，还缺乏合乎逻辑的解释原理。

四 人才评价信息处理的方法

人才评价信息处理方法是对人才评价信息进行整理分析的技术方法。随着数字技术的不断进步，人才评价信息处理方法在提高评价效率和准确性、降低评价成本、优化评价决策和促进人才发展等方面发挥着越来越重要的作用。常用的人才评价信息处理方法有文本分析法、数据分析法、自然语言处理法、人工智能方法、在线评估系统等。

（一）文本分析法

文本分析法是通过对与人才相关的文本材料进行细致深入的解读和理解，从中挖掘出有关人才特质、能力、经验、贡献等方面的信息和观点。如，通过对人才的简历、自我评估、工作日志、项目报告等文本材料进行分析，可以了解人才的技能水平、工作经验、解决问题的能力、团队协作能力等方面的特质和能力；通过分析人才在项目中的角色、职责、工作成果等方面的文本材料，可以了解人才在项目中的贡献程度和价值，通过分析人才在行业、社会等方面的贡献和成就，来评估其社会影响力和价值；通过分析人才的职业规划、自我认知、学习计划等方面的文本材料，可以了解人才对未来的规划和期望，从而评估其发展的潜力和可能性等。文本分析法的开展基于具体的文本材料，因此具有评价内容相对全面，评价过程灵活、可追溯，评价结果相对客观等优点，但也存在文本解释出现偏差、文本信息有一定的局限、处理过程耗时耗力等不足。

（二）数据分析法

数据分析法是指利用统计分析、数据挖掘等技术，对与人才相关的各种数据进行处理，以获取对人才能力、绩效等方面的深入了解和评价，发现潜在的趋势和规律的方法。例如，通过对员工的绩效数据、培训数据、满意度调查数据等进行分析，评估员工的综合能力和发展潜力；通过数据可视化技术将人才评价信息呈现为图表、图形等形式，帮助组织更直观地展示人才在各个方面的表现和趋势，便于管理者作出更准确的决策。数据分析法的优点是，数据分析结果相对客观、准确，能够提高评价的准确性和效率，能够深入挖掘人才评价数据中的潜在信息和规律，为决策提供科学依据。数据分析的缺点是需要处理大量的数据，对技术和资源要求较高。同时，数据质量对分析结果有重要影响，如果数据存在质量问题，分析结果可能不准确。

（三）自然语言处理法（Natural Language Processing，NLP）

自然语言处理法是以语言为对象，利用计算机技术来分析、理解和处理自然语言的一门学科，即把计算机作为语言研究的强大工具，在计算机的支持下对语言信息进行定量化的研究，并提供可供人与计算机之间能共同使用的语言描写。包括自然语言理解（Natural Language Understanding，NLU）和自然语言生成（Natural Language Generation，NLG）两部分。研究能实现人与计算机之间用自然语言进行有效通信的各种理论和方法。自然语言方法在处理人才评价文本信息（如简历、面试记录等）时，可以发挥自动提取关键词、识别情感倾向等作用。自然语言处理法的优点是能够自动化处理文本信息，有助于更准确地评估被评价者的能力、性格和态度等方面，提高人才评价的效率和便捷性。自然语言处理法的缺点是由于处理技术受到语言本身的复杂性和多样性的限制，处理难度较大。此外，由于语言的模糊性和多义性，容易产生误识别，导致结果不准确。

（四）人工智能技术（Artificial Intelligence，AI）

人工智能是研究、开发用于模拟、延伸和扩展人的智能的理论、方法、技术及应用系统的一门新的技术科学。人工智能可以模拟人的思维过程和智能行为（如学习、推理、思考、规划等），以计算机科学、心理学、哲学和语言学等多个学科为基础，就应用层面来说几乎涉及自然科学和社会科学的所有学科。就人才评价领域而言，人工智能可以应用于多个环节，如自动化简历筛选、面试评分、能力预测等，通过机器学习、深度学习等技术，不断优化评价模型，提高评价的高效性、准确性和可靠性。但AI技术也存在一定的不足，如需要大量的数据进行训练和学习，如果数据集存在偏差或质量问题，训练出来的模型可能会存在误差。此外，AI技术难以完全替代人类的判断和决策能力，需要结合人类的智慧和经验进行使用。

第 五 章

人才评价的定性方法

定性评价是指人们按照一定的评价标准,对社会现象或事物属性有无价值及有什么价值所进行的判定和评估。[①] 人才评价的定性方法主要侧重于对人才进行"质"的分析和判断,是基于评价者的观察、经验和专业知识来对被评价者进行评价的方法。在人才评价领域运用最多的定性方法就是同行评议法、面试技术和评价中心技术。

第一节 同行评议法

同行评议法是人才评价实践中广泛应用的一种定性方法,因其评价主体是从事相同或相似研究或工作的同行而得名。同行评议制度是科学共同体、学术共同体、专业共同体等团体的主要评价制度,在人才评价活动中发挥着重要的作用。

一 同行评议法概述

同行评议法是通过该领域的专家或接近该领域的专家对被评价者的优点和缺点进行观察,来评价其研究质量或工作绩效的一种方法。同行评议法被广泛应用于学术期刊和论文发表、科研项目评审、学位授予、职称评定、学术荣誉评定、政策和研究计划制订、研究成果评价、专业机构运作与调整等众多科学评价活动之中,成为科学评价的一种基本方法,被赋予"学术守门人"的使命。

---

① 李德顺主编:《价值学大词典》,中国人民大学出版社1995年版,第105页。

同行评议法最早可以追溯到1416年威尼斯共和国的专利授权过程，当时采用了类似同行评议的方法来审查新发明、新技艺等，以确定是否授予发明人对其发明的垄断权。同行评议制度起源于1666年英国皇家学会设立的《哲学学报》论文手稿审查机制，这是科学家对同行研究工作进行评价的制度化进程的开启，也是建立科学家内部进行学术交流和质量控制制度的探索。20世纪30年代以来，美国的一些研究机构开始采用同行评议法资助大学的科学研究。1950年，美国国家科学基金会（NSF）成立，对当时的同行评议法进行了规范化处理，形成了几种用于项目评审的固定模式和程序，被称为同行评议系统。20世纪中叶后，伴随着科技进步，论文数量激增、期刊种类翻番，同行评议成为科技期刊出版的基石。

20世纪后半叶，随着学术评价体系的完善和发展，学术界开始重视对研究人员的综合评价，而不仅仅是单一的学术成果，同行评议法逐渐被引入人才评价领域。通过同行评议，可以对研究人员的学术能力、研究成果的质量和创新性进行更全面、更专业的评估。同行评议依靠的是专家的知识和智慧，参与同行评议的专家通常对所评议的领域有深入的了解和认识，具备对本领域人才进行评价和判断的能力，因此虽然评议过程具有一定的主观性，但它结合了领域内专家的专业判断，也加强了评议结果的科学合理性。

二 同行评议法的分类

依据不同标准，可以将同行评议法分成不同类型。主要的分类方式包括依据评价主体范围分类、依据评价形式分类、依据评价操作方式分类等。

（一）按评价主体范围分类

依据评价主体范围不同，可将同行评议分为大同行评议和小同行评议。

大同行评议，也称为广义同行评议，其特点在于评价主体的广泛性。大同行评议的评价主体不局限于某一具体专业领域内的专家，而是扩展到更广泛的科学共同体、学术共同体、专业共同体群体中的专家。如在职称评审中，会计系列职称评审委员会的专家不一定仅局限于会计领域，可能还包括审计、税务、证券、基金等相近领域的专家。大同行评议在实际应用中可能因领域、目标和资源的不同而有所差异。在大同行评议中，评价标准可能不仅限于学术质量，还可能包括社会影响、实际应用价值等多方面因素，评价过程可能更加开放和透明，能够从多角度、多层次对被评价对象进行评价，减少小圈子的世俗人情因素影响，提高评价的全面性和客观性。但如何确保评价过程中的专业性和科学性不被削弱、如何平衡不同评价主体的意见和权重也是大同行评议面临的挑战。

小同行评议的特点在于评价者与被评价者的研究领域高度相关。小同行专家与被评价者共享高度细分的学科共识、理论预设、基本议题和研究方法，能够真正了解特定研究的价值和意义，因此其评价更具针对性和准确性。相较于大同行评价，小同行评议注重定性与定量相结合的评价方式，能够提供更为深入和专业的评价，减少宽泛评价带来的不准确和不公平。由于评价主体与被评价对象的专业和研究领域高度相关，因此小同行评议能够更准确地评估被评价者的研究深度和最富创造力的代表作，更适合于需要深入挖掘某一专业领域内的研究成果和人才的场景。在科学研究领域，小同行评议常作为优化评价机制、促进学科发展的重要举措，如《浙江省哲学社会科学工作促进条例》中提到的优化评价机制的举措就包括小同行评议，强调对基础理论研究应突出小同行专家的学术评价，探索建立以代表作制度为基础的学术评价体系。

（二）按评价形式分类

依据评价形式可以将同行评议分为通讯评议、会议评议、调查评议和组合评议等。

通讯评议是指评价组织机构将评估材料寄送给评议专家，专家独立作出判断，出具书面评议意见反馈给评价组织机构的方式。通讯评议可以避免面对面评议中可能出现的人情干扰，使评议更加客观公正。同时，评议过程保密，有利于保护作者的隐私和权益。通讯评议允许评议专家在充足的时间内仔细研究评估材料，给出充分的意见和建议，有助于提高评议的质量。相比会议评议等需要召集专家到现场进行评议的方式，通讯评议的开支较少，成本较低。但是，由于通讯评议是独立进行的，评议专家无法直接比较不同申请对象的研究质量和水平，无法与申请人和其他同行进行实时交流，可能导致一些高质量的研究因缺乏直接比较而被忽视，一些重要的信息或观点未能及时传达和讨论。此外，由于通讯评议需要等待评议专家在充足的时间内完成评议工作，因此评审周期可能较长，不利于及时决策。在通讯评议中，还可能存在一些利益冲突问题。例如，同行评议专家可能因私人利益或学术名誉而偏袒某些申请人或研究机构；或者由于评议任务繁重，部分专家可能将评议任务交给不具备相关专业知识的学生进行评议，导致评议结果出现偏差。

会议评议也称专家组评议，指评价组织机构事先把相关材料寄送给评议专家，并邀请专家按指定时间和地点参加专家评审会，通过讨论和交流形式形成集体评审意见的方法。会议评议能够实现集体讨论和决策，通过集思广益，可以汇聚众人的智慧和经验，提高决策的科学性和合理性。会议评议通常在公开的场合进行，有利于信息的传播和透明度的提高，可以避免暗箱操作和权力滥用的问题。会议评议的过程和结果通常会被记录下来，便于后续的监督和追责，确保决策的公正性和权威性。但是会议评议通常需要花费一定的时间来进行讨论和决策，对于一些紧急的议题可能无法及时作出决策。由于会议评议需要集体讨论和决策，可能会出现意见分歧和争论不休的情况，导致决策效率低下。在会议评议中，由于参与者之间存在相互影响和互动，可能会出现"群体思维"现象，即大多数人的意见会趋于一致，而忽略了少数人的正确意见。

调查评议是指当评价组织机构和评审专家对评价对象的情况不太了解，且缺乏相关材料，或有关信息需要通过调查取得，则可以组织专家到现场调查了解，然后给出评价意见的方法。调查评议可以通过收集大量的数据和信息，对某个对象或事件进行客观的评价，避免了个人主观偏见的影响；可以根据特定的目的和需求，设计具有针对性的问题和指标，获取更加准确和有用的信息；可以涵盖多个方面和角度，从而得到更加全面和细致的评价结果。但是，调查评议需要进行大量的数据收集和分析工作，需要投入较多的人力和时间，成本较高。在进行调查评议时，如果被调查者不愿意配合或回答不真实，会影响调查结果的准确性和可靠性。即使收集到了大量的数据，对数据的解读和分析也可能存在主观性，不同的人可能会对同一组数据得出不同的结论。

组合评价是指根据评价工作的需要，将上述三种方法加以组合使用而进行评价的方法。

(三) 按评价操作方式分类

可以根据评议专家与评价对象之间的了解程度，将同行评议的具体操作形式分为单盲同行评议、双盲同行评议、开放同行评议三种。

单盲同行评议是指评议过程中评议对象不知道评议人的身份，但评议人知道评价对象的身份的方法。由于评议人知道评价对象的身份，他们可以更好地识别和处理可能存在的利益冲突或自我剽窃问题，也会考虑到评价对象的学术背景、研究方向和贡献，从而给出更全面和深入的评价意见。但是，由于评议人知道评价对象的身份，他们可能会受到评价对象声望、地位或人际关系的影响，从而产生潜在的偏见，导致评议结果不够公正和客观。此外，由于评价对象不知道评议人的身份，他们可能无法对评审意见进行反驳或提出疑问，这可能会限制学术交流和讨论。

双盲同行评议是指评议过程中评议人和评议对象都不知道彼此身份的方法。由于评议人和评价对象的身份都未知，评议在评价过程中不会受到评价对象身份、地位或声誉等因素的影响，可以更专注于评价材料的质量，从而减少了主观偏见的可能性，保证了评价的公正性和客观性，提高了评价效率，也可以避免因评价结果而产生纠纷。但是，由于审稿人无法了解被评审者的背景和身份，他们可能难以对评审材料作出全面的理解和准确的评估。双盲评审需要投入更多的精力来确保整个过程中的匿名性和保密性。

开放同行评议是指评议过程中评议人和评议对象都知道彼此身份的方法。评议过程是公开的。开放同行评议允许公众查看评议过程和结果，增加了评议的透明度，有助于建立学术诚信和公信力。通过公开评议，读者可以了解论文的评审过程，包括审稿人的意见、建议和最终决定，从而更全面地了解论文的质量和学术价值。通过查看评议过程，研究人员可以了解同行对论文的看法和建议，这有助于他们改进研究方法和提高研究质量。但是，由于开放同行评议中评议人的身份是公开的，这可能导致一些潜在的偏见和利益冲突。例如，评议人可能受到与评价对象之间的私人关系、竞争关系或利益关系的影响，从而难以保持评审的公正性。此外，一些知名的学者可能更容易获得更多的评议机会，而一些新兴学者或年轻学者可能面临评审机会较少的困境。

三　同行评议法的优缺点

同行评议之所以能风靡全球，特别是在科研和学术领域，成为一种受欢迎的评价方法，因为它具有如下优势：一是同行评议依赖于同一领域内的专家进行评审，因此具有高度的专业性。专家能够根据自身的知识和经验，对研究成果进行深入的评估，从而确保评审结果的质量和可靠性。通过同行评议，专家可以相互审查和评价彼此的工作，从而提高整个领域的标准和质量，为学术界和科研领域提供可信赖的成果；二是同行评议为专家们提供了一个交流学术观点、分享研究成果的平台。通过评议过程，专家可以发现新的研究方向、方法和观点，学习到其他人的经验和见解，既可以提升自身的专业水平，也可以促进学术研究的深入发展，有助于推动整个领域的进步和发展；三是同行评议通过匿名评审和公开评审结果，可以减少评审过程中的不当行为和偏见，确保评价的公正性和客观性；四是高质量的同行评议能够筛选出优秀的研究成果，提高相关领域研究的整体水平。同时，同行评议提供了宝贵的反馈信息，帮助被评议者发现自身工作中的不足之处，并提出改进的建议。这对于被评议者来说是一个不断完善和提升自身工作质量的过程，有助于其在未来的工作中避免类似的问题，提高工作效率和质量。

任何方法有它的优势，也必然会有劣势，同行评议法的缺点主要体现在如下方面：一是同行评议结果可能受到评审专家主观性和偏见的影响。评审专家可能受到个人立场、观点、利益等因素的影响，导致评审结果的不公正和不准确。二是同行评议需要投入大量的人力和时间。评审专家需要仔细阅读、分析和评估论文或研究成果，这需要花费大量的时间和精力。同时，为了确保评审的公正性和准确性，有时需要组织多轮评审和讨论，也会增加评审成本。三是在某些领域，具有专业知识的评审专家数量有限，这可能导致评审资源不足。在这种情况下，可能需要扩大评审范围或降低评审标准，以确保评审的顺利进行。然而，这可能会降低评审结果的准确性和可靠性。

四　同行评议法在人才评价领域的应用

同行评议法不仅能够对人才作出准确、专业的评价，还能够促进专业发展，建立信任和合作关系，提升行业声誉。在人才评价领域的主要应用场景如下：一是学术评估与科研评价。在学术界，同行评价被广泛用于评估研究人员的学术水平、研究成果的质量和影响力。通过邀请具有相同或相关领域专业知识的专家进行评审，可以确保评估结果的公正性和准确性。二是职称评定与晋升决策。通过同行专家的评审，可以对候选人的学术能力、贡献和影响力进行全面、客观的评价，为职称评定和晋升决策提供有力支持。三是招聘与选拔。通过邀请行业内专家对应聘者进行评价，可以帮助用人单位筛选出具有专业能力和潜力的人才，确保招聘和选拔过程的公正性和有效性。四是人才盘点与规划。通过邀请内部和外部的同行专家进行评审，可以帮助用人单位了解单位内部人才的结构、能力和潜力，从而制订更有针对性的人才培养计划和发展策略，确保人才盘点和规划结果的准确性和有效性。五是项目评审与资金分配。在科研项目评审和资金分配过程中，通过邀请具有相关领域专业知识的专家对项目进行评审，可以确保项目的科学性和可行性，为资金分配提供有力依据。

为了更好地发挥同行评议法在人才评价中的作用，可以从以下几个方面入手：一是建立专业的评审专家库。要建立一个分类别、分学科、分层级、分领域的评审专家库，这样可以确保评审专家具备与被评价者相近的专业背景和知识，提高评审的专业性和准确性。同时，应定期对专家库进行更新和维护，确保评审专家的专业能力和学术水平得到保持和提升。二是应尽可能采用匿名评价方式，因为匿名评价方式可以避免评价专家受到被评价者身份、地位等因素的影响，减少主观偏见和利益冲突，确保评价结果的公正性和客观性。三是为了确保同行评议的公正性和准确性，需要制定明确的评审标准和程序。评审标准应明确列出被评价者需要达到的专业水平、研究能力、创新能力等方面的要求，并给出具体的评分标准和评分方法。评审程序应规定评审的具体流程、时间节点和评审结果的反馈方式等，确保评审过程的有序进行。四是在同行评议过程中，评审专家可以针对被评价者的研究方向、研究成果、学术贡献等方面进行深入的分析和评估，提出具体的评价意见和建议。同时，鼓励评审专家之间进行交流和讨论，可以促进评审的公正性和准确性。五是可以建立评审监督机制，对评审过程进行实时监控和记录，确保评审专家按照规定的标准和程序进行评审。同时，可以建立评审质量评估机制，对评审结果进行定期评估和反馈，及时发现问题并进行改进。六是在人才评价中，应注重量化数据和同行评价的结合。量化数据可以客观地反映被评价者的学术成果、研究能力等方面的表现，而同行评价则可以从专业的角度对被评价者的学术水平、创新能力等方面进行评价。将两者结合起来，可以更全面地了解被评价者的能力和潜力，为人才选拔和培养提供有力支持。

第二节 面试

面试是一种经过组织者精心设计，在特定场景下，以考官对考生的面对面交谈与观察为主要手段，由表及里测评考生的知识、能力、经验等有关素质的评价方法。面试是招聘求职中使用最广泛的一种人才测评方法，是评估候选人是否适合特定职位的关键环节。

一 面试的作用

面试之所以成为用人单位选聘人才的重要方法，是因为它在招聘评价中发挥着不可替代的独特作用。主要体现在以下几个方面：

第一，面试为雇主和候选人提供了双向选择的机会。雇主可以通过面试了解候选人的能力、经验、性格和价值观，从而判断其是否适合组织文化和职位要求。同时，候选人也可以通过面试了解组织文化、工作环境、发展前景等信息，从而作出是否加入该组织的决定。

第二，简历和求职信虽然能展现候选人的基本情况和技能，但面试可以进一步深入了解候选人的能力、经验、思维方式以及解决问题的能力。通过面对面的交流，雇主可以观察候选人的言谈举止、态度举止、反应速度等，从而更全面地评估其综合素质。

第三，工作中良好的沟通能力是至关重要的。面试是评估候选人沟通能力的一个绝佳机会。通过提问和回答，雇主可以观察候选人是否能够清晰、准确地表达自己的想法，以及是否能够有效地倾听和理解他人的观点。

第四，面试不仅是评估候选人能力和素质的过程，也是候选人展示个人魅力的机会。一个自信、热情、有礼貌的候选人往往更容易给雇主留下深刻印象，从而增加获得职位的机会。

第五，面试有助于雇主识别候选人可能存在的潜在问题，如工作经验不足、技能欠缺、态度问题等。这些问题在简历和求职信中可能难以发现，但在面试过程中，雇主可以通过观察和提问来发现这些问题，从而作出更明智的招聘决策。

第六，通过面试，雇主可以更快地筛选出合适的候选人，减少招聘时间和成本。与此同时，候选人也可以通过面试了解职位和组织的具体情况，避免盲目选择。

第七，许多国家的就业相关法律法规中都要求雇主在招聘过程中要遵循公平、透明、非歧视等原则，如美国的《平等就业机会法案》、澳大利亚的《工作场所关系法》、加拿大的《劳动法》和《就业平等法》等。虽然法律没有明确规定必须进行面试，但面试通常是组织用来落实这些原则的重要手段。通过面试，雇主可以确保招聘过程符合相关法律法规的要求，避免因招聘不当而引发的法律纠纷。

二　面试的形式

依据不同的目的，按照不同标准，可以将面试形式分成不同的类别。主要的分类形式有以下几种：

（一）按面试的标准化程度分类

按照面试的标准化程度可以分为结构化面试、半结构化面试和非结构化面试。所谓结构化面试，也称标准化面试，是根据所制定的评价指标，运用特定的问题、评价方法和评价标准，严格遵循特定程序，通过测评人员与应聘者面对面的言语交流，对应聘者进行评价的标准化过程。半结构化面试，是指只对面试的部分因素作出统一要求的面试，如规定有统一的程序和评价标准，但面试题目可以根据面试对象而随意变化；非结构化面试，是对与面试有关的因素不作任何限定的面试，也就是通常没有任何规范的随意性面试。

正规的面试一般都是结构化面试，所谓结构化，包括三个方面的含义：一是面试程序的结构化。即在面试的起始阶段、核心阶段、收尾阶段，面试官要做些什么、注意些什么、要达到什么目的，事前都会进行相应的策划。二是面试题目的结构化。在面试过程中，面试官要考查应聘者哪些方面的素质，围绕这些考察角度主要提哪些问题，在什么时候提出，怎样提，在面试前都会做好准备。三是面试结果评判的结构化。从哪些角度来评判应聘者的面试表现，等级如何区分，甚至如何打分等，在面试前都会有相应规定，并在众考官间统一尺度。

(二) 按面试风格分类

按照面试风格可以将面试分为压力面试和非压力面试。

压力面试是一种有意制造紧张气氛，以了解求职者将如何面对工作压力的面试形式。在这种面试中，面试官可能会使用挑战性的，甚至有时看似攻击性的问题，来测试求职者在压力下的应对能力、情绪稳定性和思维能力。压力面试的目的在于观察求职者在面对困难和压力时的反应，从而评估其是否适合在高压环境下工作。然而，需要注意的是，过度的压力面试可能会让求职者感到不适或不安，甚至可能影响其真实能力的展现。

非压力面试则相对较为轻松和友好，旨在通过更自然、更开放的对话来了解求职者的能力、经验和个性。在这种面试中，面试官通常会使用更温和、更鼓励性的语言，让求职者能够更自由地表达自己的观点和想法。非压力面试更注重求职者的实际能力和经验，以及其与职位的匹配度。通过非压力面试，面试官可以更好地了解求职者的真实能力和潜力，从而作出更准确的评估。

不同组织和岗位可能需要不同的面试风格。在某些高压、高要求的职位中，压力面试可能更为常见；而在一些更注重团队合作和创新的职位中，非压力面试可能更为合适。同时，面试官也需要根据求职者的实际情况和表现来调整面试策略，以确保面试的公平性和有效性。

(三) 按面试进程分类

按照面试进程可以将面试分为单次面试和分阶段面试。

单次面试通常指的是在一个较短的时间段内，完成所有必要的面试环节和评估。其特点是：时间集中，所有的面试环节都在一次会议或一次会面中完成；流程简单，通常只涉及一位或少数几位面试官，且问题涵盖范围广泛；决策迅速，由于信息获取集中，面试官通常能够较快地作出决策。这一形式的优点是效率高，对候选人和组织的时间成本都较低；缺点是可能无法全面评估候选人的能力素质和适应性，尤其是针对高级或关键职位。这种面试方式通常适用于组织中的初级职位或不需要过多层面评估的岗位。

分阶段面试指的是将面试过程分解为多个阶段或轮次，每个阶段或轮次由不同的面试官或团队负责，以全面评估候选人的能力、适应性和潜力。其特点是：时间分散，面试过程可能持续数天、数周甚至数月；流程复杂，涉及多个面试官、多个环节和多个评估维度；决策慎重，由于信息获取全面，面试官通常需要更多时间进行考虑和讨论。这一形式的优点是能够全面、深入地评估候选人的能力、适应性和潜力；缺点是对候选人和组织的时间成本较高，且可能导致候选人因等待时间过长而失去兴趣或机会。这种面试方式一般适用于组织中的高级职位或关键职位。

（四）按面试内容分类

按面试内容可以将面试分为情景面试和工作相关面试。

情景面试是一种通过对岗位进行分析，确定工作情节，设计出一系列问题，并在面试时要求考生回答在具体情境下如何行动的面试方法。情景面试广泛应用于招聘、领导力评估、团队合作能力评估和绩效评估等领域，具有较强的针对性、直接性和互动性，通过模拟真实情境，它能够更准确地评估候选人或员工的能力和适应性。

工作相关面试中，考生大多是有过某方面工作经验的人员。面试官通过向考生询问一些与以前工作相关的问题，以了解考生处理这些问题的方式、态度等。与情景面试中的问题不同，工作相关面试中提出的问题主要是围绕考生以前从事的工作展开的，而情景面试更多是为了今后工作，围绕一些假设情景展开的。

三　面试的准备工作

面试工作的顺利与否取决于面试准备是否充足。一般从组织的角度来说，面试工作开展前，需要做好准备工作说明书、查阅候选人背景材料、设计面试问题、编写面试指南等工作。

（一）准备工作说明书

工作说明书详细描述了职位的职责、要求、工作环境以及组织对招聘职位的期望，对招聘工作起到目标定位的作用。一般来说准备工作说明书时，需要经过以下步骤：第一，要明确职位目标，即确定职位在组织中的角色定位，思考该职位如何支持组织的整体目标和战略。第二，要列出该职位的主要职责，详细描述职位的日常任务和主要活动；使用行动性词汇，如"负责""管理""执行"等；将职责按照优先级或重要性排序。第三，要列出职位要求，如所需的教育背景、技能、经验和资质等，需要思考这些要求如何支持职位目标，确保这些要求是合理和可实现的，以避免设置过高的门槛。第四，要描述工作环境，包括物理环境（如办公室、工厂或远程工作）、职位可能面临的挑战或压力点、职位如何融入组织文化和价值观等。第五，要明确组织对职位持有者的绩效期望，这些期望应该与职位目标相一致，并有助于推动组织战略的实施。第六，要征询团队成员、上级或人力资源部门关于工作说明书的意见和建议，根据反馈进行必要的修订。第七，随着组织战略和需求的变化，定期审查和更新工作说明书，确保工作说明书始终与组织目标保持一致。

此外，准备职位说明书时，要注意了解同行业中类似职位的工作说明书，以确保我们的职位描述具有竞争力，发现可能遗漏的关键职责或要求。要使用简短、直接的句子和段落，避免使用过于复杂或专业的术语，以确保工作说明书易于理解。

（二）查阅候选人资料

一般来说，查阅候选人资料的渠道包括简历、作品集、社交媒体信息、推荐信等。简历通常包括候选人的个人信息、教育背景、工作经历、技能和成就等内容。作品集是指展示个人作品、项目或成就的集合，在不同的行业中有不同的形式和用途，但核心目的是展示个人的技能和经验。通过社交媒体信息可以了解候选人的个人生活和兴趣，但要确保隐私和合规性。推荐信是推荐人用于向接收方推荐某人的信件，推荐人通常是前雇主、同事、行业内有影响力的专家学者等，通过推荐信可以了解候选人的工作能力、工作表现和性格特点等。

（三）设计面试问题

面试问题是面试的灵魂，问题设计得好坏是面试成功与否的关键。好的面试问题既能帮助面试官了解候选人的能力和经验，又能评估他们是否符合职位要求和组织文化。编制面试题目一般需要如下步骤：

1. 确定职位要求和期望

（1）仔细阅读并理解职位的具体要求，包括所需技能、经验、教育背景和期望的工作表现。

（2）理解组织的价值观、使命和愿景。

2. 制定面试评估框架

（1）列出关键能力：基于职位要求，列出候选人需要具备的关键能力和素质，如沟通能力、团队协作能力、问题解决能力等。

（2）确定评估标准：为每个关键能力制定评估标准，以便在面试过程中能够量化地评估候选人的表现。

3. 设计面试问题

面试问题通常会采用以下几种形式：

（1）行为面试问题：使用 STAR 法则（情境、任务、行动、结果）来设计问题，让候选人描述过去在特定情境下如何完成任务和取得成果，以评估候选人的处事方式和态度。

（2）情境面试问题：设计假设性问题，考察候选人在特定情境下会如何行动和决策，以评估候选人工作能力和适应性。

（3）知识性问题：针对职位所需的专业知识设计问题，以评估候选人的专业素养。

（4）组织文化适应性问题：设计用来考察候选人是否认同并适应组织的价值观和文化的问题，以评估候选人的组织适应性。

4. 审查和调整问题

（1）避免使用模糊或复杂的表述，确保问题表述清晰明确，易于理解。

（2）检查问题是否可能引发歧视或偏见，并做相应调整。

（3）确保问题之间有逻辑关联，由浅入深，从简单到复杂。

（四）编写面试指南

将设计好的面试问题和评估标准编写成面试指南，供面试官参考。面试指南应包括问题的顺序、评估标准和评分方法等信息。

（五）面试环境的准备

选择适当的面试地点，保持面试空间整洁、有序，避免杂乱无章，确保面试区域有足够的空间供面试者和候选人自由移动。做好面试硬件、软件、网络等设备的准备和调试工作。

四 面试考官需要具备的能力素质

面试考官作为人才评价的主体，是人才选拔聘用过程中的关键角色，是确保面试公正性、有效性和专业性的重要因素。一名合格的面试考官应当具备一系列的能力素质，其中核心素质如下：

（一）专业素养

面试考官需要对岗位的职责、要求及行业背景有深入的了解，掌握相关领域的专业知识，最好能够有相关经历，以便准确评估候选人的专业能力。

（二）沟通能力

面试考官需要具备良好的口头和书面表达能力，能够清晰、准确地传达问题和观点。善于倾听，关注候选人的回答，理解其背后的思考和动机。

（三）观察能力

面试考官能够从候选人的言行举止、肢体语言等方面洞察其性格、能力和潜力。能够注意到候选人的非言语沟通，如眼神交流、面部表情等。

（四）评估能力

面试考官能够理解胜任特征的概念，清楚评价指标和评价标准的含义和运用方式，具有一定的人才测评学知识，能够准确评估候选人的能力、经验、潜力和个人特质。

（五）公正态度

面试考官需要理性，能够遵循公平、公正、公开的面试原则，避免主观偏见和刻板印象，不偏袒任何候选人，以客观的态度评价候选人。

（六）心理素质

面试考官情绪稳定，保持冷静、耐心和专注，不受候选人或其他因素的干扰。在面对压力时，能够保持镇定，作出明智的决策。

（七）应变能力

面试考官面对不同背景、性格和能力的候选人，能够灵活调整面试策略。当面对意外情况或挑战时，能够迅速作出反应并妥善处理。

（八）团队合作精神

面试考官能够与其他考官保持良好的沟通和协作，尊重并考虑其他考官的意见和建议，形成一致的面试结论。

五　面试中容易出现的误区

在面试过程中，面试考官容易陷入一些误区，这些误区可能会影响他们对候选人的准确评估。以下是一些常见的面试误区：

（一）首因效应

面试考官可能过于依赖对候选人的第一印象来形成对他们的整体评价。这种基于最初几分钟的短暂交流而作出的判断，可能会忽略候选人在后续面试中展现出的其他重要特质。

（二）晕轮效应

面试考官可能会因为候选人在某一方面的优秀表现（如外表、学历、口才等）而对其整体能力产生过高的评价，即"一好百好"。这种偏见可能导致面试官忽视了候选人在其他关键能力上的不足。

（三）负面效应

面试考官可能会过于关注候选人的缺点或不足，而忽视他们的优点和潜力。这种负面偏见可能导致面试官对候选人产生不公正的评价，甚至错过一些优秀的候选人。

（四）相似效应

面试考官可能会倾向于选择与自己相似或经历相似的候选人，这种偏好可能源于对"同类"的认同感。然而，这种偏好可能导致忽视了那些具有不同背景和经验的候选人，他们更有可能带来新鲜的观点和创新的想法。

（五）顺序效应

面试考官在对多名候选人一次进行评定时，往往会受到面试顺序的影响而出现评价偏差。如一名考官在面试了三个很不理想的候选人后，第四个即使很一般，考官也会产生比前三个好得多的印象。反之，一名考官在面试了三位优秀的候选人后，第四位水平尚可，也会被认为很差。

六　面试在人才评价领域的应用

面试是人才测评的基本方法，特别在招聘选拔环节，面试可以发挥如下作用：

（一）初步筛选与初步了解

面试通常作为招聘流程的第一步，用于初步筛选和了解应聘者的基本信息、工作经验、教育背景、职业态度等。通过面试，招聘者可以对应聘者进行初步评估，确定是否继续深入考察。

（二）专业能力评估

面试是评估应聘者专业能力的重要手段。通过询问应聘者相关领域的专业知识、工作经验、案例分析等，招聘者可以评估应聘者是否具备所需的专业技能，是否能够胜任岗位要求。

（三）综合素质考察

通过面试可以考察应聘者的综合素质，如沟通能力、团队协作能力、解决问题的能力、创新能力等。通过面试，招聘者可以观察应聘者的言行举止、思考方式、表达能力等，评估其综合素质是否符合组织需求。

（四）岗位适配度评估

面试还可以用于评估应聘者与岗位的适配度。通过询问应聘者对应聘岗位的理解、职业规划、个人兴趣等，招聘者可以判断应聘者是否对该岗位有热情、是否能够融入企业文化、是否具备长期发展的潜力。

（五）高层管理职位选拔

对于高层管理职位的选拔，面试更加重要和深入。高层管理职位需要应聘者具备出色的领导力、战略眼光、决策能力等，而这些能力往往难以通过笔试或其他测评方式完全评估。因此，通过多轮面试、深入交流、模拟工作场景等方式，可以更全面地评估应聘者的能力和潜力。

（六）国际化招聘

在国际化招聘中，面试也是不可或缺的一环。由于应聘者可能来自不同的文化背景和语言环境，面试需要特别关注应聘者的语言能力、跨文化沟通能力以及对不同文化的理解和适应能力。通过面试，招聘者可以评估应聘者是否具备在国际环境中工作的能力。

（七）特殊岗位招聘

对于一些特殊岗位，如销售、客服、公关等，面试的应用场景也有所不同。这些岗位需要应聘者具备出色的沟通能力、人际交往能力、应变能力等，因此面试过程中需要特别关注这些方面的考察。

第三节 评价中心技术

评价中心技术是现代人才测评的主要形式,特别是针对高级管理人员的测评,被认为是最有效的测评方法之一。评价中心技术是一种包含多种测评方法和技术的综合测评系统。通过对目标岗位分析,在了解岗位工作内容与职务素质要求的基础上,事先创设一系列与工作高度相关的模拟情景,将被试纳入这些情景中,要求其完成情景中多种典型的管理任务。在被试按照情景角色要求处理或解决问题的过程中,评委按照各种方法和技术的要求,观察和分析被试在模拟的各种情景压力下的心理、行为、表现及工作绩效,以测量评价被试的能力素质、性格特点和潜能等。

一 发展历程

评价中心技术的起源可以追溯到1929年,当时德国心理学家建立了一套用于挑选军官的非常先进的多项评价过程。他们建立评价程序的指导原则为整体性和自然性,采用了任务练习、指挥系统练习、深入面谈、五官功能测验和感觉运动协调测验等多种独特的测评方法。在第二次世界大战期间,英美先后采用评价中心技术选拔军事人员和特工人员。英国军队成立了陆军部评选委员会,由两位英国精神病学家制定了最初的方案,包括面谈、智力测验、情景模拟测验,先后有14万余人接受过评价。后来,英国心理学家拜恩对上述联系进行了修改,综合应用无领导小组讨论、团队任务、5分钟即兴演讲、角色扮演、深度面谈和投射测验等方式来挑选军官。美国战略情报局针对内部的不同职位建立了一套评价候选人的程序,使用小组讨论和情景模拟练习来选拔情报人员,并获得了成功。

随着战争的结束,许多军事心理学家和军官进入政府和企业,人们意识到这种技术在民用领域也有巨大的应用潜力。第一次将评价中心技术应用于非军事目的的机构是英国文职人员委员会。从1945年开始,该委员会发明并使用了一套复杂的程序用于挑选文职人员,采用的方法包括语言与非言语测验、个性投射测验、背景信息、各种渠道的调查、面谈、资格考试成绩、个人和小组的情景模拟练习等方法。1956年,美国电报电话公司(AT&T)率先在工业界使用评价中心技术进行人才的测评和选拔。

而在其早期应用中，结果证明了评价中心技术的有效性，如在被提升到中级管理岗位的员工中，有78%与评价中心的评价鉴定是一致的。

在20世纪50年代和60年代，评价中心技术得到了进一步的发展和完善。研究者们开始探索各种不同的评价方法和技巧，如模拟情景、角色扮演、小组讨论、案例分析等，以更全面地评估候选人的能力和素质。同时，评价中心技术也逐渐被标准化和系统化，以确保评估结果的可靠性和有效性。评价中心技术迅速在政府部门和企业界得到推广，在西方国家影响力逐步扩大。

二 测评原理

现代人才测评理论主要建立在差异理论的基础上，职位差异和个体差异是客观存在的，由此产生了人岗匹配和人才测评的必要和可能。因此评价中心的测评原理就是基于对职位差异和个体差异的认知，采用多种方法来实现组织中的人岗匹配。

（一）职位差异性

不同职位在组织中承担着不同的工作任务和职责，拥有不同的权力和责任范围，工作模式、薪酬待遇、层次结构等也会有不同。因此，不同行业、部门、职位对任职者的素质要求必然是有差异的，担任一定工作角色的人，必须具备相应的能力素质，工作要求是进行人才测评的客观要求。

（二）个体差异性

个体差异性是指在社会群体中，不同个体之间在生理、心理、认知、情感、行为等方面存在的差异。这些差异可能来源于遗传、环境、社会经济地位和个体经历等多种因素。个体差异在能力素质方面的表现，体现为不同个体在智力、体力、工作能力、技能、性格特质等方面的差异，这种差异性对于个人的职业发展、工作效率以及组织的整体表现都具有重要影响，是造成个体在不同职位取得成就差异的基础，也是个体在相同职位产生绩效水平差异的根本原因。

（三）人岗匹配

人岗匹配强调人才与职位的相互匹配，即个人的特征与岗位的需求高度契合。这包括个人的能力、技能、性格特质、兴趣爱好等方面与岗位的职责、权利、工作内容、职位要求等方面的匹配。人岗匹配的具体步骤是：首先基于岗位分析，明确岗位的职责、权利、工作内容、职位要求等；其次，通过能力评估、职业测试、情景模拟等科学测评手段，评估个体特征；再次，将个体特征与岗位需求进行对比分析，找出个体与岗位的匹配点和差异点；最后，根据匹配分析的结果，作出是否匹配的决策。如果匹配度高，则可以考虑将个体安排在该岗位上；如果匹配度低，则需要重新考虑其他岗位或进行个体能力的提升。

人岗匹配广泛应用于人力资源管理领域。如在招聘过程中，要充分了解应聘者的能力和素质，同时明确岗位的需求和要求，以确保招聘到与岗位高度匹配的个体；通过培训和发展计划，提高个体的能力和素质，使其更加符合岗位需求。同时，根据个体的发展潜力和兴趣爱好，为其规划合适的职业发展路径；随着个体和岗位的发展变化，定期评估个体与岗位的匹配度，并及时进行调整和优化，以保持人岗匹配的有效性。

三 评价中心技术的特点

评价中心技术是综合运用多种技术和手段，从多个维度对个体进行评价的方法，具有综合性、仿真性、互动性、标准化等特点。

（一）综合性

评价中心技术具有综合性的特点，它使用无领导小组讨论、文件筐测验、案例分析、管理游戏、角色扮演等多种测评技术对被评价者进行甄选，实现对被评价者认知能力、个性特点、人际能力、价值观念等各方面能力和品质的综合评价。这种综合性使得评价结果更为全面和准确。

（二）仿真性

评价中心的各种方法大多都是对目标岗位真实工作情景的高度模拟，与实际工作具有高度的相似性，测验题目都是从实际工作样本中挑选出来的典型。这种形象逼真的特点使得评价结果更加接近真实情况，有助于组织作出更准确的决策。

（三）互动性

在评价过程中，主试通过情境模拟等测试手段，为被试者提供一种活动的机会，将被试置于群体互动之中进行比较，观察被试者在群体中的表现，从而更全面地对其能力和素质作出整体性的测评。

（四）标准化

评价中心的多种活动都是按统一的测评需要来设计的，有规范的测评方法和流程。测试内容也不是随意而定的，而是基于工作分析来确定。这种标准化确保了评价结果的客观性和可比性。

四 评价中心技术中的常用方法

评价中心技术是多方法、多手段的综合体。广义的评价中心技术可以将所有人才测评方法纳入其中，如传统的心理测验、面试、投射测验、情景模拟等；狭义的评价中心技术是指以情景模拟为核心的系列人才测评技术，比较经典的技术包括无领导小组讨论、文件筐测验、角色扮演等，此外管理游戏、案例分析、演讲、事实搜寻、情景面谈等也常结合实际需求被采用。本部分重点介绍经典情景模拟技术。

（一）无领导小组讨论

1. 概述

无领导小组讨论是由一组应试者组成一个临时工作小组，在规定时间内，讨论给定的问题，并作出决策的过程。在这个过程中，小组是临时拼凑的，并不指定谁是负责人，目的是考察应试者的表现，尤其是看谁会从中脱颖而出。从这一定义可以看出无领导小组讨论的特征如下：主题是给定的；不指定讨论的主持人或领导者，也不指定发言顺序；参加讨论的应试者的地位是完全平等的；采用的是小组作业技术，参与者任务的圆满完成需要他们之间的密切协作。

依据不同的应用目的，可以按照不同方法划分无领导小组讨论的类型，常见的分类方法有以下三种：（1）按照讨论的情境性可以分为无情境的无领导小组讨论和有情境的无领导小组讨论。前者一般是让应试者就一个开放的问题展开讨论；后者是将应试者置于某种假设情境中，就某一个特定问题展开讨论。（2）按照是否指定角色可以分为设定角色的无领导小组讨论和不设定角色的无领导小组讨论。前者是在讨论过程中，为每位应试者分配一个固定的角色，他必须履行该角色的责任，完成该角色所规定的任务；后者是每位应试者都是讨论的参与者，不存在任何特定的角色责任和任务。（3）按照讨论情境设置的主题可以分为竞争性的无领导小组讨论和合作性的无领导小组讨论。前者是指在小组讨论情境中，每个小组成员都代表自己或自己所在群体的利益，小组成员之间的目标是相互冲突的，并存在对某些机会或资源进行争夺的情形；后者是指在讨论中要求小组成员相互配合共同完成某一项任务，小组成员的成绩既取决于他们合作完成任务的结果，也取决于他们在过程中的贡献。

2. 特点

与其他测评方法相比，无领导小组讨论具备以下优势：（1）人际互动性强。无领导小组讨论能够模拟实际工作场景，让应试者在没有指定领导的情况下自由表达，减少应试者的掩饰可能，这种自然流露的行为特征更容易让评价者观察到应试者的真实素质。由于没有指定领导，应试者需要更加积极地参与讨论，表达自己的观点，激发他们的主动性和创造性。（2）独特的能力考察维度。无领导小组讨论在评价应试者三方面的能力上具有显著优势，一是其在团队中的社会和人际方面能力，如沟通能力、组织协调能力、合作意识、影响力等；二是其解决问题的能力，如搜索和利用信息的能力、分析判断能力、理解能力、创新思维等；三是其个性特征，如自信性、灵活性、情绪稳定性等。在实际测评活动中，特别是中高层管理人员选拔任用过程中，往往将无领导小组讨论作为重要的测评手段。（3）测评效率高。由于无领导小组讨论是一种群体性测评活动，因此当需要在短期内评价较多数量的人员时，能够有效地节约时间，提高评价效率。

虽然无领导小组讨论具有诸多优点，但在其实施和应用中，也存在不可忽视的难点：（1）讨论题目编制较难。题目若是很容易达成一致，则很难全面考察应试者；若是太难或者冲突过大，则很难达成一致，应试者可能因为压力过大而表现失常。（2）制定评分标准和评分较难。无领导小组讨论涉及的内容广泛，包括问题分析、解决方案提出、决策过程、实施计划等多个环节，每个环节都需要评分者进行细致的观察和评估。同时，还需要考虑应试者之间的合作、分工、沟通等多个方面，这使得评价内容变得十分复杂。无领导小组讨论强调团队合作、问题解决能力和个人贡献等多个方面，都难以用具体的数字或指标进行量化，评分者需要依靠自己的主观判断和经验来进行评分，增加了评分结果不一致性的可能。例如，对于"建设性沟通"和"合作共识"的评估，不同的评分者可能会有不同的理解和标准。（3）对评委要求较高。无领导小组讨论的评委需要具备较强的专业能力，接受专门培训，评委的主观性、偏见和误解很容易造成评价结果的偏差和不一致。（4）评价容易受到分组因素的干扰。这是人际互动性强带来的负面影响，如一个思维清楚但不善言谈的人如果与几个言语能力很强的人分在一组，则会显得比较木讷；若分到一群同样不善言谈的人组成的小组中，给他更多发言机会，则可能会凸显出他敏锐的思维。

3. 题目的设计开发

一套完整的无领导小组讨论题本，至少要包括三类文档：讨论题目、评分表和实施指南（技术手册）。其中，题目和评分表每次需要针对具体的评价目的和要求，进行有针对性的设计开发；实施指南（技术手册）是对无领导小组讨论组织、实施过程的指导和说明，主体内容不会有大的变化，在实施前根据实际情况进行必要的修订即可。

（1）题目设计开发原则

无领导小组讨论题目的设计开发需要遵循以下原则：一是联系工作实际，即选择的材料和题目要符合实际工作特征，内容上要从实际工作中选取典型的话题和案例，设置条件要和实际工作条件保持一定程度的一致性，以达到最佳预测效果。二是要有一定的冲突性，即选择的材料和题目要有一定冲突矛盾，能够引发参与者的讨论行为，让他们在讨论过程中表现真实自我。三是题目难度适当，即提供的材料或话题难度要适当，让参与者有话可说，有充分表达的机会。如果材料过于简单，可能不需要深入讨论就能达成一致；如果材料太难，可能对参与者产生额外的压力，影响其正常水平发挥，这两种情况都会对评价结果造成影响。四是熟悉性，即讨论题目和材料在内容上必须是所有参与者都熟悉的，保证每位参与者在讨论中都能有感而发，确保评价的公平性。

（2）题目开发步骤

一般来说，题目和评分表的设计需要经过以下几个步骤：确定评价指标、搜集筛选案例素材、选择题目类型、编制题目初稿、专家研讨、设计评分表、试测检验、题目修订和定稿。

确定评价指标：一般来说，对能力素质的测评都是围绕某一个或某一类岗位要求而进行的，因此要针对该岗位的胜任特征确定和设计评价指标。评价指标确定时应细化指标要素并界定其内涵，避免指标解释之间存在交叉,导致评分时的困扰。避免选择不适用于无领导小组讨论的指标,如专业知识深度、特定技能的掌握程度等。一般来说,评价指标应该以4—6个为宜,如果考察的指标过多,会分散评委的注意力,过多的指标不仅会扩大评价结果的差异性,也会增加评价结果的主观性,降低评价结果的信效度。

搜集筛选案例素材:搜集的案例素材要能反映目标工作的典型情景,根据给定的评价指标,从中甄别筛选出可以满足题目开发原则特征的案例素材,作为讨论题目的情景背景和结构框架的重要参考。

选择题目类型:目前比较流行无领导小组讨论的题目类型有五种,即开放式问题、两难问题、多项选择问题、操作性问题和资源争夺问题。具体内容见表5-1。

表5-1　　　　　　　　无领导小组讨论题目类型

题目类型	定义	考查要点	举例	特点
开放式问题	没有固定答案的问题	应试者思考问题的全面性、针对性、逻辑性、创新性	你认为什么样的领导是好领导	容易出题; 不太容易引发争辩
两难问题	让应试者在两种互有利弊的答案中选择其中一种的问题	应试者的分析能力、语言表达能力、说服力	你认为以工作取向的领导是好领导呢,还是以人为取向的领导是好领导	题目编制较为方便; 能够引起充分的辩论; 两种备选答案一定要有同等程度的利弊
多项选择问题	让应试者在多种备选答案中选择其中有效的几种或对备选答案的重要性进行排序的问题	应试者分析问题实质,抓住问题本质方面的能力	某信息中心收集了20条信息,只能上报8条,请讨论出结果	题目编制较难; 比较容易引发争辩

续表

题目类型	定义	考查要点	举例	特点
操作性问题	给应试者一些材料、工具或者道具，让他们利用所给的这些材料，设计出一个或一些由考官指定的物体的问题	应试者的主动性、合作能力以及在实际操作任务中所充当的角色	给应试者一些材料，要求他们相互配合，构建一座楼房的模型	不容易引发争辩；对考官和题目的要求都比较高；成本较高
资源争夺问题	让处于同等地位的应试者就有限的资源进行分配的问题	应试者的语言表达能力、问题分析能力、概括总结能力、反应灵敏性、组织协调能力	假如你是部门经理，如何分配有限数量的资金	容易引发充分争辩；对讨论题的要求较高

资料来源：根据百度百科相关内容整理。

编制题目初稿：编写题目初稿时除了将案例素材作为参考，还要注意吸收来自人力资源部门、用人单位主管、查阅资料等几方面的信息资料，确保信息的全面性和完整性。题目设计开发通常需要团队合作，经过几轮深入讨论后，形成题目初稿。

专家研讨：题目初稿形成后，需要请有关专家进行审阅研讨。一般来说，可以请两类人群做专家，一类是心理学家或测评专家，他们侧重审核选择的案例或话题是否能够考察出目标素质；另一类是部门主管，他们侧重审核选择的案例或话题是否与实际工作相关，是否适合从事此类工作的人员进行讨论。专家研讨的重点内容包括讨论话题是否与实际工作相联系、是否适合考察目标素质、是否存在常识性错误、是否还有需要完善的地方，资源争夺问题和两难问题的选项是否均衡，是否有更好的建议等。

设计评分表：评分表的设计要求简洁易懂、操作便利。其中必须包括的内容有评价指标及标准和评分范围。其中评价指标及标准是对应试者在无领导小组讨论中的行为给出定性等级和定量分数的参考标准；评分范围是对各测评能力的评分区间说明，如分三个等级的十分制评价中，优为7.5—9.5分；中为3.5—7分；差为1—3分。

试测检验：试测的效果直接关系到无领导小组题目设计的成败。首先是试测对象的选择，最佳对象应该是与测验目标群体存在相似性的群体。在试测过程中重点观察材料是否有足够的吸引力、题目可理解性如何、达成一致意见时间的长短、所有参与者是否都有话可说、材料内在的平衡性如何等。试测结束后收集反馈意见，包括参与者的主观感受、评分者的意见、实际分析结果。其中参与者的主观感受作为讨论题目修改和完善的主要依据；评分者意见作为修改与完善评分表和评分要素的主要依据，讨论题目修改完善的重要参考；分析结果作为题目是否达到设计要求的指标。

题目修订与定稿：如果试测效果令人满意，就可以直接定稿；否则需要重新修订题目，再次进行试测，这个过程可能需要反复多次，直至试测效果满意后定稿。

4. 组织实施流程

无领导小组讨论是一种团体性测评活动，其组织实施通常包括应试者分组、测验环境布置、评价者分工、测评活动实施等步骤。

（1）应试者分组

无领导小组讨论中应试者分组是重要的环节，一般要考虑如下因素：一是分组人数，无领导小组讨论一般每组分配6—8人为宜，人数过少，组员间争论较少，不宜充分展现互动中的特点；人数过多则可能因为组员间分歧过大，很难在规定时间内达成一致，评委观察也不够充分。此外，投票人数最好为双数，可以降低应试者简单地通过投票表决取得一致性结论的概率。二是职位层级、职位类别、测评经验等要接近，避免出现下级没有表现机会，管理类、有测评经验人才占优势的情况。三是要注意年龄、性别、所属部门、个性特点等因素在组员中的均衡性，避免其对评估结果的不良影响。

（2）测评环境布置

无领导小组讨论时的现场需要包括应试者席位、评分者席位、引导员和计时员席位，有时还需要设立观摩员、监督员席位。一般来说，应试者席位呈扇形摆放，评委席与应试者席位间保持一定间距，方便整体观察，引导员和计时员席位放在一侧，既不影响应试者作答，也不影响评委观察的位置（见图 5-1）。

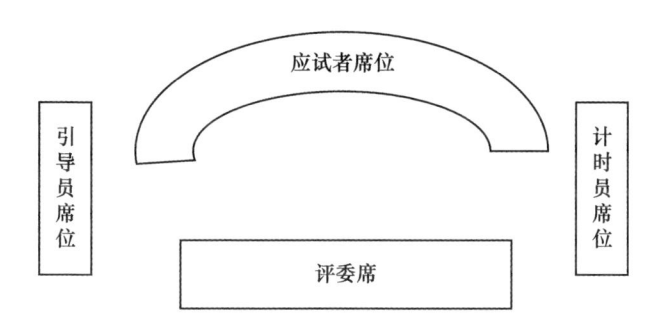

图 5-1　无领导小组讨论测评环境布置示意图

（3）评价者分工

评价者一般包括主考官和评委。主考官引导控制整个无领导小组讨论过程，评委参与评分。

主考官担任了技术指导员和实施程序控制者的角色，这就要求主考官熟练掌握无领导小组讨论的实施程序，熟练掌握无领导小组讨论测评方法的事实技术及细节要求，理解并掌握小组讨论指标的评分标准和方法、具有较强的沟通能力、应变能力和协调能力，能够严格按照操作规范和指导语有序组织、引导和控制实施程序。

一般来说，无领导小组讨论中的评委应为 3 个或 3 个以上，其职责是观察、记录、判断、评分。虽然无领导小组讨论有客观操作标准，但评价结果还是主要依赖于评委的评价水平。评委必须经过科学的选择和严格系统的培训，能够保持评分标准的统一性和连贯性。评委需要具备必要的专业知识、敏锐的观察能力、大公无私的品质和责任心、宽广的胸怀等特点。评委可分为主评委和其他评委，主评委可兼任主考官的角色，如果不兼任主考官，则负责评委成员内部评分尺度的把握。

（4）实施步骤

实施无领导小组讨论一般分为四个阶段，包括应试者准备、个人陈述、自由讨论、评委评价。按照应试者人数和讨论材料的复杂程度，测评活动持续时间通常设定为 30—60 分钟（见图 5-2）。

应试者准备	个人陈述	自由讨论	评委评价
·发放题本 ·主考官宣读指导语 ·应试者独自准备	·每位应试者陈述自己的观点 ·发言顺序由他们自行决定 ·评委观察记录	·自由发言 ·小组代表汇报讨论形成的小组意见 ·评委观察记录	·小组成员离场 ·典型行为汇总 ·对照标准进行定性评价、定量打分 ·讨论形成最终评价结果

图 5-2　无领导小组讨论测评实施步骤

(二) 文件筐测验

1. 概述

文件筐测验通常也叫公文处理测验,是评价中心常用的核心技术之一。它是情境模拟测试的一种,是对实际工作中管理人员掌握和分析资料、处理各种信息,以及作出决策的工作活动的模拟。文件筐测验模拟了一种假设环境(如单位、机关所发生的实际业务、管理环境),提供给应试者一系列的文件,如函电、报告、声明、请示及有关材料等,这些文件的内容可能涉及人事、资金、财务、市场信息、政府的法令、工作程序等多方面。测验要求应试者以管理者的身份,模拟真实生活中的情景和想法,在规定时间内(通常为1—3小时)对各类公文进行现场处理。评价考官通过审阅处理结果测量应试者的某些素质特征。

2. 特点

文件筐测验是一种实用性、可操作性较强的评价中心技术,具有如下优点:(1)考察内容范围广泛。除了必须通过实际操作的动态过程才能体现的要素,任何背景知识、业务知识、操作经验以及能力素质都可以涵盖于文件之中,通过受测者对文件的处理来实现对其素质的考察。(2)表面效度高。文件筐测验所采用的测验材料,十分接近甚至有的直接就是未来职位中常会碰到的文件。因此,如果应试者能妥善处理测验材料,就能被认为具备职位所需的素质。(3)适用性广。文件筐测验在众多公选考试测验中普遍使用,具有广泛的实用性。(4)预测效度高。文件筐测验完全模拟现实中真实发生的经营、管理等情景,对实际操作有高度似真性,因而预测效度高。(5)综合性强。测验材料可以涉及日常管理、人事、财务、市场、公共关系、政策法规等组织中的各项工作,能够对高层及中层管理人员进行全面的测量与评价。

此外，文件筐测验也有其自身短板，主要表现在：（1）题目编制困难。文件筐测验既要高度模拟日常工作情景，结合目标岗位实际工作任务，又要能够对应试者的关键能力素质进行有效测评，目标的多样性决定了题目设计的复杂性和高难度。（2）评分难度大。文件筐测验评价结果受多种因素的影响，机构、氛围、管理观念不同的组织，具有不同的评价标准。专业人员和实际工作者也存在理解的差异。（3）难以考察人际互动类测评要素。文件筐测验是笔答型测验，测验过程中没有人际互动的环节，很难考察到诸如言语沟通、人际协调等能力。

3. 题目的设计开发

在评价中心技术中，文件筐测验题目的结构是最复杂的。通常包含5份以上各类文件，这些文件不是孤立存在的，而是围绕职位要求而相互联系和相互制约的。整套测验综合测评应试者的职位胜任力，每一份文件也可能测评多种能力。

（1）题本设计开发原则

文件筐测验题目设计开发的原则主要包括以下四个方面：一是重要性原则，即以日常工作中的关键事件来构架测验的核心部分，以预测应试者在接任管理职位后的工作表现。二是高仿真性原则，即尽可能模拟目标岗位实际工作场景，与日常工作任务紧密相关，以提高测验的仿真度和预测性。三是系统性原则，即文件筐测验中的公文需要内容、形式相对全面，且公文间具有一定的关联性和系统性。四是标准化原则，即设计文件筐测验时，需要遵循一个标准化的程序，题目安排合理、符合逻辑，以确保测验的有效性。

（2）题本开发步骤

一般来说，文件筐测验开发过程大致可分为工作准备、题目编制、题目试测与定稿三个阶段。

工作准备阶段涉及工作分析、行为事件访谈、确定目标岗位能力指标及权重等步骤。工作分析是指深入分析工作岗位的特点，或者对目标岗位的工作说明书进行详细分析，确定任职者应该具备的知识、经验和能力等；行为事件访谈是对目标岗位人群开展的工作，目的是深入了解目标岗位的日常工作流程、工作任务和工作内容，提炼目标岗位需要的工作能力；基于工作分析和行为事件访谈的结果，确定文件筐测试需要测评的要素，以及这些要素在测试中的权重。

题目编制涉及收集材料、编制题目、开发配套材料等步骤。收集日常工作中经常出现的典型情景，确立目标职位会遇到的典型文件，考虑法规性文件、指挥性文件、知照性文件、报请性文件、记录性文件等各种类型文件的比重，注意文件形式的全面性，如电话记录、书面报告、上级主管的指示、待审批的文件等。选定1—2个"核心文件组"，这些文件组中的文件是相互关联、相互制约的，构成文件筐的骨架；以核心文件组为参照，补充其他文件，确保测查到所有能力要素，并保持文件筐中文件结构合理且具有代表性；随机安排文件的呈现顺序，并根据实际情况适当调整文件次序，隐藏文件处理线索，模拟实际工作情景。开发与测评指标一一对应的评价标准、评分表等文件筐配套材料。

题目试测与定稿阶段包括对文件筐初稿进行试测，分析题目信效度指标，进一步修订题目和相应的配套文件，确保题目的合理性和区分度。

4. 组织实施流程

文件筐测验的组织实施通常包括测评前准备、测评过程、测评后工作等环节。测验前准备包括确定参与对象，包括应试者、评委和工作人员；选择与布置考场；提前通知应试者，安排签到接待等事宜。测评过程包括分发题本；主考官宣读文件筐测验指导语；应试者按指导语要求处理文件；回收答卷，测评结束。测评后工作包括引导应试者离开考场；评委阅卷、评分、给出评价和排名，一般应由多名评委对应试者处理的文件进行充分讨论，直至达成一致。

（三）角色扮演法

1. 概述

角色扮演法是根据测评目的精心设计一段"剧情"，应试者根据任务要求和自己的理解，扮演"剧情"中相应的角色，完成特定的"角色任务"，评委通过观察应试者完成"角色任务"的过程对其的能力素质、发展潜能、个性特点等进行评价。通过角色扮演法可以在模拟情景中，对受试者的行为进行评价，既可以测出受试者的性格、气质、兴趣爱好等心理素质，也可测出受试者的社会判断能力、决策能力、领导能力等各种潜在能力。角色扮演法主要是针对被试者明显的行为以及实际的操作，另外还包括两个以上的人之间相互影响的作用。

2. 特点

角色扮演法在测评中的表现主要有以下优点：(1) 理论依据明确。角色扮演测评法的主要理论依据是社会心理学家提出的角色概念，即每个人在社会中都要扮演一定的角色，这个角色是思想、情感、行为和责任的集中体现。而人才测评中"刺激、表现、特征"的技术模式为角色扮演测评提供了方法理论支持。(2) 操作性强。角色扮演测评法通过模拟实际工作或生活场景，让应试者扮演特定角色，并在其中即兴地运用语言、动作、表情、姿态等表达自己的意愿、观点或处理具体问题。在测评过程中，面试官会观察并记录应试者的行为表现，从而推断其素质特点。(3) 针对性强。角色扮演测评法是根据测验目的设计相应的测评内容，通常是针对目标岗位或职务要求，编制具体的情景和任务，使应试者在特定情境下展现自己的能力和素质，从而更好地评估其适应性和胜任力。(4) 真实感强。虽然角色扮演测评法中的场景是模拟的，但由于其高度还原实际工作或生活场景，能够给应试者带来较强的真实感。这种真实感有助于应试者更好地融入角色，展现自己的真实能力和素质。(5) 互动性强。角色扮演测评法通常需要多人参与，在测评过程中，应试者需要与其他人进行互动和沟通，能够充分展现其沟通能力和团队协作精神。

此外，角色扮演法也有其自身无法避免的缺点：(1) 与真实反应有一定差距。角色扮演测验不是在真实自然的情境中进行，应试者的行为反应往往甚于个人对场景的想象，这种人为性可能导致测验结果不能完全反映被试者在真实环境中的行为和心理状态。(2) 题目设计难度较高。如果没有精湛的设计能力，角色扮演的场景可能会出现简单化、表面化和虚假人工化等现象，会影响应试者的表现。同时，如果设计的场景与测评的内容不符，应试者可能会感到困惑，难以充分展现其真实能力和水平。(3) 结果的生态效度不佳。角色扮演测验的结果往往限于个人表现，可能不具有普遍性。这是因为每个人的行为和心理状态都是独特的，受到多种因素的影响。因此，在将测验结果应用于更广泛的群体时，需要谨慎考虑其普遍性和适用性。

3. 题目的设计开发

角色扮演测验是要设计一个"剧本"，包括剧情、角色、任务指令等。剧情通过模拟真实或接近真实的情境来实现；其中设置不同的角色供应试者扮演；为了帮助应试者更快理解和融入角色，会对他们提出一些具体的角色扮演要求。

（1）题目设计开发原则

角色扮演测验的开发通常包括以下原则：一是主题性原则，即选择与测验目的相关的主题，确保应试者在扮演过程中能够充分展现所需评估的心理素质或潜在能力。二是真实性原则，即尽可能模拟真实的工作或生活场景，使应试者在尽可能接近真实的环境中展现自己的行为模式和心理反应。确保所有应试者面临相同的情境，以便对结果进行比较和分析。三是角色代表性原则，即开发的角色应具有代表性，能够覆盖不同职业、社会角色和个性特征，以便全面评估应试者的心理素质和潜在能力。每个角色的特征应清晰明确，使应试者能够准确理解并扮演该角色。四是可操作性与可观察性原则，即题目中应包含明确的任务指令，使应试者清楚知道自己在扮演过程中需要做什么、怎么做。测验设计应便于实验者对应试者的行为表现和心理反应进行观察和记录，以便后续分析和评估。五是伦理道德原则，即在题目设计和测验过程中，应尊重应试者的隐私权和人格尊严，避免涉及过于敏感或侵犯隐私的内容。应避免设计过于极端或具有负面影响的情境，以免对应试者造成心理伤害或不良影响。

（2）题本开发步骤

一般来说，角色扮演测验的编制需要经过确定测验目的、设计角色情境、编制测验题本、测验的预试和调整等步骤。

明确测验的目的：如评估应试者的社会技能、领导力、沟通能力等，服务于团队建设、职业规划等。根据测验目的确定需要评估的心理特质或行为表现。

设计角色情境：根据测验目的设计具体的情境，应涵盖应试者在日常生活或工作中可能遇到的各种场景，包括时间、地点、人物、事件等要素，以便全面了解应试者的角色倾向和行为模式。情境设计应贴近实际，能够激发应试者的兴趣和参与意愿。

编制测验题本：在题本中简要描述每个角色情境，确保应试者能够清晰地想象自己处于该情境中。列出情境中可能出现的角色，并对每个角色的特征、任务和责任进行明确描述。设计问题，要求应试者选择自己在该情境下最可能扮演的角色，并描述在该角色下会采取的行为，问题应具体、清晰，易于应试者理解和执行。设置评价环节，要求应试者对所选角色的满意度、胜任度等方面进行评价。编写完题本后，进行题目的校对和修改。检查题目的准确性、清晰度和严谨性，避免出现歧义或错误。根据题目的特点、内容和难度等因素，将题目进行归类和分类，有助于组织和管理题本，方便后续的使用和维护。制定明确的评分标准，设计反馈机制。编写详细的指导语，说明测验的目的、过程、注意事项等，指导语应简洁明了，易于应试者理解和遵守。

测验的预试和调整：在正式使用之前，对测验进行预试，以检查题目的质量和内容是否符合要求。根据预试结果，对题本进行必要的调整和修改，以确保测验的有效性和可靠性。

4. 组织实施流程

角色扮演测评方法的组织实施流程包括测评活动实施前准备、测评实施、测评后工作三个阶段，整个测评时间大约需要30—60分钟。

准备阶段主要是准备测评材料和安排测评人员。准备测验材料包括准备需要的道具，如桌椅、文件、通信工具等；准备背景信息，为应试者提供必要的背景信息，如组织结构、岗位职责、行业特点等，以便他们更好地理解和融入角色；准备指导语，用于向应试者介绍测评的目的、流程和注意事项。安排测评人员，包括选择具有相关经验和专业知识的评估人员，一般为3位以上，如心理咨询师、人力资源专家等；对评估人员进行培训，确保他们熟悉测评目的、情境设计、评分标准等内容，并具备观察和评估应试者表现的能力。

测评实施阶段包括角色分配与介绍、观察记录行为、互动与反馈、收集数据等过程。首先按照预定的时间和地点开始测评，确保测评过程不受干扰；根据测评情境，为应试者分配角色，并详细介绍每个角色的职责、任务和目标，确保他们理解其角色并能够在测评中准确表现。观察记录行为包括密切关注应试者在角色扮演过程中的行为表现，包括语言、动作、表情等，特别注意应试者在处理情境中的冲突、问题时的反应和决策过程；使用标准化的记录表格或软件，记录应试者的行为表现，包括行为的时间、内容、结果等。互动与反馈是指在测评过程中，评价人员可以根据需要与应试者进行互动，如提问、澄清等，以获取更多信息；评估人员也可以给予被试者即时的反馈，帮助他们更好地理解情境和角色，提高表现水平。在测评结束后，评估人员应收集所有相关的数据和信息，包括评委对应试者的行为记录、评分结果等，用于后续的结果分析和反馈。

测评后，宣布测评结束，并对应试者的参与表示感谢，工作人员引导应试者离场。测评人员讨论、评分、给出评价。按照测验目的给予必要的反馈。

五　评价中心技术应用场景

评价中心技术作为一种人才测评技术，广泛应用于人力资源管理的各个环节，为人力资源管理提供依据和参考。主要应用场景如下：

（一）助力人才选拔

评价中心技术以其高测评效度和准确性，被广泛运用于人才选拔领域。通过模拟实际工作场景，如无领导小组讨论、文件筐测试等，全面考察应聘者的决策能力、团队协作能力、沟通能力和问题解决能力等。结合心理测验、面试等手段，构建特定岗位的人才识别系统，对应聘者进行精准识别，选拔出优秀人才。

（二）指导人才培养

通过评价中心技术的测评结果，了解应聘者的个性特质、潜力和优势，为组织制订个性化的培养计划和职业发展规划提供科学依据。结合测评结果，对员工的培训需求进行准确分析，为培训内容的设置和培训效果的评估提供数据支持。

（三）辅助人才激励

评价中心技术可以为员工提供具体的评价结果反馈，让他们了解自己的优势和不足，从而明确努力方向。同时，组织也可以利用这些评价结果来评估激励措施的有效性，根据员工的反馈和表现调整激励方案，确保其持续有效。评价中心技术强调客观、公正的评价过程，确保所有员工都有平等的机会接受评价并获得相应的激励。这有助于营造一个公平公正的激励环境，减少员工的不满和抱怨，提高工作满意度和忠诚度。

（四）优化人力资源配置

评价中心技术可帮助组织实现人力资源的优化配置。通过对应聘者进行全面、客观的评估，选拔出最适合岗位的人才，实现人岗匹配，提高员工满意度和工作效率。同时，通过定期的员工评估，了解员工的成长和变化，为企业的人力资源调整提供依据。

第 六 章

人才评价的定量方法

定量评价是指评价主体按照一定的评价标准和数学工具对一定客体的价值进行量化的估量，是对价值量的判定、衡度和比较。定量评价依赖于定性评价，又是定性评价的深化。[①] 人才评价的定量方法主要侧重于对人才进行"量"的分析和判断，是基于数据统计分析结果来对被评价者进行评价的方法。在人才评价领域运用最多的定量方法就是心理测量法和文献计量法。

第一节 心理测量法

心理测量法是人才评价中使用最广泛的定量方法。无论是人才选拔、任用、培训、盘点、规划过程中使用的人才测评技术，还是职业资格考试、职业技能等级认定中使用的考题编制技术，都是心理测量法在人才评价领域的实践应用。

一 心理测量法概述

心理测量法是指依据一定的心理学理论，使用一定的操作程序，给人的能力、人格及心理健康等心理特性和行为确定出一种数量化价值的过程。这种方法通过科学、客观、标准的测量手段对人的特定素质进行测量、分析、评价，是人才评价的基本技术方法。

[①] 李德顺主编：《价值学大词典》，中国人民大学出版社1995年版，第105页。

（一）心理的可测量性

人才评价的对象是人，人除了生理属性，更多差异性表现在心理属性上。由于心理属性非常抽象，无法简单用物理工具测量，因此，长期以来都有对其测量可能性的质疑。20世纪初，心理学家和测量学家就对心理的可测量性提出了理论阐述。

美国心理学家桑代克1918年提出"凡物之存在必有其数量"，就是说任何现象，只要客观存在，就总有数量的性质。人的心理现象虽然看不见、摸不着，但它是客观存在的事实，是"脑"这一物质的属性，因此也会有数量的差异。如，人的智力有高低之分，人的能力有大小之分，这些描述了程度不同，程度之差也就是数量的不同。美国测量学家麦柯尔1923年提出"凡是有数量的东西都可以测量"，说明人的心理属性也是可以测量的。心理属性可测量的基本原理是，心理属性会反映在人的行为当中，可以通过对行为的测量来推测其心理属性。伴随着科技发展，脑科学仪器越来越先进，虽然借助生理多导仪、核磁共振仪等机器已经可以实现对脑功能的物理测量，但要实现对心理属性的测量，必须开发行为测量工具，如智力测验、认知任务、情感判断测验等。心理测量法正是围绕行为测量工具的开发丰富、不断完善展开研究的方法。

（二）心理测量的水平

测量通常可以用不同量表方式进行，常用的四种量表也被称作测量的四种水平，由低到高依次为：称名量表、顺序量表、等距量表和等比量表。

1. 称名量表

称名量表又称类别量表，是最低水平的测量量表，它只是用数字代表事物的名称或属性，而不表示任何数量的概念。仅用于区分测量对象的类别或属性，数字只是符号，没有顺序和大小的意义。如，标记性别时，用"1"标记为男生，用"2"标记为女生。在统计上，类别量表只能计算每个类别的次数，适用的统计方法属于次数统计，如计算百分比、列联相关、卡方检验等。

2. 顺序量表

顺序量表是在称名量表的基础上，增加了测量对象在某一特性上的相对位置或等级顺序关系，但等级或顺序之间的具体差异是不确定的，没有明确的等距或等比关系。如，满意度调查中的非常满意=5，满意=4，一般＝3，不满意＝2，非常不满意＝1，只表示相对顺序，不表示数量差异。这种量表适用的统计方法除次数统计外，还可以包括中位数、百分位数、等级相关系数、肯德尔和谐系数、秩次变差分析等。

3. 等距量表

等距量表具有相等的单位，不仅表示对象的等级或顺序，还能表示对象之间差异的数量大小，但没有绝对零点。它的参照点是人为指定的，只具有相对性质。因此，等距量表可以进行加减运算，能够表示连续性的心理特质或变量，但不能进行乘除运算。如，智力测验中的分数，如IQ分数，其中每个分数点代表相等的智力差异，但没有明确的起始点。等距量表可以更广泛地使用多种统计方法，如均数、变差、积距相关系数、T检验、F检验等。

4. 等比量表

等比量表既具有相等的单位，又有绝对零点，可以表示测量对象在某一属性上的绝对数量大小。等比具有等距量表的所有特点，同时还具有绝对零点，因此可以进行乘除运算，能够比较对象间的差别，判断变化程度。如身高、体重等生理测量指标，以及某些心理测量工具（如反应时间、感知阈限等），其中零点表示测量对象的某一绝对状态或基准点。因此统计方法应用性更广，除了上面几类量表可以使用的统计方法，还可以使用几何平均数和相对差异量。

从称名量表到等比量表，测量的精确度和复杂性逐渐增加。称名量表主要用于分类，顺序量表主要用于排序，等距量表可以提供定量测量，而等比量表则能够进行精确的定量分析和比较。这四种量表在心理测量中都有其应用，但具体使用哪种量表取决于测量对象、测量目的以及测量工具的精度。在实际应用中，需要根据具体情况选择合适的量表，以确保测量结果的可靠性和有效性。

(三) 心理测量的质量参数

心理测量是以心理测验为工具，以达到了解人类心理的实践活动。因此，作为心理测量的工具的心理测验的科学性、可靠性和有效性尤为重要，没有规范标准的心理测验工具的心理测量活动不能称为科学的测量。心理测验科学性可以从许多方面加以衡量，常用的指标有信度、效度、难度和区分度。其中信度和效度是最重要、最核心的两个指标。

信度是测验结果的可靠性程度。科学的工具必须能够重复，信度问题考察的就是多次测量结果的稳定性或一致性程度。只有测验结果接近或等于实际真值，或经过多次测量结果十分接近，才能认为测量结果是可靠的。一个具有良好信度的测量工具或方法，无论在何时由何人使用，对同一组被试的测量结果都应该保持相对一致和稳定。常用的信度有重测信度、复本信度、内部一致性信度、评分者信度。信度高低是用相关系数表示的，不同类型的测验，对相关系数的要求有所不同。一般来说，学业成就测验要求信度达到0.9以上，标准智力测验应达到0.85以上，个性测验和兴趣测验一般应达到0.7—0.8的水平。

效度是测量工具或方法能够准确测量出所要研究的心理特征或行为的程度。换句话说，效度衡量的是测量结果与真实情况之间的接近程度。效度是心理测验最重要的客观性指标，是鉴别测验好坏的首要指标。效度是针对测量目的而言的，如一个好的智力测验在测量性格时肯定是无效的。常用的效度检验有内容效度、结构效度和效标关联效度。一个好的测验，根据其测验目的和性质，往往需要多个效度指标达到相当高的水平。

难度是衡量题目难易水平的数量指标。估计题目难度的方法通常是以被试通过每个题目的百分比来决定的。如果一个题目通过百分比太高或太低，说明该题目太简单或太难。一般情况下，心理测验要选取难度适中的题目，太难或太容易的题目都应删除。

区分度是衡量题目对不同水平被试区分程度的数量指标。如果一个题目的区分度高，那么水平高或能力强的被试就会得分高，水平低或能力弱的被试就会得分低，这样能够把不同水平的被试区分开来。而区分度低的题目不能区分出被试的水平和能力差异。估计项目区分度的方法通常是以不同水平的被试通过每个题目的百分比之差决定的。题目的区分度和难度之间存在一定的关系，一般来说，中等难度的题目区分度最高。

（四）心理测量的影响因素

影响心理测量效果的因素是多方面的，这些因素可能直接或间接地影响测量结果的准确性和可靠性。具体来看，心理测量影响因素包括受测者的因素、测验本身的因素、施测条件的因素，以及其他因素。

1. 受测者的因素

受测者作为心理测量的实施对象，其特点对测量效果有直接的影响，主要体现在如下方面：一是应试动机。受测者的应试动机强弱会直接影响测验成绩。如果受测者对测验缺乏兴趣或动机，其反应可能较为被动，甚至消极对抗，从而影响结果的准确性。二是焦虑水平。受测者在测验前或测验中的紧张体验称为测验焦虑。适当的焦虑有助于测验成绩的提高，但过分强烈的焦虑则可能导致注意力分散，影响测验结果。三是生理状态。受测者的机体状况、疲劳程度以及其他不适感都可能影响测验成绩。因此，测量应在受测者身体健康、体力充沛时进行，且每次测量时间不宜过长。四是个体态度和动机：个体对心理测验的态度和动机会直接影响其参与测试过程的诚实度和努力程度。如果个体不愿意真实回答问题或缺乏兴趣，测验结果可能不准确或有偏差。

2. 测验本身的因素

心理测验是心理测量的工具，其对测量效果的影响主要表现在：一是测验设计和质量。心理测验的设计和质量直接关系到测验结果的可靠性和有效性。合理的测验设计应具有良好的信度和效度，避免内容和形式上的偏差。二是测验的标准化程度。心理测量通常采用标准化测量工具，这些工具经过严格的编制和验证，具有明确的指导性和标准化的评分体系。标准化测验工具有助于获得客观、准确的心理特征信息。

3. 施测条件的因素

施测条件对心理测量活动的影响主要表现在：一是测量环境。测量环境的安静、舒适和私密程度是影响测验结果的重要因素之一。嘈杂的环境、干扰和打扰、他人的存在等都可能干扰个体的专注力和集中力，进而影响测量结果。二是主试者因素。主试者的专业知识、技能水平以及对待受测者的态度等也可能影响测验结果。例如，主试者的提问方式、对受测者的引导等都可能影响受测者的反应和表现。

4. 其他因素

除了上述三个主要方面的因素，还有一些因素也可能影响测量效果。如不同个体在心理特征上存在差异和变异性，这可能导致心理测量结果的不一致性和难以解释性；心理测量结果解释和应用需要结合心理学理论进行，对测量结果的不同解释和应用方式可能导致对结果的不同理解和应用效果。

综上所述，心理测量的影响因素是多方面的，在进行心理测量时，需要充分考虑这些影响因素,并采取相应措施加以控制,以确保测量结果的准确性和可靠性。

二 误差

误差是测量中与测量目的无关的变因所产生的不准确、不一致效应,即测量值与真实值之间的差异,反映了测量结果的精确程度。误差值越小,精确性越高,误差值越大,精确性越低。心理测量中的误差是指在进行心理评估、测试或测量时,所获得的结果与被测者实际的心理状态、特征或能力之间存在的差异。心理测量中的误差决定了心理测量结果的准确性和有效性。心理测量中常见的误差类型有以下几种:

(一) 系统误差

这类误差是由于测量工具或施测过程中存在的某种恒定因素导致的,它会影响所有或大部分被试的测验分数。例如,测验题目的难度普遍偏高或偏低,评分标准不一致,或者测量工具存在设计上的缺陷等。

(二) 随机误差

随机误差是由偶然因素引起的,没有特定的规律可循。这类误差难以预测和控制,但通常可以通过增加样本量来减小其影响。例如,被试在答题时的偶然失误、注意力不集中等。

(三) 反应误差

反应误差是由于被试在回答测验题目时给出的不准确或错误的反应。出现这类误差的原因可能是被试对题目理解不清、误解题目要求、疲劳、注意力不集中等。

(四) 记忆误差

当测验要求被试回忆过去的信息或经历时,由于记忆不准确或遗忘而产生的误差。这种误差在自陈量表和回忆测验中较为常见。被试可能无法准确回忆起某些细节,或者将不同时间或情境下的经历混淆在一起。

(五) 应试动机与测验焦虑导致的误差

被试在接受测验时,由于应试动机过强或测验焦虑过高,可能导致其无法正常发挥自己的水平。这种情绪状态可能使被试在答题时过于紧张或草率,从而产生误差。为了减轻应试动机和测验焦虑的影响,可以在测验前进行适当的心理干预和准备。

(六) 评分误差

在主观评分项目中，评分者的主观性和评分标准的解释差异可能导致评分误差。不同评分者可能对同一份答卷给出不同的分数，或者同一评分者在不同时间对同一份答卷给出不同的分数。为了减少评分误差，需要制定明确的评分标准，并对评分者进行培训和监督。

(七) 抽样误差

在进行心理测量时，通常需要从总体中抽取一部分样本进行测试。由于样本的随机性，样本的统计量（如均值、标准差等）可能与总体的真实参数之间存在差异，这种差异就是抽样误差。为了减少抽样误差，需要确保样本具有代表性，并尽可能增加样本量。

(八) 交互作用误差

当多个因素同时作用时，它们之间可能产生交互作用，导致测量结果出现误差。例如，被试的性别、年龄、文化背景等因素可能与测验内容或施测方式产生交互作用，从而影响测验结果的准确性。为了控制交互作用误差，需要在设计测验时充分考虑这些因素，并采取相应的措施进行控制和调整。

从上述误差可以看出，心理测量的误差既有来自受测者的误差也有来自主试的误差，既有来自测验本身的误差也有来自施测过程的误差，在心理测量过程中要尽可能控制这些误差，以提高测量的信效度。

三　信度

从定量化角度给出信度的定义，信度就是一组测验分数中真分数方差与实测分数方差的比率，表达式为：

$$r_{tt} = \frac{S_\infty^2}{S_t^2}$$

这里，r_{tt} 就是信度，也称为信度系数；S_∞ 是真分数，S_t 是实测分数。当信度系数 $r_{tt}=1$ 时，标志着测量完全可靠，当信度系数 $r_{tt}=0$ 时，标志着测量完全不可靠。一般来说，当 r_{tt} 在统计上达到显著性水平时，就认为具有较高的信度，否则就表明信度较低。

(一) 信度与误差的关系

根据经典测验理论，实测分数方差可以表示为真分数方差和测量误差方差之和，表达式为：

$$S_t^2 = S_\infty^2 + S_e^2$$

由上述公式可以得出：

$$r_u = 1 - \frac{S_e^2}{S_t^2}$$

所以，S_e^2 越小，r_u 越大。即误差越小，信度越高。

（二）估计信度的方法

在估计测量信度时，需要区分两类误差：一是测验内误差变异，主要是由题目的取样、数目、难度以及题目间的相关程度与一致性等因素造成的；二是测验间的误差变异，主要是由测验在实施时间与程度、内容差异和记分方面因素引起的。估计信度的方法也主要是从上述两类误差来源来考虑，主要方法有重测信度、复本信度、内部一致性信度、评分者信度。

1. 重测信度

重测信度，也称为再测信度或稳定性系数，是衡量测验结果稳定性和一致性的重要指标。它主要反映同一量表在不同时间点对同一组被试施测所得结果的一致性程度。它的表达公式为：

$$r_u = r_{X_1 X_2} = \frac{\sum X_1 X_2 - \sum X_1 X_2 / n}{\sqrt{\sum X_1^2 - \frac{(\sum X_1)^2}{n}} \sqrt{\sum X_2^2 - \frac{(\sum X_2)^2}{n}}}$$

其中 X_1、X_2 分别代表首测分数和再测分数，n 是被试数。

重测信度主要考虑了不同施测条件带来的测量结果的误差，这种误差主要与施测情境和间隔时长有关。由于前后两次情境下施测的是同一个测验，因此重测信度不能反映测验题目带来的误差。两次施测时间间隔越长，该系数会越小，但如果时间过短，也会由于练习效应和记忆效应导致高估信度，研究表明，重测时间间隔应掌握在 30 天左右，比较准确。

重测信度的主要问题就是无法满足测量题目结构上的要求，并可能出现严重误判的情况。当测量题目相互之间毫无关系，或当测量中存在严重的反应定式和偏向时，重测信度可能还非常高，而实际的测量信度是很低的。此外，对被试进行两次同样的测试，如何取得他们的合作，也是应当在实施过程中重视的问题。

2. 复本信度

复本信度又称等值系数，是通过对同一组被试使用两套等值但不同的量表（也称为平行测验）进行施测，然后计算被试在这两个量表上得分的相关系数，以评估测量工具的一致性和稳定性。它的表达公式与重测信度的表达公式一样，只是其中的 X_1 和 X_2 分别代表的是被试在两套平行测验中的得分。

复本信度使用了相同难度、内容和形式，但具体题目不同的两个测验，增加了与所欲测量的属性相联系的行为总体的代表性。如果复本在不同的时间使用，其信度既可以反映在不同时间的稳定性，又可以反映对于不同测题的一致性。在同时连续使用时，可以避免重测信度的缺点。但是要编制两个完全相等的测验相当困难，如果两个复本过分相似，则变成再测的形式；而过分不相似，又使等值的条件不存在。

3. 内部一致性信度

内部一致性信度是评估测量工具内部各个题目之间一致性程度的指标。它反映了测量工具中不同题目是否测量了同一概念或属性，以及这些题目在测量该概念或属性时是否具有一致性。当被试在同一测验中表现出跨题目的一致性时，就称测验具有题目同质性。

估计内部一致性信度的方法有很多，其中最常用的是克伦巴赫 α 系数（Cronbach's Alpha 系数）。克伦巴赫 α 系数的值域通常在 0 到 1 之间，越接近于 1 表示内部一致性越高，即测量工具越可靠。一般来说，克伦巴赫 α 系数在 0.7 以上被认为具有较好的内部一致性信度，可以接受；0.8 以上表示信度非常好；而低于 0.6 则可能需要重新考虑测量工具的设计或项目选择。除了克伦巴赫 α 系数外，还有一些其他方法可以评估内部一致性信度，如库德理查逊公式（KR-20）、分半信度等。这些方法各有特点，但都是基于测量工具内部项目之间的一致性程度来评估信度的。

（1）克伦巴赫 α 系数

克伦巴赫 α 系数是克伦巴赫 1951 年提出的一种内部一致性系数，以此作为测量信度的指标。这个指标能够反映测量题目的一致性程度和内部结构的良好性。具体运算公式是：

$$\alpha = \left(\frac{n}{n-1}\right)\left(1 - \frac{\sum V_i}{S_t^2}\right)$$

其中 n 为测验所包含的题目数，V_i 是测验中每个题目的方差，S_t 是整个测验得分的标准差，S_t^2 是测验总分的方差。

（2）库德理查逊公式（KR-20）

库德理查逊公式（KR-20）只适用于 0、1 计分的测验，具体公式为：

$$r_{tt} = \left(\frac{n}{n-1}\right)\left(1 - \frac{\sum pq}{S_t^2}\right)$$

其中 n 为测验所包含的题目数，p 是题目通过率，q 是题目未通过率，S_t 是整个测验得分的标准差，S_t^2 是测验总分的方差。由于这一公式仅适用于 0、1 计分测验，$\sum pq$ 实际上就是每道测题的方差之和。库德理查逊公式可以看作克伦巴赫 α 系数中的一种特例。

（3）分半法

分半法通常是将一份测验按题目的奇偶顺序或者其他方法分成两个尽可能等值的测验，然后计算两半测验之间的相关，就得到了分半信度系数。由于这种方法将测验长度减少了一半，很可能低估原测验的信度，因此可以采用斯皮尔曼—布朗公式进行修正，修正后的分半信度就是原长测验的信度估计值。斯皮尔曼—布朗公式如下：

$$r_{tt} = \frac{2 r_{nn}}{1 + r_{nn}}$$

其中，r_{tt} 是原长度测验信度估计值，r_{nn} 是分半信度系数。

4. 评分者信度

评分者信度也被称为评分者一致性，是评估不同评分者对同一组评分对象的评分结果之间的一致性或可靠性的指标。某些情况下，被试的得分会受到评分者主观判断的影响，不同评委对相同被试的评分存在着显著差异，如人才招聘中的面试环节，这时就有必要考虑评分者之间的一致性。

估计评分者信度的方法有很多。当只有两个评委时，让评委分别给同一组被试的同一份测验结果评分，然后根据采用的是连续变量评分还是等级评分，可以分别采取积差相关或等级相关公式计算评分者信度。当测验的评委多达三个以上，且测验采取等级评分时，可以用肯德尔和谐系数，计算公式如下：

$$W = \frac{\sum_{i=1}^{N} R_i^2 - \frac{(\sum_{i=1}^{N} R_i)^2}{N}}{1/12 \, K^2 (N^3 - N)}$$

其中 K 是评分者人数，N 是被试人数或答卷数，R_i 是每个被试所得等级的总和。

（三）影响信度的因素

除了前面提到过的影响心理测量的因素，信度系数的高低还受分数分布范围、测验长度和测验难度的影响。

1. 分数分布范围

信度系数也是一种相关系数，因此必定受到分数分布范围的影响，分数分布范围越宽，信度系数就越高。分数分布范围的狭窄和宽阔则受到样本中被试的能力或特性范围的影响，即样本中被试的能力或特性越是接近，则其范围越狭窄，也就是测验团体同质性越高，势必会使得测验分数接近。测验分数越接近，其变异量（方差）会降低，信度系数就会减少。因此，测验样本中的被试个体差异越大，测验团体异质性越高，测验分数分布范围就越宽，最终在保证误差稳定的情况下，信度系数就会得到提高。

2. 测验长度

其他条件不变时，测验长度越长，即题目越多，信度就会越高。反之，测题减少、测验长度缩短，倘若其他条件不变的情况下，测验信度会随之降低。这是因为较长的测验不容易受到猜测的影响，且题目取样或内容取样更充分。斯皮尔曼—布朗公式给出了测验长度和信度的关系，公式如下：

$$r_{tt} = \frac{n \, r_{nn}}{1 + (n-1) \, r_{nn}}$$

由该公式可以推导出测验长度的计算公式：

$$n = \frac{r_{tt}(1 - r_{nn})}{r_{nn}(1 - r_{tt})}$$

n 代表已知测验长度的倍数，r_{tt} 是长度未知测验的信度，r_{nn} 是长度已知测验的信度。这样就可以决定一个长度较短的测验，信度较低时，需要把长度扩大到原长度的多少倍才能达到我们想要的信度。注意，这里的 n 代表的是倍数，而不是题目数。

3. 测验难度

测验难度对信度估计没有直接的影响，不能像分数分布范围和测验长度那样，可以通过公式直接反映出来。但是，如果测验对某个测验团体而言太难，被试对许多题目只能做随机反应，即猜测，这时测验分数的差别主要取决于随机分布的误差，信度系数就会很低。反之，如果测验太容易，被试对测题的反应都是正确的，测验分数就会相当接近，分数分布就会变得狭窄，同样也会降低信度。因此，要想使信度达到最高，应该有一个适当的难度水平，能够产生最广的分数分布。

四　效度

测验效度研究要回答的两个基本问题是：测验测量的是什么？测验对它所要测量的东西能够测到什么程度？因此，效度才能解决测验对其所打算测量的特性测量得如何的问题，即测验对于所要测量的特性是不是有效的。一个测验如果效度很低，无论它有其他任何优点，都无法真正发挥它的功能。

（一）效度的定义

效度是一个测验对其所要测量的特性测量到什么程度的估计。实得分数中存在一部分测量误差，它影响到测量一致性，所以可以把总分变差（S_t^2）分解为真分数变差（S_∞^2）和误差变差（S_e^2）两个部分。但除了误差变差外，还可能存在与测量目的无关的因素引起的系统误差，由于它们是恒定的，所以并不会影响测验的可靠性，但却会影响测验的准确性，使得对真分数的估计并不代表对真正能力的估计，即真分数变差（S_∞^2）可以分成由所测量的心理特性引起的主要变差，或者与所测量心理特性有关的共同因素引起的变差（S_{co}^2）和系统误差引起的变差（S_{sp}^2）。因此，实得分数总变差可以分解为三个部分：

$$S_t^2 = S_{co}^2 + S_{sp}^2 + S_e^2$$

只有由要测量的心理特性引起的变差部分才是真正要测量的东西，它在总变差中所占的比重大小就是效度大小。因此，从定量化角度给出效度的定义，效度就是总变差中由所测量的特性造成的变差所占的百分比，表达式为：

$$Val = \frac{S_{co}^2}{S_t^2}$$

（二）效度的类别

要确定测量效度，需要收集充分的客观事实材料和证据，这种工作过程叫效度验证。在效度验证过程中，测量目的不同，对测验效度也有不同要求。一般来说，测验效度可以分为内容效度、构想效度、实证效度三种类型。三种效度类型在操作和逻辑上是相互关联的，在测验效度验证过程中往往都会使用到。

1. 内容效度

内容效度是指测验题目对有关内容或行为范围取样的适当性，即测验所选的项目是否符合所要测量的东西，其代表性是否适当。要编制内容效度高的测验，必须注意两点：首先，要有一个定义完好的内容范围，即对测量目标应有一个明确的界定；其次，测题对所界定的内容范围应是代表性取样。

2. 构想效度

构想效度是指测验对某种理论的符合程度，其目的在于用心理学的理论观点对测验的结果加以解释及探讨。要建立具有构想效度的测验，必须先从某一理论出发，导出与这一理论构想有关的基本假设，据此设计和编制测验，然后审查测验结果是否符合心理学的理论要求。

3. 实证效度

实证效度又称效标关联效度，指测验对处于特定情境中的个体行为进行预测的有效程度。实证效度可根据效标资料搜集的时间，进一步分为同时效度和预测效度。同时效度评估的是测量工具在某一特定时间点上的准确性，即测量结果与现有实际表现之间的一致性。如，假设我们正在评估一份编辑人员的校对能力测验。如果我们将具有专业能力的编辑人员与非专业的编辑人员分别进行测试，并且测试得分能够显著地区分这两组人员，那么这份测验就具有同时效度。预测效度评估的是测量工具对未来表现的预测能力。如，如果一份招聘测验能够准确地预测候选人在未来工作岗位上的表现，那么这份测试就具有较高的预测效度。

(三) 影响效度的因素

影响效度的因素有很多，在编制测验或者选择标准化测验时，应该考虑到这些因素，主要包括测验本身的因素、测验实施因素、被试的主观因素、校标因素等。

1. 测验本身的因素

测验本身影响效度的因素可以分为测验构成和样本代表性两个部分。当组成测验的试题样本没有较好地代表欲测内容或结构时，测量的内容效度或结构效度必然不会高。题目语义不清、指导语不明、题目太难或太易、题目太少或安排不当等，都会降低测量效度。增加测验的长度可以提高测量信度，进而为提高测量效度提供可能。样本对预估内容和结构缺乏代表性也会影响效度。

2. 测验实施因素

测验实施过程中的很多因素都会对测验效度产生影响，如，主试在施测过程中如未严格按照测验指导语的要求进行操作，可能导致被试对测验的理解产生偏差，从而影响测量结果的准确性，降低测量的效度。测验实施过程中如出现噪声、设备故障、光线不佳等外界干扰，可能影响被试的注意力或测试环境，使被试难以发挥正常水平，导致测量结果失真，降低效度。评分者在评分过程中如未按照评分标准严格评分，或存在评分误差，可能导致测量结果的偏差，降低测量的效度。

3. 被试的主观因素

被试的主观因素对效度的影响主要体现在其对测验的态度、动机、情绪状态以及个人特征等方面。如当被试对测验持有积极态度时，他们可能会投入更多的注意力和努力，从而得到更准确的测量结果。相反，消极的态度可能导致被试对测验的参与度降低，影响测量的效度。强烈的动机可能促使被试更努力地完成任务，而缺乏动机则可能导致被试的表现不尽如人意。焦虑、紧张等负面情绪可能使被试在测验中表现失常，而愉快、放松的情绪则有助于被试更好地发挥。被试的年龄、性别、文化背景、教育背景等个人特征都可能影响他们对测验的理解和反应，从而影响测量的效度。

4. 校标因素

在校标关联效度检验中，选择合适的校标对于确保测量的效度至关重要。校标的选择应该基于研究目的和测量内容，确保与被测量的特质或行为紧密相关。如果校标与被测量的特质或行为相关性不强，那么测量的效度就会受到影响。校标应该能够代表被测量特质或行为的总体水平，而不是仅仅反映某个特定群体或样本的特征。如果校标的代表性不足，那么测量的结果可能无法推广到更广泛的群体，从而降低测量的效度。

（四）效度与信度的关系

效度和信度作为心理测验中的最重要的技术指标，两者存在着密切的联系。信度是效度的必要条件，但不是充分条件。也就是说，高信度并不一定保证高效度，但如果测验具有高效度，就能肯定它具有高信度。一个测量工具要想具有效度，首先必须具有一定的信度。但是，仅仅具有信度并不足以保证效度。例如，一个测量身高的尺子可能具有很高的信度（每次测量同一人时结果都很稳定），但如果尺子本身刻度不准确，那么它就不具有效度。信度虽然是效度的必要条件，但并不是说在任何情况下，信度越高越好，如对某些预测效度来说，测验的内部一致性系数过高，则表明测验题目同质性程度过高，反而可能引起测验预测效度的降低。

五 项目分析

项目分析主要用于评估测量工具中的各个题目的质量和有效性，主要目的是确定哪些题目能够有效地测量出我们所关心的特质或能力，以及哪些题目可能需要修改或删除。项目分析可以分为质的分析和量的分析，所谓质的分析是指分析测题的内容和形式；所谓量的分析是指采用统计方法来分析试题的品质，主要包括难度分析和区分度分析。

（一）难度

难度是表示题目难易程度的指标，这一概念在能力测验中称为题目的难度水平，在非能力测验中，则称为"通俗性"或"流行性"水平。常用的难度估计方法有：

1. 当题目以二分法计分（答对得分、答错不得分）时，难度通常用正确回答题目的人数与参加测验总人数的比值为指标。公式为：

$$P = \frac{R}{N}$$

其中，P 是试题的难度，R 是答对该题的人数，N 是参加测验的总人数。P 值越大，表示通过的人数越多，题目越容易，难度越低；P 值越小，表示通过人数越少，题目越难，难度越高。

2. 当题目是用连续分数计分时（如论文评分、开放性问答题等），难度一般用参加测验的全体学生在该题目的平均分与该题目的满分的比值为指标。公式为：

$$P = \frac{X}{X_m}$$

其中，P 指题目难度，X 指全体被试在该题目得分的平均数，X_m 指该题目的满分值。P 值越大，表示平均分越高，题目越容易，难度越低；P 值越小，表示平均分越低，题目越难，难度越高。

3. 当被试团体人数众多时，可以采用两端分组法来计算项目难度。具体步骤如下：首先按照测验总分高低排列试卷；然后取出得分最高的 27% 的试卷作为高分组（H 组），同样，取出得分最低的 27% 的试卷作为低分组（L 组）；接着，分别计算高分组和低分组的项目难度 P_H 和 P_L；最后计算 P_H 和 P_L 的平均数，即为题目难度。公式为：

$$p = \frac{P_H + P_L}{2}$$

4. 对于选择题，如果在 K 个选项（K>2）中只有一个正确答案，其难度可以在该题目的通过率 P 的基础上进行校正。公式为：

$$CP = \frac{KP - 1}{K - 1}$$

CP 指矫正后的难度，P 指未矫正的难度，K 指选项的数量。这一公式用于减少由于猜测正确答案而带来的偏差，使得难度计算更加准确。

（二）区分度

项目区分度反映了测验题目对所测心理特质的区分程度或鉴别能力。具体而言，项目的区分度指的是测验题目反映被试在一定性质或特征上实际差异的程度。项目区分度是评价题目质量、筛选项目的主要依据。一个具有良好区分度的题目，在区分被测者时应当是有效的。能通过该题目或是在该题目上得分高的被测者，其对应的品质也较突出；反之，区分度较差的题目就不能有效地鉴别水平高或低的被测者。常用的区分度估计方法有：

1. 项目鉴别指数

这是计算区分度时最常用,也是最简单的方法。被试按总分高低,取得分最高的 27% 的被试作为高分组,得分最低的 27% 的被试作为低分组。计算高分组答对该题的人数比率与低分组答对该题的人数比例的差值,就是项目鉴别指数。公式为:

$$D = P_H - P_L$$

D 为项目鉴别指数,P_H 是高分组答对该题的人数比率,P_L 是低分组答对该题的人数比率。D 值越大,说明题目区分度越大,题目质量越好。

2. 方差法

方差表示一组数据离散程度,方差大,数据分散。被试在某一题目上的得分越分散,则该题目区分度越大。

$$S^2 = \frac{\sum (X_i - \overline{X})^2}{n}$$

X_i 是第 i 个被试在该题的得分,$\overline{X}$ 是所有被试在该题的平均分,n 是被试总人数。在实际进行项目分析时,被试不能少于 30 人。

3. 项目与总分的相关

我们一般以总分来衡量被试能力高低,当被试总分高时,在某个题目上的得分也高,总分低时,在某个题目上的得分也低,说明该题目和总分具有一致性。从这个题目就可以鉴别出被试能力的高低,说明这个题目的区分度也高。即题目与总分相关性高,则题目的区分度也高。

区分度的取值范围是 -1.00 到 +1.00。一般情况下,区分度应为正值,称作积极区分,值越大则区分度越好;若区分度为负值,则为消极区分,说明这个题目有问题,应删除或重新修订;区分度为 0,则表示无区分作用。不同的计算方法可能导致区分度的值有所不同。被试团体的异质程度影响同一题目的区分度值,团体越异质,同一题目区分度则越大。样本大小影响用相关法计算题目区分度的可靠性,一般而言,样本越大,区分度值越可靠。

六 心理测量法在人才评价中的应用

心理测量法在人才评价中的应用是人力资源管理和组织心理学领域中的一项重要实践。这种方法通过标准化的心理测量工具来评估个体的心理特征、能力和潜在素质,从而为人才选拔、职业发展、团队构建等提供科学依据。

(一) 职业性格评估

在招聘过程中,许多组织会使用职业性格评估工具,如 MBTI(迈尔斯—布里格斯类型指标)或 DISC(性格行为分析)等,来评估应聘者的性格类型,以预测他们是否适合特定的职位或团队文化。MBTI 通过评估个体的思考方式、能量来源、生活方式和获取信息的方式,将个体划分为16 种不同的性格类型,帮助组织找到与职位需求相匹配的员工。DISC 基于个体在行为、决策和沟通方式上的差异性,将人的性格分为四种基本类型,D 型(支配型)、I 型(影响型)、S 型(稳定型)和 C 型(谨慎型),通过评估个体在四个类型上的倾向性,来揭示其独特的性格特点和行为模式,从而为组织选人用人提供科学依据。

(二) 智力与认知能力评估

在选拔高潜力员工或评估特定职位的候选人时,智力与认知能力评估是常用的方法。例如,使用韦氏智力测验或斯欧6—40 智力测验来评估个体的智力水平和逻辑思维能力。这些评估结果有助于组织识别出那些具有解决问题、学习新知识和适应新环境能力的员工。

(三) 情绪智力评估

情绪智力对于领导力、团队合作和客户服务等职位至关重要。因此,许多组织使用情绪智力评估工具来评估候选人的情绪管理能力、同理心和人际交往能力。这些评估通常包括自我认知、自我管理、社会意识和关系管理等方面的内容。

(四) 领导力潜能评估

对于高层管理职位或关键领导角色的选拔,领导力潜能评估是不可或缺的一部分。例如,使用 360 度反馈、领导力模拟测试或领导力素质模型评估等方法,可以全面了解候选人的领导力风格、决策能力、团队建设和激励能力等。这些评估结果有助于组织选拔出具有领导潜质的员工,构建高效能的领导团队,并为他们提供定制化的领导力发展计划,提升组织的竞争力和创新能力。

(五) 职业发展规划

在员工职业发展规划中,心理测量法也发挥着重要作用。通过评估员工的职业兴趣、价值观、技能和能力等,可以帮助员工了解自己的优势和不足,制定个性化的职业发展规划。例如,使用职业锚测验评估来识别员工的职业价值观和职业目标,或使用技能清单测验来评估员工的技能水平和发展需求。

(六)团队建设与人才配置

在团队建设和人才配置方面,心理测量法可以帮助组织识别出团队成员的性格特点、工作风格和协作需求,从而优化团队配置和提高团队协作效率。例如,使用团队角色测验来评估团队成员在团队中扮演的角色和贡献,或使用团队冲突解决能力评估来预测团队在面临挑战时的应对能力。

在人才评价应用的各个场景,心理测量法都可以发挥重要作用,如在招聘过程中,心理测量法通过综合评估应聘者的能力、性格、情绪智力等因素,帮助企业筛选出与岗位需求匹配度较高的应聘者。基于心理测量的结果,企业可以为员工提供个性化的职业发展建议。比如针对性格内向的员工,可以建议其加强沟通技巧和团队协作能力的培训;针对情绪智力较低的员工,可以为其提供情绪管理和人际关系处理的培训课程。

第二节 文献计量法

在进行人才评价时,一般会通过业绩成果数量对人才进行"量"的评价,特别在学术研究领域,论义发表数量、被引频次、期刊影响力等都是重要的人才评价指标。文献计量法就是一种通过对科学文献进行数量化分析来评价科学研究产出和影响力的方法,它是集数学、统计学、文献学于一体,注重量化的综合性方法,是人才评价领域重要的定量研究方法。

一 文献计量法概述

文献计量学是以文献体系和文献计量特征为研究对象,采用数学和统计学等计量方法,研究文献情报的分布结构、数量关系、变化规律和定量管理,并进而探讨科学技术的某些结构、特征和规律的一门科学。[①] 文献计量学最本质的特征在于其输出是"量",因此作为文献计量学中具体技

---

① 邱均平、文庭孝等:《评价学:理论·方法·实践》,科学出版社2010年版,第186页。

术手段的文献计量法研究不仅包括各类具体的文献，还涵盖与文献相关的各类量的指标，如作者数量、词频统计、引文数量、流通数量、复制数量等。

文献计量法主要的应用领域包括：1. 学术评价，即基于 SCI、SSCI、EI、CSSCI 等数据库的引文数据进行排序和评价，以分析学者的学术贡献和影响力。2. 合作网络分析，即通过对论文的作者、作者单位、国家和地区等进行连接和分析，了解学者和学术机构之间的合作关系。3. 科学产出分析，即通过对文献数量、类型、作者和单位等进行定量分析，了解一个领域的发展趋势和科学研究规律。4. 科学文献热度分析，即通过定量分析文献的关键词和标题等，了解某个领域的热点问题和趋势。5. 学科交叉研究：分析不同领域的文献，发现不同学科知识和技术之间的相互关系。

二　文献计量法常用的指标

文献计量法的指标是用于量化分析和评价文献的数量、质量、影响力以及合作性等方面的工具。这些指标为评估研究人员的学术水平、评价期刊的学术影响力以及研究机构的研究产出等提供了量化的手段。根据其评估的内容和目标进行清晰的分类，文献计量法主要指标可以分为生产性指标、影响力指标和合作性指标。

（一）生产性指标

生产性指标是文献计量法中用于衡量学术产出数量和质量的一类指标。这些指标主要关注个人、团队或机构在学术领域内的活动程度和成果。具体指标有：

1. 文章数量

文章数量是最直接的生产性指标，它是指个人、团队或机构在特定时间段内发表的论文、著述或专利等学术成果的总数。文章数量是评估学术产出量的基础指标，用来衡量个人、团队或机构的学术输出量，可以直观地反映学术活动的活跃度和产出能力。

2. 合作者数量

合作者数量是指某个机构或个人与其他合作者合作发表的论文数量。合著情况反映了学术合作的广度、深度和活跃度，有助于评估个人或机构在学术界的合作能力和影响力。

3. 学科领域覆盖

学科覆盖领域是指某个机构或个人在不同学科领域的学术产出情况，包括文章数量和比例，反映了学术产出的广泛性和跨学科能力，有助于评估机构或个人研究领域的广泛性和跨学科能力，及其在多个学科领域的贡献和影响力。

4. 出版物类型

不同类型的出版物（如期刊论文、会议论文、专著、专利等）代表了不同的学术价值和影响力，反映了学术产出的多样性和质量，有助于评估个人或机构在不同领域的贡献和影响力。

5. 发表速度

发表速度指的是个人或机构在一定时间内发表学术成果的频率，反映了学术产出的效率和速度，对于评估年轻学者或新成立机构的学术发展潜力具有重要意义。

除了以上几种常见的生产指标，还有书籍章节和专著数量、专利数量、研究基金和项目数量等其他指标。

（二）影响力指标

影响力指标是指文献计量法中用于评估学术文献、作者、研究机构或期刊在学术界影响力的一类指标。这些指标主要基于文献的引用情况、传播范围、使用频率等数据，旨在客观、量化地评价学术成果的重要性和影响力。具体指标有：

1. 引用频次

引用频次是指某篇学术文献被其他文献引用的次数。反映了该文献在学术界的影响力和被认可程度。引用频次越高，通常意味着该文献对后续研究的影响越大。

2. 平均引用次数

平均引用次数指某个作者、研究机构或期刊在一定时间范围内发表的所有文献的平均引用次数。通常用于评估个人、机构或期刊的整体学术影响力和学术水平。

3. h 指数

h 指数是指研究者在一定时间内发表的论文至少有 h 篇的被引频次不低于 h 次。这一指数是物理学家乔治·赫希于 2005 年提出，其目的是量化科研人员作为独立个体的研究成果。由于该指数综合考虑了文献的数量和质量,是一种较为全面的影响力评价指标,通常用于评估研究人员的学术成就。

4. 影响因子

影响因子是期刊学术水平和影响力的衡量指标,指该年引证该刊前两年论文的总次数与前两年该刊所发表的论文总数之比,被广泛应用于期刊评价、排名和选刊等方面。

5. 即年指标

即年指标也是期刊的衡量指标,指某期刊发表的论文在当年被引用的次数与该期刊当年发表论文数的比值,反映了期刊论文的即时影响力。

除了以上几种常见的影响力指标,还有特征因子、文章影响力得分等其他指标,这些指标从不同角度评估了学术文献、作者、研究机构或期刊在学术界的影响力。

(三) 合作性指标

合作性指标在文献计量法中主要用于衡量文献合作和合作网络的情况。这些指标提供了关于研究合作模式的见解,反映了学术研究的协作程度和合作关系的复杂性。具体指标有:

1. 合作指数

合作指数表示某个机构或个人的合作文章数量与其总文章数量的比值。具体公式为:

合作指数 = 合作文章数/总文章数

这一指标可用来衡量个人或机构在学术合作方面的活跃度,揭示其合作研究的倾向和程度。

2. 合作度

合作度是指作者发表的具有 2 个及以上作者的文章数与总文章数的比值。计算公式:

合作度 = 具有 2 个及以上作者的文章数/总文章数

与合作指数类似,但更侧重于统计具有多个作者的合著文章的比例,从而评估合作研究的普遍性和深度。

3. 合作者网络

合作者网络表示某个单位或个人与其他合作者之间的合作关系和形成

的合作网络。通过可视化工具展示，可以直观地看出合作者之间的连接关系和合作模式，如共同发表的论文数量、合作的频次和持续时间等。通常用来揭示学术合作的复杂性和动态性，有助于理解知识创造和传播的协作机制。

除了上述指标，还有一些其他用于衡量合作性的指标，如共同引用、耦合、共词分析等指标，从不同的角度反映了学术合作的模式和特点。

（四）指标评价

1. 生产性指标的优缺点

（1）优点

生产性指标在衡量学术产出方面具有明显优点，主要体现在：

一是量化评价。生产性指标如文章数量、合作者数量、学科领域覆盖等，提供了具体的量化数据，有助于对科研产出进行客观评价。这些指标能够直观地反映个人、团队或机构在某一时期内的学术输出量。

二是宏观视角。生产性指标可以从宏观上评估某一机构或团队的科研总体状况。例如，通过比较不同机构或团队之间的文章数量和学科领域覆盖，可以发现各自的优势和劣势，有助于制定更为合理的科研发展策略。

三是易于理解。生产性指标通常具有直观性和易懂性，即使是对于非专业人士来说，也能够通过这些指标快速了解一个机构或团队的科研实力。

四是适应性强。生产性指标可以适用于不同学科领域的科研评价。无论是自然科学、社会科学还是人文科学，都可以通过生产性指标来评估其科研产出。

五是促进科研合作。合作者数量这一生产性指标，能够反映出科研合作的广度和深度。高合作者数量意味着更多的科研合作机会和更广泛的学术交流，有助于推动科研工作的深入进行。

（2）缺点

尽管生产性指标具有诸多优点，但也存在一定的局限性，主要表现为：

一是数据依赖性强。生产性指标完全依赖于收集到的数据，数据的准确性和完整性直接影响指标的有效性。例如，如果某个数据库的数据更新不及时或存在遗漏，那么基于该数据库计算出的生产性指标就会存在偏差。

二是忽略质量因素，大多数生产性指标只关注数量，而忽略了学术产出的质量。一篇高质量的论文可能具有深远的影响，但在数量上可能并不占优势。一个具有创新性和实用性的专利可能比多个平庸的专利更有价值。

三是难以反映学术影响力。仅仅依靠论文数量或专利数量来评估学术成就可能会忽略那些具有深远影响的少数作品。

四是由于生产性指标主要关注数量，因此可能会产生误导。例如，一个高产但质量平庸的研究者可能在生产性指标上表现良好，但其实际学术贡献可能有限。类似的，一个专注于深入研究和高质量产出的研究者可能因产量较低而在生产性指标上表现不佳。

五是不同学科间的可比性差。不同学科的论文发表难度、引用习惯等可能存在较大差异，这使得生产性指标在不同学科间的可比性较差。例如，某些实验性学科可能更容易产生高数量的论文，而某些理论性学科可能更注重深度和广度而非数量。

六是忽视时间因素。生产性指标通常不考虑时间因素，即早期发表的作品和近期发表的作品在指标计算中权重相同。然而，随着时间的推移，早期作品的引用次数可能会自然增加，而近期作品的引用次数可能还未达到其潜在水平。

综上，在使用这些指标时需要结合具体学科背景和实际情况进行综合评价。同时，还应该关注学术产出的质量、创新性和实用性等方面，以更全面地评估研究者的学术贡献。

2. 影响力指标评价

（1）优点

影响力指标在评估学术、媒体或品牌等方面具有重要作用，主要表现在：

一是能够提供具体的数值来量化对象（如研究论文、学者等）的影响力大小。这种量化评估方式使得不同对象之间的比较成为可能，为决策者提供客观的数据支持。二是能够以数字或图表的形式直观地展示对象的影响力，使得结果一目了然。这种可见性有助于人们快速理解和把握某个领域或个体的重要性和影响范围。三是通过影响力指标，可以了解哪些内容、哪些人或哪些机构在特定领域或社群中具有较高的影响力。这为学术研究、市场推广、公关策略等方面提供了指导性的信息。四是能够揭示不同对象之间的合作关系和交流情况。在学术领域，通过查看影响力指标，可以发现潜在的合作伙伴，促进跨学科的交流与合作。五是在学术领域，高影响力的研究成果往往代表着学科前沿和创新方向。影响力指标可以激励研究人员努力提升研究成果的质量和影响力，推动学科知识的创新和发展。六是影响力指标通常基于大量的数据和算法进行计算，相对于主观评价而言更加客观公正。当然，这也要求数据的准确性和算法的科学性得到保证。

（2）缺点

虽然影响力在评价中发挥了重要作用，但它也存在一些不可忽视缺点：

一是滞后性。影响力指标往往是基于过去的数据和事件进行评估的，因此具有滞后性。例如，学术研究的影响力可能通过引用次数来衡量，但引用次数的积累需要时间，导致评估结果可能无法及时反映当前的研究影响力。

二是维度单一。影响力指标往往只关注某一方面的数据，如引用次数、受众数量等，而忽略了其他可能同样重要的因素。这种单一维度的评估方式可能无法全面反映真实的影响力。

三是时间窗口选择的问题。在计算影响力时，时间窗口的选择非常重要。不同的时间窗口选择可能会带来结果的波动性，并且难以找到一个在任何场景下都合理的时间窗口。例如，在计算学术期刊的国际影响力指数时，时间窗口的选择会影响到期刊的被引频次和影响因子的计算。

四是无学科和时间规范化处理。影响力指标往往没有考虑不同学科之间的差异和时间的推移。不同学科的引用习惯、论文发表难度等可能存在较大差异，导致同样的影响力指标在不同学科之间的可比性较差。同时，随着时间的推移，早期的作品可能会因为时间的积累而获得更高的引用次数，但这并不一定代表其当前的影响力。

五是影响力指标可能无法准确反映真实的影响力。例如，在社交媒体上，一个人或品牌的受众数量可能很高，但如果这些受众并不活跃或并不真正关注该人或品牌,那么这种高受众数量可能并不能真正反映其影响力。同样,在学术研究中,高引用次数可能只是由于某些学者之间的互相引用或某些特定领域的引用习惯所导致的,而并不真正代表该研究的广泛影响力。

六是容易受到操纵。影响力指标可能容易受到操纵。例如,在社交媒体上,一些用户可能会通过购买粉丝、发布虚假评论等方式来提高自己的影响力。在学术研究中,一些学者可能会通过自我引用、与其他学者互相引用等方式来提高自己的引用次数和影响力。

综上,影响力指标并不是绝对的,它们只是评估学术影响力的一个参考工具,还需要综合考虑多个指标、不同学科之间的差异以及时间的推移等因素进行综合评价。

3. 合作性指标评价

(1) 优点

合作性指标在学术评价中具有重要地位,其优点表现为:

一是揭示合作模式。合作性指标能够清晰地展示研究者、机构或学科之间的合作关系和形成的合作网络,有助于理解知识传播的路径和科研合作的模式。

二是量化合作强度。通过具体的数值(如合作指数)来量化合作程度,为评估科研合作强度、合作效率、合作质量提供客观依据,有助于识别出高质量的科研合作,为科研资源的分配和政策的制定提供参考。

三是促进跨学科研究。通过分析合作性指标,可以发现不同学科之间的合作情况,从而促进跨学科交流与合作、推进知识的交叉融合,推动学术研究的创新和进步。

三是评估合作影响力。通过合作者网络等指标,可以评估科研合作在学术界的影响力和地位,帮助了解科研合作的重要性和价值,促进科研合作的深入发展。

(2) 缺点

合作性指标也不可避免地存在以下缺点:

一是难以全面反映合作质量。合作性指标主要关注合作的数量和形式,而难以全面反映合作的质量和深度。例如,两个研究者可能共同发表了一篇论文,但他们在研究过程中的实际贡献和合作程度可能差异很大。

二是可能忽略隐性合作。文献计量法主要依赖于公开发表的文献来评估合作情况，但一些重要的合作可能并未在文献中明确体现，如非正式交流、会议讨论等隐性合作。

三是可能受到操纵。与影响力指标类似，合作性指标也可能受到操纵。例如，一些研究者可能通过增加合作者数量来提高自己的合作指数，而实际上的合作贡献可能并不显著。

四是难以量化合作效果。虽然合作性指标能够量化合作程度，但难以直接量化合作效果。合作的效果可能体现在多个方面，如研究质量的提升、研究方法的创新等，这些方面难以通过简单的数值来衡量。

综上，在使用这些指标时，需要充分考虑其优缺点，并结合实际情况进行合理应用。

三　引文分析法

引文分析法是利用数学及统计学的方法和比较、归纳、抽象、概括等逻辑方法，对科学期刊、论文、著者等各种分析对象的引证与被引证现象进行分析，进而揭示其中的数量特征和内在规律的一种文献计量分析方法。引文分析法通过量化分析科研人员的论文被引频次等指标，为人才评价提供了科学、客观的依据。

（一）引文分析法的产生与发展

引文分析法的产生主要基于科学文献之间的相互引证关系。在科学研究中，文献的编写往往需要参考前人的研究成果，这种参考关系就形成了文献之间的引证与被引证关系。引文分析法正是基于这种关系，利用数学和统计学的方法对科学期刊、论文、著者等分析对象的引用和被引用现象进行分析，以揭示其数量特征和内在规律。

引文分析的发展历程可以分为三个阶段：一是早期阶段。引文分析法的早期阶段可以追溯到20世纪20年代。当时，克鲁斯夫妇统计了化学专业期刊论文的参考文献并进行了分析，得出了化学教育方面的核心期刊表。然而，这一时期的引文分析还处于起步阶段，尚未形成系统的理论和方法。二是正式形成阶段。引文分析法的正式形成始于20世纪50年代初，尤金·加菲尔德在利用机器编制索引的过程中受到谢泼德引文的启发，提出了科学文献间的引用关系可以作为新的检索途径。此后，加菲尔德与谢尔等人合作，开始进行小规模的试验，并试编了一些小型的引文索引，以检验这种方法的可行性和实用性。到了 60 年代初，加菲尔德正式挂出"美国科技信息研究所"的牌子，决定编写一种高质量的引文检索工具——科学引文索引（SCI），从而奠定了引文分析的实践平台。三是发展阶段。随着科学技术的不断发展和计算机技术的广泛应用，引文分析法得到了迅速的发展。首先，计算机技术的大发展为引文分析的可视化提供了很好的土壤和平台，使得引文分析从过去的手工绘图发展为机器绘图，大大提高了分析的效率和准确性。其次，互联网的兴起和发展促进了知识的快速流动和海量数据库的形成，为引文分析提供了绝好的网络环境。同时，互联网的出现也对引文分析研究提出了新的挑战和机遇。

（二）主要类型

引文分析法根据不同的角度和标准可以划分为多种类型。例如，从获取引文数据的方式来看，有直接法和间接法之分；从文献引证的相关程度来看，有自引分析、双引分析、三引分析等类型；从分析的出发点和内容来看，引文分析大致可分为引文数量分析、引文网状分析和引文链状分析三种基本类型。以下列举的是常用的一些引文分析法。

1. 引文数量分析法

引文数量分析法关注文献被引用的频次，即一篇文献被其他文献引用的次数。通过统计和分析这一数据，可以评估文献的学术影响力和重要性。

2. 引文频次分析法

引文频次分析法是通过统计和分析文献的被引频次来评价其学术价值和影响力。被引频次越高，说明该文献在学术界的影响力和认可度越高。

3. 共被引分析法

共被引分析法关注的是两篇或多篇文献同时被其他文献引用的现象。通过分析这些共被引的文献，可以揭示它们之间的学术关联和学科结构，进而发现学科领域中的研究热点和趋势。

4. 耦合分析法

耦合分析法是共被引分析法的延伸，通常用于分析不同文献、作者、机构或期刊之间的耦合关系。通过测量这些对象之间的耦合强度，可以了解它们之间的学术联系和相互影响，帮助识别学科领域中的核心文献、研究群体或学术流派。

5. 引文网络分析法

引文网络分析法将文献之间的引证关系视为网络中的节点和链接，构建出引文网络图。通过分析网络的结构和特征，可以发现学科领域中的核心文献、研究群体和学术流派，以及它们之间的学术交流和影响。

6. 引文历史分析法

引文历史分析法关注文献的引文年代分布，即文献在不同时间被引用的频次分布。通过分析引文历史，可以了解文献的学术影响力随时间的变化情况、研究者对旧有知识的利用情况，以及学科领域中的研究热点和趋势的演变。

7. 引文内容分析法

引文内容分析法不仅关注文献被引用的频次，还关注引文的具体内容、引文的目的和意义等方面。通过分析这些内容来了解研究者的研究动机、研究方法和学术立场以及对前人研究成果的评价和利用。

8. 自引分析法

自引分析法关注作者或研究团队引用自己先前发表文献的现象。通过分析自引频次和比例，了解研究者的研究连续性、学术风格和自信心等。

这些引文分析类型可以根据具体的研究问题和需求进行选择和组合使用，以更全面地了解学科领域的研究状况、学术影响力以及研究者的学术贡献和地位。

(三) 特点

引文分析法作为一种重要的文献计量研究方法，在学术研究和评价中发挥着重要作用。总结起来，引文分析法具有如下优点：

1. 客观性

引文分析基于文献之间的引用关系，这种关系是由学者在研究和写作过程中自然产生的，因此能够在一定程度上客观地反映学术文献的质量和影响力。通过分析引文数据，可以获得较为客观的学术评价结果。

2. 全面性

引文分析能够涵盖广泛的学科领域和文献类型，包括期刊论文、会议论文、学位论文、专著等。这使得引文分析能够全面评估学术研究的整体状况，包括不同学科、不同领域和不同研究类型的贡献。

3. 动态性

引文分析能够反映学术研究的动态变化和发展趋势。通过分析文献的引用历史和引用网络，了解学科领域的研究热点、研究前沿以及学术观点的演变过程。这有助于把握学科发展的方向和趋势，为学术研究和评价提供重要参考。

4. 深入性

引文分析能够揭示学术文献之间的内在关联。通过分析文献的引用关系，可以了解不同文献之间的学术渊源、知识结构和逻辑关系，从而更深入地理解学术研究的本质和内涵。这有助于挖掘学术研究的深层价值，提高学术研究的深度和广度。

5. 实用性

引文分析的结果具有广泛的应用价值。它可以用于评估学者的学术水平、研究机构的科研实力、期刊的学术质量等。同时，引文分析还可以为学术资源的获取、利用和管理提供重要参考，促进学术资源的优化配置和高效利用。

6. 易于操作

随着引文数据库的日益丰富和完善，引文分析的操作变得越来越简单和方便。研究者可以通过各种引文分析工具和软件，快速获取和分析引文数据，提高研究效率和质量。

引文分析法虽然在学术研究和评价中具有广泛的应用，但其也存在一些明显的局限性。如，引用行为可能受到作者偏好、研究团队的合作关系、学术流派等多种因素的影响，导致引用关系的扭曲或失真；数据库的统计分析可能存在滞后性，无法及时反映最新的学术动态和趋势；学术研究中存在"马太效应"，即已经具有较高声誉和地位的学者或机构更容易获得引用和认可，而新兴学者或机构则可能面临较大的困难，这可能导致引文分析结果存在偏差或失真。因此，在使用引文分析法进行学术研究和评价时，需要充分考虑其局限性，并结合其他评价方法进行综合评估。

四　文献计量法在人才评价中的应用

文献计量法为人才评价提供了科学的依据，通过量化评估人才的学术产出和影响力，可以更加准确地选拔出具有潜力和贡献的学术人才，为他们的成长和发展提供更好的支持和保障。同时，还有助于为科研项目的立项、科研资金的分配等决策提供科学依据。

（一）人才科研产出的量化评估

文献计量法通过分析科研人员所发表的论文数量、被引用次数、期刊影响因子等指标，来评价其科研能力和学术影响力。例如，通过统计科研人员发表的 SCI 论文数量，可以初步判断其在国际学术界的贡献和地位。这种方法有助于选拔优秀的科研人才，为科研机构的科研管理和人才选拔提供数据支持。

（二）人才学术质量评估

文献计量法不仅关注科研成果的数量，更重视科研成果的质量。通过分析科研成果的被引频次、引用半衰期等指标，可以评估其学术价值和影响力。这种方法有助于了解学术研究成果的学术质量，及其在学术界的影响和地位。

（三）人才选拔与激励

在高校和科研机构中，文献计量法常被用于教师的职称评审、科研项目的立项和科研资金的分配等决策过程中。通过量化评估人才的学术产出和影响力，可以更加公正、客观地选拔出优秀的学术人才，并为他们提供合理的科研资源和奖励。

第三篇　制度篇

制度是在一定历史条件下形成的法令、礼俗等规范，以及人们为了维护社会秩序和规范行为而制定的一套规则和程序。制度是社会稳定和有序运行的基础，是社会发展的动力源泉，它通过规范和约束人们的行为、分配权力和利益、传承文化等方式，对社会秩序、公平、正义和可持续发展产生深远影响。制度构建是理论基础和实践应用的有机结合。本篇探讨了我国人才评价制度构建的理论基础，呈现了作者对现行主要人才评价制度的研究成果。这里提到的主要人才评价制度是依据职业分类视角，涉及专业技术人员和技能人员两大群体的现行人才评价制度，包括职称制度、职业资格证书制度、职业技能等级制度、境外职业资格认可制度，希望能为人才评价制度研究工作者提供一定的参考和借鉴。

第七章

我国人才评价制度构建的理论基础

我国人才评价制度是指新中国成立以来的现行人才评价制度。这些制度经历了从计划经济到市场经济的转变,从职业分类的视角,主要涉及专业技术人员和技能人员两大群体,目前形成了主要包括职称制度、职业资格证书制度、职业技能等级制度、境外职业资格认可制度等在内的制度体系。总体来看,人才评价制度的构建和改革,都是为了适应各个历史时期经济社会发展需求而开展的,综合了理论研究和实验探索成果。人才评价制度的理论基础具有通用性,即所有人才评价制度构建皆适用的理论基础,而实践探索则是每个制度各具特色。因此,本章重点阐述我国人才评价制度构建的理论基础,实践探索则在后面各个制度相关章节进行阐述。

第一节 人才评价制度的基本概念

我国人才评价制度缘起于对专业技术人员和技能人员管理的需求。新中国成立初期属于身份管理,即从对技术干部和工人的这两种身份管理需求出发构建评价制度;1999年我国建立了对标国际的职业分类制度,出台《中华人民共和国职业分类大典》,开始采用职业管理视角,即从专业技术人员和技能人员职业管理需求出发构建评价制度。我国人才评价制度虽然已有70多年的发展历史,但从发展过程来看,更多是自下而上、实践探索的结果,并不是从理论基础出发、自上而下构建的结果,因此有专家提出我国人才评价制度发展过程中遇到的瓶颈,反映出的正是在制度建设过程中存在缺少理论基石、概念没有厘清、内在形成机理把握不足等问题。因此，科学界定人才评价制度的相关概念，明确其理论基础，对于认识和把握制度内涵具有重要意义。

一 基础概念

基础概念是理解人才评价制度内涵的根本所在，我国现行的人才评价制度以职业分类为基础，涉及专业技术人员和技能人员两类群体。因此，关于职业、专业、技能等概念以及与其相关的概念就组成了我国人才评价制度的基础性概念。

(一) 职业和工作

2008年，为了满足国际标准职业分类的需要，国际劳工组织进一步澄清了职业（occupation）和工作（job）两个基本概念。"工作"是"某人为雇主（或自雇）而被动（或主动）承担的任务和职责的总和"。"职业"是"主要任务和职责高度相似的工作的总和"。在职业社会学研究中，"工作"与"职务/岗位"几个概念通用。工作系指所从事的工作或职务，职业由一些相似度较高的工作或职务所组成。依据我国职业分类大典的规定，"职业"是指从业人员为获取主要生活来源而从事的社会工作类别，并且强调：职业须同时具备以下五个基本特征，即目的性、社会性、稳定性、规范性、群体性。

进一步厘清职业与工作的区别和联系，是区分职称制度与职业资格证书制度的基本依据。(1) 工作是职业存在的基础，但工作成为一个职业类别需要经过由特定性向通用性转化的过程，[①] 即工作的社会化。各方面认为，社会性是职业的基本属性；单位机构（组织）性是工作（职务/岗位）的基本属性。这是职称制度与职业资格证书制度在功能定位、适用范围和治理模式等方面存在差异的基础。(2) 就人才评价效能而言，组

[①] 人力资本理论认为，个人的人力资本有两种类型：通用性人力资本（General Human Capital）和企业特定性人力资本（General Human Capital）。通用性人力资本是由特定性人力资本经过一个演化过程形成的。这个过程就是社会化。首先，个别企业为提高生产率，不断改进生产技术和业务流程，其次在企业内部进行劳动分工，形成了特定的岗位、工种，于是从事这种岗位工作的人就慢慢积累了针对这类职务/岗位/工种的知识和技能，但这些知识和技能具有企业的特定性。由于这种分工能够提高生产效率和企业竞争力，而受到更多的企业仿效，于是这种个别企业内部分工演化为一种社会分工；这种基于个别企业特定职务/岗位/工种的知识和技能，演化为一种职业类别的能力标准，即通用性人力资本。

织内部的职称评价与职务密切联系。其评价的结果有数量限制，有明确的任期，组织内部有效，不能通用；资格评价与职业能力标准密切联系，其评价成果没有数量限制，一旦获得终身享有，在社会上可以通用。(3) 就评价标准而言，单位内部的职称评价以岗位要求为导向，是体现单位（组织）某一岗位（职位、职务）的特定标准。职业资格认证以职业能力为导向，体现某一职业通用的职业能力标准。

(二) 职务、职位与岗位

在我国，"职务"一词的来源可追溯到古代中国的官制，最初用于描述国家机构内部的分工和职责，如吏、仕、卒等，每个职务都有着不同的权利和义务。随着时间的推移，"职务"的含义逐渐扩展，不再局限于官职。在现代社会中，"职务"已经成了一个普遍使用的概念，用于描述组织内具有相当数量和重要性的一系列职位的集合或统称。这些职位通常具有相似的职责和工作内容，构成了组织内部明确划分和职责、权利、义务的定位。

"职位"一词的来源同样可以追溯到古代中国的官制，当时官员的职位由皇帝任命，根据职位的高低来确定官员的地位和权力，职位的高低不仅关系到个人的荣誉和地位，还关系到对国家和人民的责任和担当。简单来说，职位就是企业中某个员工需要完成的一项或一组任务。职位的设立通常与企业的组织结构、业务需求和人员配置等因素有关，是组织内具有相当数量和重要性的一系列任务的集合。

"岗位"一词的来源可以追溯到古代军事用语中的"岗哨"或"守卫地点"，后来随着社会的发展和组织形式的变化，逐渐引申为工作职位的称呼，它强调的是具体的职责和工作内容。

综上，职务、职位、岗位都是组织管理中重要的概念，它们共同构成了组织内部的结构和分工体系，为组织目标的实现和维护提供了基础和保障。它们各自具有不同的含义和特点，同时也存在一定的区别和联系：

从三者的区别来看，一是定义不同：职务是指员工所从事的工作的类别，通常是由一组主要职责相似的职位所组成的。职位则是指在一个特定的企业组织中，一个特定的时间内，由一个特定的人所担负的一个或数个工作任务或工作职责。而岗位则是指具体的工作任务或工作职责，是一个更加具体和细致的概念，通常涉及某个具体的工作环节或操作过程。二是范围不同：职务的范围相对较广，通常涵盖了一组相似或相同的职位，是一个相对宏观的概念。职位的范围则相对较窄，通常指的是一个具体的工作职位。而岗位的范围则更加具体，通常只涉及某个具体的工作任务或工作职责。三是与组织的关系不同：职务与组织的关系相对较为间接，一个职务可以为多个部门所有，而一个部门也可以有多个职务。职位与组织的关系则更加直接，一个职位通常只能属于某个具体的部门或团队。而岗位则通常与具体的工作部门或团队直接相关，是一个更加具体和细致的概念。

从三者的联系来看：职务是由一组主要职责相似的职位所组成的，因此职务与职位之间存在一定的包含关系。职位是构成职务的基础，职务则是职位的统称和集合。职位与岗位之间也存在一定的联系。职位是描述某个具体的工作职位，而岗位则是描述某个具体的工作任务或工作职责。通常，一个职位会对应一个或多个具体的岗位，而岗位则是职位的具体化和细化。

（三）专业和专业化

专业（profession）也称专门职业、专业人员。与我国"专业技术人员"（《中华人民共和国职业分类大典》第二大类）不同，专业（profession）作为一个独立的职业类别存在于国际标准职业分类和美国等世界主要国家职业分类之中。1995年7月，世界贸易组织统计与信息局在界定专业服务范围时采用列举清单的办法确定"专业"的统计口径，包括法律、会计审计与簿记、税务、工程、城市规划、医疗等11个职业群落。这一界定与国际标准职业分类中的"专业人员"大体对应。综合文献研究成果，我们认为从职业的角度看，专业具有以下特征：（1）专业是职业，具有职业的五个基本特征：即目的性、社会性、稳定性、规范性和群体性。（2）专业是具有"特殊信誉、特殊条件或特殊技能"的职业，从业人员须经高等教育或系统训练。这是区别专业与一般职业的主要依据。（3）专业是"直接或间接提供公共服务"的职业。同一职业，在一、二、三产中同时存在，但专业是这种职业高度社会化的结果，从业人员的执业范围、服务方式、职业规范"关系公共利益"，是第三产业特别是现代服务业中的职业。（4）专业是伴有国家和社会呼应行为的职业。其中国家的职业规制是最为普遍的表现方式。

自 20 世纪 70 年代,职业社会学从对职业现象分类学式的研究逐渐转向关于职业专业化(professionalization)的研究。"专业化"是指许多职业不断改变自身的关键特征,争取专业地位的动态过程。学者们认为,与其通过对职业特征的列举来理解职业,不如通过对知识、技能的作用和行业团体能够实现自律自治的社会条件来理解职业,更有理论和实践的意义。由此产生了一系列观察职业"专业化"的理论和模型。其中影响比较大的有职业属性模型(attribute models)(Flexner,1915;Pavalko,1988)和过程模型(process models)(Wilensky,1964;Houle,1981;Snider,1996;Tobias,2003)。我们认为,这是职业社会学为人才评价制度框架研究所提供的一个重要和有益的视角,有助于从职业自身发展规律上把握人才评价制度形成的动力机制、框架体系、治理模式等。

表 7-1　　　　　　　　　　　职业属性模型

Flexner(1915)	Pavalko(1988)
工作中使用的技能需要有理论知识为基础	具有本职业特有的专业知识
工作技能需要长期地教育与训练	工作技能需要长期地教育与训练
通过考试来确定职业胜任力	工作具有社会价值
有明确的职业道德和精神规范	具有服务和收益双重动机
职业为社会提供了公共产品	自我管理和自我控制。只有本职业的从业者才能判断其他人是否胜任该职业
有专业的职业社团或协会	形成强烈的职业共识和亚职业文化
	有明确的职业精神和常识规范

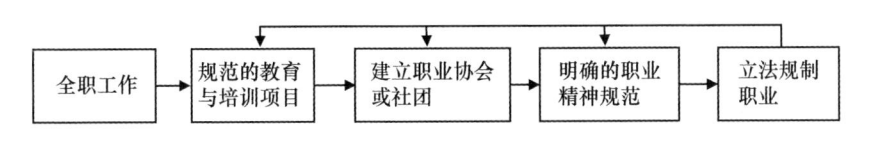

全职工作 → 规范的教育与培训项目 → 建立职业协会或社团 → 明确的职业精神规范 → 立法规制职业

图 7-1　职业过程模型

(四)技能和技能等级

"技能"一词在我国最早可追溯到先秦时期,在《管子·形势解》

中提到:"明主犹造父也,善治其民,度量其力,审其技能,故立功而民不困伤。"这里提到的"技能"指的就是技艺才能。在国外,"技能"一词可追溯到古希腊语的"τέχνη"(techne),它原本的含义是"艺术""工艺""技巧",在古希腊文化中,技能被看作人类通过实践和智慧创造出来的,用于实现特定目标或解决特定问题的能力和知识。这个概念不仅涵盖手工技艺,如雕塑、绘画、建筑等,也涵盖其他形式的技能和知识,如医疗、军事策略、政治技巧等,强调的是对特定领域的精通和熟练,以及通过实践获得的经验和智慧。随着时代的发展,技能的内涵和外延也发生了较大变化。当前学界对于"技能"的认识大致有三种观点:一是技能即操作水平,是熟练运用所学知识,通过反复地练习达到能够操作的水平;二是技能是一系列系统性的动作,是运用已有的知识经验,在实践中形成的智力的和肢体的有一定操作规程的系列熟练动作;三是技能是一个过程或者方式,是通过练习获得,然后运用相关知识来完成的过程。

技能等级的概念来源可以追溯到工业革命时期,当时随着生产力的提高和分工的细化,对工人的技能水平要求也越来越高。为了更好地评估和管理工人的技能水平,企业开始建立技能等级制度,将工人的技能水平划分为不同的等级,以便更好地进行岗位匹配和薪酬管理。在现代社会中,技能等级制度已经成为一种普遍存在的现象。它不仅存在于企业中,还存在于教育、培训、职业资格认证等各个领域。技能等级的概念也不断地发展和完善,从最初的简单分类到现在的多维度评估,涵盖了知识、能力、经验等多个方面。

二 相关概念

本部分的相关概念是指与人才评价制度设计直接相关的一些概念,包括资历与资历体系、许可和认证、国家资格和社会资格、国家资历框架等。这些概念对于理解制度的框架体系、功能作用、治理模式等具有重要作用。

(一)资历和资历体系

在汉语中,通常将"资历"解释为资格与经历。在对"Qualification"的译文中,"资历"常常用于教育领域,"资格"常常用于人力资源开发领域，资历与资格的内涵和外延较为模糊。但是近年来随着国家资历框架（National Qualification Frameworks，简称 NQF）相关研究的快速发展，NQF 语境下的 qualification 一词作为关键术语被广泛研究应用，其概念的内涵和外延逐步清晰。《英汉人力资源管理核心词汇手册》的解释将教育文凭、职称等与教育相关的内容纳入资历的词条中：资历就是一个人的资格和经历，资格有两层含义：一是指从事某种活动所应具备的条件、身份等；二是指由从事某种工作或活动的时间长短所形成的身份。而经历是指亲身见过、做过或遭受过的事。一个人的资历除了教育、就业的经历，还包括教育文凭、职称、是否参与特定事项、是否有重要的业绩，甚至一些重大的失误和挫折等。

亚太经济合作与发展组织（APEC）提出：在国家资历框架中，资历是指"由政府机构正式认可和颁布、根据建立的学习成效和能力标准、评审个人达到的资历头衔，通常包括证书、文凭和学位"。从各国构建国家资历框架的经验来看，各国（地区）的资历类型基本包括学历资历和职业资历两大类，正式教育取得的学历资历以学历证书形式表现，就业后取得的职业资历以职业资格证书（或技能等级鉴定证书）或培训证书等形式表现，两类证书的等值衔接是国家资历框架的主要内容。资历体系是指权威机构实施的各种学历资历证书（证明）和职业资历证书（证明）的集合，以及有关的资历认证（鉴定）制度、质量保障机制、资历的衔接机制等。

（二）许可和认证

从国际人才评价制度的实践来看，资格评价是最常用的方式，职业许可（license）和认证（Certification）是被普遍采用的两种模式。

"许可"（License）。作为名词，其基本含义是自由（freedom，liberty）、被允许；作为动词，许可是指通过授权而准许，或者经由准许而取消法律限制。

"认证"（Certification），含证明、证明文件之意。在我国法律文件中，2003 年颁布《中华人民共和国认可认证条例》首先使用了这个概念。该条例指出，认证是指"第三方依据程序对产品、过程或服务符合规定的要求给予书面保证（合格证书）"①。

许可与认证相同之处：（1）都是基于某种标准、条件开展的评价、评定活动。（2）一般都以证书或证明文件形式确认。（3）这种确认对被申请者来说，都有一定的公信力。

许可与认证不同之处：（1）法律基础不同。许可属公法范畴，是行政行为；认证属私法范畴，具有中介性质。（2）实施的主体不同：许可只能是国家行政机关或法律法规授权的具有管理公共事务职能的组织；认证则是"第三方"。（3）设立的程序不同：许可，非法律法规不得设立。（4）法律效力不同：许可具有强制性、排他性。认证具有自愿性、可选择性。

表7-2　　许可和认证的区别（以专业技术人员职业资格为例）

	职业资格（许可类）	职业资格（认证类）
实施主体	行政机关或法律授权具有行政管理职能的社会组织	国务院主管部门认可的全国性协会、学会等社会组织
功能定位	公共管理	公共服务、行业自律
适用对象	特定职业	其他专业技术职业
管理模式	政府主管	政府管理监督
评价标准	国家标准，强制性标准	行业标准，推荐性标准
层次划分	除能力等级直接关系职业活动范围外，一般为1级	从国际情况看，专业技术类一般为2—3级
评价应用	所获得的职业资格证书是执业的必要条件	获得的证书不是对就业、执业的限制，而是对学术技术水平和相应"称号"的认可
法律特征	是依申请的具体行政行为；是采用颁发职业资格证书等形式的行政行为；是行政主体赋予行政相对方某种法律资格或法律权利的行政行为	是依约定而形成的评价与被评价的关系

---

① 《条例》的适用范围包括产品、管理和服务，而不包括人的资格、资质。本书仅借鉴其概念的含义。

续表

	职业资格（许可类）	职业资格（认证类）
职业特征	是特殊的职业，需要具备"特殊信誉、特殊条件或特殊技能"； "直接提供公共服务"； 执业者的行为对国家、社会或公民有产生危害的可能； 有法定的职业活动范围	除国家已经设定职业许可的其他所有职业； 有益于提升专业服务质量； 应当设定和实施许可，按照《行政许可法》第十三条规定但不设定和实施许可的职业

（三）国家资格和社会资格

职业资格制度是世界各国普遍采用的人才评价制度。我国的人才评价制度从广义看也是职业资格制度，包括专业技术资格评价（社会化职称评价）、职业资格证书制度、技能人才水平评价制度三个部分。

文献研究中，部分国家是以实施主体为依据划分职业资格类别，如韩国，将职业资格分为"国家资格"和"民间资格"。其中"国家资格"由依据《国家技术资格法》进行管理的"国家技术资格"和依据单独法令进行管理的"其他国家资格"组成。国家技术资格主要由与产业相关的技术、技能与服务领域的资格组成，其他国家资格主要为专业服务领域（医疗、法律等）的资格，根据各部门的需要设立运营，大部分都具有执照性质。社会资格是指由国家以外的个人、法人、团体新设并管理、经营的资格。除了资格基本法第17条中禁止新设的领域外，无论任何人都可以自由地新设并管理、经营民间资格。社会资格包括"纯粹社会资格""国家公认社会资格"和"企业内资格"。国家公认民间资格是国家资格的重要组成部分。其认证活动的公信力和权威性与国家资格（非许可部分）是大体相同的。

借鉴国际经验，我国适时考虑加强对社会资格的规范与管理问题是必要的。具体办法是：将我国的职业资格分为"国家资格"和"国家认可的社会资格"，实行分类管理。其中"国家资格"是指即许可类资格。"国家认可的社会资格"是指"非许可类资格"，包括列入职业资格目录清单管理的水平评价资格，实行备案管理的学会、协会、院校等社会培训评价组织实施的认证资格，以及部分企业自行组织实施认证资格。主要考虑是：（1）《中华人民共和国境外非政府组织境内活动管理法》（2016.4）及《境外非政府组织在中国境内活动领域和项目目录》（2016.12），已对国际职业资格认证考试、工学教育和工程师资格国际互认等登记和备案管理作出了明确的规定。（2）强调国家资格是"证照合一"①的资格，是政府公权力规制的结果，具有绝对的权威性、排他性。其他资格包括列入国家职业资格目录清单管理的水平评价类资格与尚未列入清单的学会协会、社会培训评价组织、境外社会组织以及部分企业等实施的社会资格，其本质是"证照分离"的资格，是权威机构经评定（考试、鉴定）出具申请人符合某种职业能力评价标准的证明。（3）职业资格评价和其他多元主体的水平评价是职业资历的重要组成部分，是学习成果的重要证明。从各国资历框架的实施情况看，它所强调的学习成果是多元的和多样的，它重点考虑的不是这种学习成果在何处获得或由谁授予、是正式或非正式教育，而是这种学习成果是否达到国家规定的水平标准。只要达到这个标准均可在国家资历框架体系中实现学分认证、积累、转换。

（四）国家资历框架

National Qualifications Framework（NQF），在教育领域通常被翻译成国家资历框架，在人力资源领域通常被翻译成"国家资格框架"，是国际上衔接资历证书的通用工具，一般理解，国家资历框架是一个国家或地区根据知识、技能和能力（素养）的要求，将区域内各级各类教育文凭及职业资格进行整理、规范和认可而构建的连续性、结构化的资历体系。其中"学习成果"是基本的导向和资历要素，包括学历与非学历、正式与非正式教育的学习成果，而不考虑这些成果是在什么地方和以什么方式获得。其主要特点是：按照学习结果对资历作统一定义，通常情况下，涵盖了根据单一层次结构（通常为8—12级）进行分级的知识、技能，以及一系列的职业/知识领域。从发达国家和地区国家资历框架的构建经验来看，学历证书、职业资格证书及其相关制度是构成国家资历框架的核心要

---

① "证照"，顾名思义，是由"证"和"照"组成的一个词语。"证"即证书（Certificate），是指用于证明资格或授予权力、特权及名誉的证件，如毕业证书、特许证书等；"照"即执照（License），是指政府对于从业人员请求从事某一特定业务所发给的许可证，如各种营业执照、注册执照等。

件，某种程度上可以说，国家资历框架就是职业资格证书与学历证书等值制度的具体实现形式。

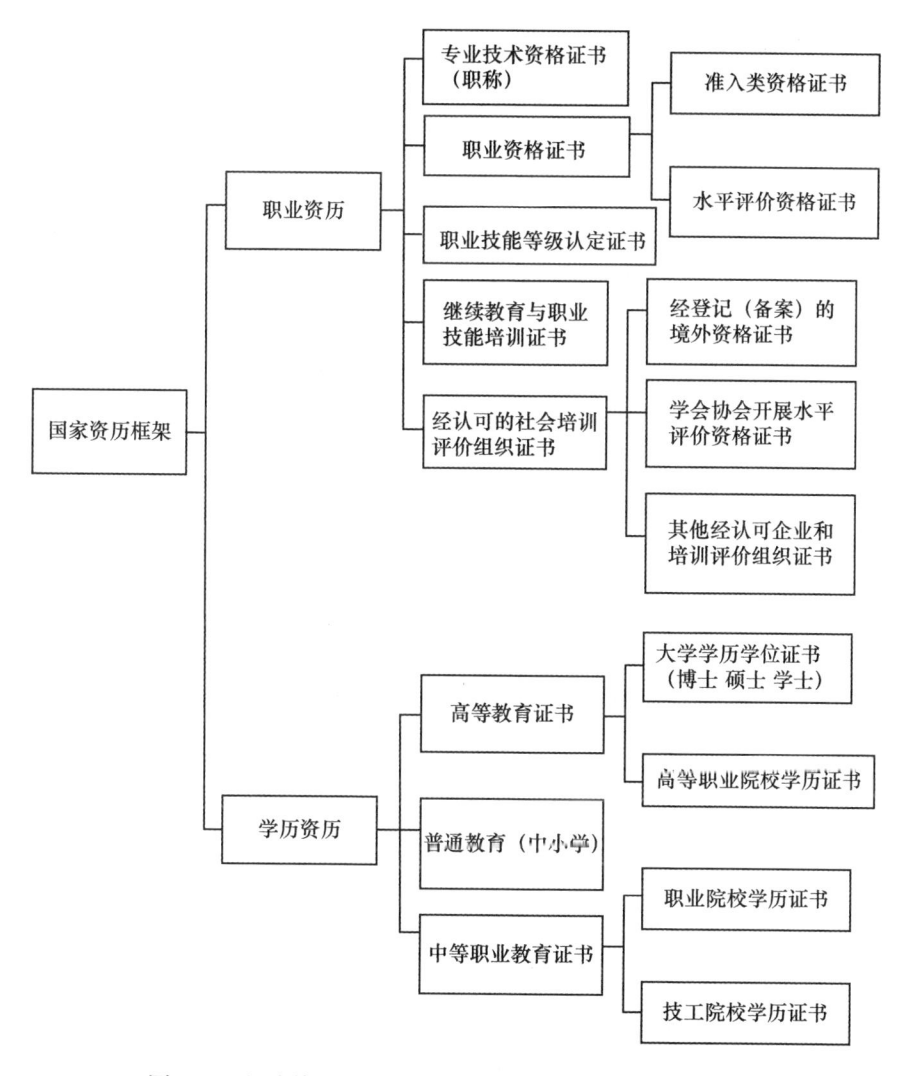

```
                              ┌─ 专业技术资格证书（职称）
                              │
                              │                      ┌─ 准入类资格证书
                  ┌─ 职业资历 ─┼─ 职业资格证书 ───────┤
                  │           │                      └─ 水平评价资格证书
                  │           │
                  │           ├─ 职业技能等级认定证书
                  │           │
                  │           ├─ 继续教育与职业技能培训证书
                  │           │                         ┌─ 经登记（备案）的境外资格证书
                  │           │                         │
国家资历框架 ─────┤           └─ 经认可的社会培训评价组织证书 ─┼─ 学会协会开展水平评价资格证书
                  │                                     │
                  │                                     └─ 其他经认可企业和培训评价组织证书
                  │
                  │                                ┌─ 大学学历学位证书（博士 硕士 学士）
                  │           ┌─ 高等教育证书 ─────┤
                  │           │                    └─ 高等职业院校学历证书
                  └─ 学历资历 ┼─ 普通教育（中小学）
                              │
                              │                      ┌─ 职业院校学历证书
                              └─ 中等职业教育证书 ───┤
                                                     └─ 技工院校学历证书
```

图 7-2　国家资历框架体系（以我国现行评价制度为示例）

第二节　人才评价制度的相关理论

理论基础为制度建设提供了科学依据和指导思想，制度建设也是理论基础的具体实践和检验。将理论基础应用于制度建设，可以更好地指导制度实践和发展。同时，通过制度实践和经验的积累，也可以进一步丰富和发展相关理论基础，进而更好指导制度发展。

一　职业管理相关理论

职业管理是人力资源管理的重要内容之一，也是人力资源管理的逻辑起点。因此，相关理论也是人才评价制度构建的基础和支撑。

（一）职业分类理论

职业分类理论是基于一系列明确的标准和原则，采用科学分类方法，对从事不同专门化职业的人员进行全面、系统的划分和归纳的理论。这种划分通常依据职业工作的性质，包括职业活动的对象、从业方式等。职业分类有助于了解社会现有职业状况，更清晰地认识职业，并为开展职业研究和职业管理提供依据。

在职业分类的过程中，通常有以下几种理论依据：一是基于劳动性质的差异，将劳动划分为脑力劳动和体力劳动两大类型，并据此将从事这些劳动的工作人员分别归类为白领和蓝领。这种分类方式虽然在一定程度上简化了职业世界的复杂性，但体现了一种明显的层次结构或等级划分。二是根据霍兰德的"人格—工作环境"理论，绝大多数人的人格特质和职业工作环境可以被划分为六种类型，即现实型、研究型、艺术型、社会型、企业型和常规型。个体可以按照自己的兴趣和能力，在这六种类型中找到最适合自己的职业定位，进而实现个人与职业的最佳匹配。三是按照职业的工作内容和职责进行分类，这是国际标准职业分类以及各国在建立职业分类体系时通常会遵循的原则。然而，由于各国在制定职业分类标准时会有各自特定的目的，因此在具体细节的制定上可能会存在一些差异。

按照国际惯例，我国的职业分类由大类、中类、小类、职业四部分构成，由粗到细，进行结构化的描述。其中大类是"树状"体系的根本，宏观上反映着我国社会制度、产业结构、科技教育水平等社会发展状况，是职业分类结构中的最高层次，其划分必须全面考虑我国当前及未来的政治制度、管理体制、科技发展趋势以及产业结构的调整变化；中类是大类下的一个细分层级，它依据职业活动所涉及的经济领域、知识领域以及所提供的具体产品和服务种类，进一步分解了大类的范围。通过中类的划分,可以更精确地描述和定位某一类职业活动在特定领域内的特点和要求;小类是对中类的进一步细化,其划分原则与中类保持了高度的一致性。通过小类划分,我们能够在更精细的层面上区分和定义不同的职业活动;细类(职业)的划分是基于深入的工作分析,主要依据职业活动所在的领域、所承担的职责和任务的专业性、技术性,以及服务类别和对象的相似性。此外,还会参考工艺技术、所使用的工具设备或主要原材料、产品用途的相似性,并辅以技能水平的相似性作为划分依据。在划分和归类时,会按照上述要素的重要性和相关性进行排序和考量,以确保细类划分的准确性与合理性。2022年修订出版的《中华人民共和国职业分类大典》中,包括8个大类、79个中类、449个小类、1636个细类(职业)。

综上,职业分类理论提供了一个全面、系统的框架,以理解和组织各种职业。从应用层面看,职业分类是人力资源管理的科学化、规范化和现代化的重要保障,是国家人口普查和信息统计的依据,是促进教育培训与就业指导的参考标准,是规范人才评价制度的基础。

(二) 职业规制理论

所谓规制就是政府设置规定进行限制。规制,作为一种制度化的管理手段,可以描述为"政府在经济活动中所采取的一系列管理和约束措施"。在市场经济的大背景下,这些措施旨在纠正和改善市场机制自身可能存在的局限性或缺陷,从而有效地干预和引导经济主体的行为,特别是企业的经营活动。简而言之,规制是政府对市场经济的一种有目的的、主动的管理和调控行为。从更广泛的角度来看,规制可以理解为基于特定规则或准则,对构成某一社会体系的个人和经济主体的行为进行限制和约束的过程。这种规制的主体是多样化的,既可以是个人,也可以是社会公共机构。当规制由个人实施时,我们通常称之为私人规制,它可能基于个人信仰、道德观念或私人协议来约束相关行为。而当规制由社会公共机构(如政府、行业协会等)实施时,我们称为公共规制,它通常基于法律法规、公共政策或公共利益来规范经济和社会活动。广义的政府规制涵盖了政府对宏观和微观两个层面经济活动的全面干预。在微观层面,政府规制特指为了纠正市场竞争不完全、垄断、外部性以及内部性等市场失灵现象,而依据特定的规则和政策工具对微观经济主体(如企业、消费者等)的行为进行干预和调控。

职业规制，一般是指对专业人员进入某一职业领域的规制。在一些具有专业技术知识的领域，如律师、医生、建筑、会计等行业，为了保证人力资源的充分利用，防止恶性竞争，同时保障消费者利益和服务质量，国家通常实行进入规制。在一般情况下，凡是要进入这些领域的人员必须通过专业技术培训，经考试合格后由国家授予相应的律师、医生、建筑师、会计师、药剂师等证书，方可从事相关的职业。专业人员的进入规制使执业者本人和他们潜在的雇主的签约受到限制，也使社会的消费行为受到一定的限制。这种规制在事关人力资源的合理配置及其经济影响方面属于经济性规制，而在事关职业道德方面则属于社会性规制。

（三）职业带理论

职业带理论由弗伦奇（H. W. French）提出，是对工程领域技术职业结构的一种深刻洞察。他在1981年《工程技术员命名和分类的若干问题》一书中描述了这一理论。该理论将技术职业领域视作一个连续的带状结构，其中包含技术工人、技术员和工程师这三种主要类型的职业。这三种职业类型并非孤立存在，而是相互关联、循序渐进地分布在职业带的各个区域。具体来说，技术工人主要集中在职业带的左侧，他们的工作特点是对操作技能要求极高，而对理论知识的需求相对较低。这一群体凭借精湛的操作技艺和丰富的实践经验，完成各种技术性工作。随着职业带向右延伸，就遇到了技术员。技术员位于技术工人和工程师之间，他们的职业特点是对理论知识和实践操作技能都有较高的要求。他们不仅需要掌握一定的理论知识，还需要具备将理论知识应用于实践的能力，解决一些较为复杂的技术问题。职业带的最右侧则是工程师的区域，工程师对理论知识的要求极高，而对操作技能的需求相对较低。他们通过深入的理论研究和技术创新，为技术领域的发展提供理论支持和技术指导。总之，职业带理论提供了一个清晰的技术职业结构框架，揭示了工程技术领域不同类型人才在知识和技能结构上的差异。这种差异不仅体现在他们的工作内容和职责上，也体现在他们的职业发展路径和成长需求上。具体从图7-3来看，A至B为技术工人区，E至F为技术员区，C至D为工程师区，斜线A′D′的左上方代表操作技能（手工或机械），斜线的右下方代表理论知识。

职业带理论不仅揭示了工程技术领域职业的内部结构，还深刻反映了

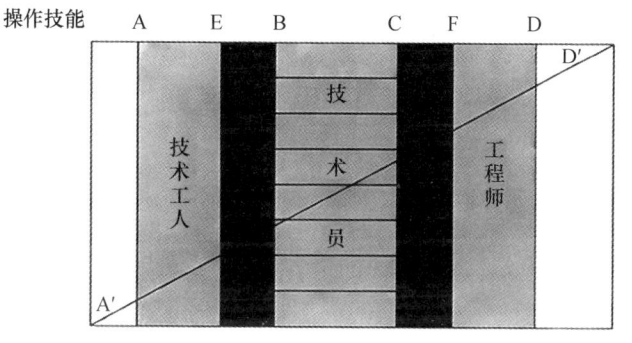

图 7-3 "职业带"理论

技术和人才需求随着时代变迁的演化规律，凸显了人才结构变化的连续性、交融性、灵活性和进步性特点。举例来说，在大工业初兴之时，工程技术职业领域主要由工程师和技术工人构成。然而，随着技术的不断进步和工程师角色的专业化，他们对理论知识的要求日益增高，这使得工程师在职业带上的位置逐渐向右移动。由此，在工程师和技术工人之间形成了一个空白地带，这个空白最终被新兴的技术员角色填补。进入20世纪以来，这种演变仍在持续进行中，技术员的角色不断扩展，其内部也出现了更多的层次和细分。

尽管职业带理论最初是针对工程技术领域的人才分类提出的，但其核心是通过人才培养过程中理论知识和操作技能之间的比例关系研究人才分类。从这个角度看，该理论的应用范围实际上可以推广到更广泛的专业技术人才和技能人才的培养与评价中，通过明确他们在理论知识和操作技能方面的不同需求，进而明确在对其进行培养和评价时需要侧重的知识和技能要求。这不仅有助于提升人才培养的针对性和效率，还能更好地满足社会发展对多元化、专业化人才的需求。

二 人力资源管理相关理论

人才评价是人力资源管理的重要环节，是人力资源管理的基础。在人力资源管理过程中，需要对人员的能力、素质、潜力等进行全面、客观、准确的评价，以便为人员招聘、培训、晋升、薪酬等管理决策提供科学依据。人才评价的结果可以为人力资源管理提供重要参考，帮助组织更好地了解员工的优势和不足,从而制定更加合理的人力资源管理策略。

(一)人力资本理论

人力资本理论最早起源于经济学研究,由美国经济学家舒尔茨和贝克尔于20世纪60年代创立。该理论认为,人力资本是体现在人身上的资本,即对生产者进行教育、职业培训等支出及其在接受教育时的机会成本等的总和,表现为蕴含于人身上的各种生产知识、劳动与管理技能以及健康素质的存量总和。人力资本理论的应用场景非常广泛,涉及教育、培训、劳动力市场管理、人才发展战略、企业人力资源管理和个人职业规划等多个领域。

人力资本理论作为人才评价制度的理论基础,主要表现在:第一,人力资本理论强调劳动生产力的提升,人才评价制度被认为是提升人力资本的一种有效手段,通过提高劳动者的技术技能水平,使其在劳动力市场上更具竞争力,提高他们在求职市场的就业机会,也能更好地满足社会对于技术创新与发展的需求。第二,人力资本理论强调劳动力资源的优化配置,即通过人才评价制度的设计,对劳动者进行学术技术水平和技能等级鉴定和认证,了解劳动者的技能水平和专业能力,进而将其配置到合适的岗位上,实现劳动力资源的最大化利用。第三,人力资本理论可以指导政府制定合理的劳动力市场政策,以改善劳动力市场的供求关系,如政府可以通过人才评价制度,加强对劳动者技术技能水平的鉴定和认证,提高劳动者的就业能力和市场竞争力,进而改善劳动力市场的供求关系,维护市场秩序,保障公平竞争。

(二)能岗匹配理论

能岗匹配是指人的能力和岗位的对应关系,包括两方面内容:一是能得其职,即个体能力完全能够胜任岗位要求;二是岗得其能,即岗位所要求的能力个体完全具备。也就是说个体能力与岗位要求恰好匹配,用公式可以表示为:能级 − 岗级 = 0。该理论认为,最优秀的个体不一定是最匹配岗位的,只有当能力和岗位完全恰好匹配时,才是最优选择,即个体能力才能得到最好发挥,岗位工作也才能完成最佳,进而达到"岗得其人,能胜其岗"的双赢效果。

能岗匹配理论的基本内容是:(1)人有能级的区别。狭义上讲,能级是指一个人能力的大小;广义上讲,能级包含一个人的知识、能力、经验、个性心理、意志品质等多方面的要素。能岗匹配的基础就是承认人有能力差别，不同能级的人应承担不同的责任，不同岗位也有不同的能级要求。（2）人有专长的区别。古人云，术业有专攻，闻道有先后。如果不考虑专长的区别，就无法对能级作出准确判断。不同的专业，不能有准确的能级比较，比如一个优秀的计算机专家在建筑领域就无法获得准确的能级评价。这也正是我们人才评价制度设计时会区分不同的系列、强调"同行评价"的原因所在。（3）同一系列中不同层次的岗位对能力的结构和大小有不同要求。由于岗位的层次不同，其所承担的责任和权利也不同，所要求的能力结构和能力大小自然也有显著差别。如处于高、中、基层管理岗位的人员，对技术能力、管理能力、人际关系能力、领导力等要求有显著差别。（4）不同系列相同层次的岗位对能力的结构和要求也显著不同，如虽然都是中层管理人员，财务部经理和市场部经理所要求的能力就有明显差异，优秀的财务部经理可能无法胜任市场部经理的岗位。（5）能级应该与岗位要求相符。如果能级大于岗位要求，人员留不住、流动快；如果能级小于岗位要求，则劳动生产率下降，组织效率降低；能级与岗位基本匹配是组织成熟的标志，也是组织进入稳定发展阶段的表现。

综上，能岗匹配理论强调通过各种方法对个体能级的评价，通过了解个体的能级水平，为他们提供适当的岗位或提供培训发展机会。此外，也强调岗位的合理设计，包括明确岗位的工作职责、工作要求、工作环境等，以便为个体提供清晰的工作指导和期望，确保岗位与个体的能级相匹配。

三 评价相关理论

人才评价制度构建的直接理论基础是关于评价的理论，由于人才评价制度的客体是人才，评价内容主要针对个人的能力、素质、潜力等方面，评价目的是评估个体在特定领域或职业中的表现和发展潜力。因此，主要涉及的理论也是关于能力评价的理论。

（一）能力本位评价理论

能力本位评价理论是能力本位教育培训理论的重要组成部分，于20世纪70年代发源于美国。能力本位教育培训理论是近年来非常流行的教育思想，它以职业能力为教学基础、培训目标和评价标准，强调自我学习和自我评价，主张学习上灵活多样、管理上严格科学。如果说能力本位教育培训的运行是从确定能力标准开始，那么其终点就是以这些能力标准为参照去判断学习者是否具备了相应的能力。能力本位评价正是实现这一过程的方法。

英国教育评价学家艾利逊·沃尔夫认为，能力本位评价实质上是一种以明确期望的学习成果为基础，并以此作为评价的准则而逐渐发展起来的评价形式。简单来说，就是通过预设学习目标，并以此为目标来衡量和评价学习者的实际表现和能力达成情况。澳大利亚就业与培训咨询委员会认为，能力本位评价是一个系统性的过程，旨在通过收集和评估学习者在特定能力标准下的实际操作表现证据，来判断其操作能力的进步情况和所达到的程度。这一过程最终将决定学习者是否已经成功获得了所期望的能力。这种评价方式注重实证和标准化的评估，旨在确保学习者达到预设的职业或教育目标。综合学者们的研究，能力本位评价（Competency-Based Evaluation）是一种以能力为核心的教育评价方式，其核心理念是评价个人的能力，即一个人在特定领域中所具备的技能、知识、态度和行为表现。这种评价方式强调的是实际工作能力和绩效，而不是传统的考试成绩或学术成就。

在英国等许多西方国家，能力本位评价与职业资格制度紧密联系，英国的国家职业资格（NVQs）就是职业能力本位在国家职业制度建设方面的应用。如果把职业资格制度的实质看成以促进职业劳动者的职业能力发展为初衷和目的的社会化评价选拔过程，把对职业能力的评价看成职业资格认证的主要技术内容，那么能力本位理论恰好符合了职业资格制度建立和推行的原则。

（二）胜任力素质模型

胜任力素质模型（Competency Model）也称为能力素质模型，是指担任某一特定的任务角色所需要具备的能力素质的总和。它是用于描述一个人在某个特定岗位上所需的技能、知识、能力和行为的模型，是人力资源管理与开发实践的重要基础。最早由哈佛大学的著名心理学家麦克利兰（McClelland）于1973年正式提出。胜任力素质模型基于岗位，反映了该岗位所需的胜任力素质，主要有以下几个特点：一是胜任力素质构成除了包括知识、技能等显性部分，还包括不易察觉的价值观、个性特质、动机等个性特点；二是胜任力的高低最终体现在员工工作绩效水平的差异上，只有那些能够对绩效产生预测作用的个体特征才属于胜任力；三是胜任力素质都具备可衡量性，即可以利用多种方法对其进行衡量与评估。

根据层级划分，胜任力模型可以分为基层胜任力模型、中层胜任力模型和高层胜任力模型。基层胜任力模型注重执行能力和基本素质；中层胜任力模型注重领导能力和管理能力；高层胜任力模型注重战略思维和决策能力。除了层级划分外，胜任力模型还可以根据内容划分，包括全员胜任能力、专业胜任能力和专有胜任能力三个层次。其中，全员胜任能力是指针对企业所有员工的、基础的要求，适用于企业所有员工；专业胜任能力是指依据员工不同的部门或不同的岗位需要的专业知识、技巧或能力；专有胜任能力则是指某个特定岗位或工作中所需要的特殊技能。

胜任力素质模型对于人才评价制度建设的影响表现在：一是通过建立胜任力素质模型，可以明确各职业的职责、任务和技能要求，为人才评价标准的制定提供依据，确保人才评价的针对性和实用性。二是胜任力素质模型强调的是实际工作能力和绩效，而人才评价制度的建立正是要引导劳动者注重提高自己的实际工作能力，以满足岗位需求。三是胜任力素质模型可以反映出不同职业需要的能力和技能要求，基于胜任力模型的人才评价制度的建立，有助于合理配置劳动力，提高人力资源利用的精准性和有效性。

第三节　人才评价制度的国际经验

从国际范围来看，职业资格制度是世界各国普遍采用的人力资源开发管理的一项基本制度。在人力资源开发管理中，职业资格除了发挥提升劳动者能力素质、促进就业创业的功能外，更多发挥的是规范职业行为、消除专业信息的不对称、促进职业高质量发展的功能作用。综观世界主要国家（地区）职业资格制度，它们在职业资格的设立办法、管理运作模式、监督保障机制、与其他证书的对接以及职业资格的退出机制等方面积累了宝贵经验。

一 依法设立的职业资格制度

规范的职业资格制度应既能最大限度地保障社会公共安全、人身健康、生命财产安全，同时又能最小限度地限制公民权利和市场活力，依法实施职业资格制度是世界主要国家（地区）的普遍做法。从世界主要国家（地区）职业资格设立的依据与办法看，各国都有较完善的职业资格立法，并制定了较系统的规范和条例，使职业资格制度的实施有法可依。从典型国家职业资格设立的依据看，主要有四种情况：

（一）颁布职业资格管理法

如韩国从1967年的《职业培训法》的制定开始，陆续制定了多部有关职业资格的法规，其中，《国家技术资格法》对国家技术资格的分类与标准、技术资格认证标准、技术资格证书的取得、相关待遇与义务等都作了具体的规定，是国家技术资格认证的基础。

（二）颁布某一职业资格的单项法规

如美国除了少数的职业由联邦政府机构实行职业监管，大部分的职业则是由州政府机构实行职业监管，各州政府基于美国宪法赋予他们的法律权力就不同的职业资格制定单项法规（民间职业资格是非政府行为，一般不存在配套的法律法规约束）。

（三）在综合性法规中就职业资格作出规定

如俄罗斯虽然没有一部专门的涉及职业资格认证的法律，但其有三十多部法律法规或多或少地涉及职业资格认证问题，其中二十部左右的法律法规直接调节职业资格认证。澳大利亚于1990年成立了，州（领地）政府同意支持联邦政府建立全国职业教育与培训体系，2005年12月通过的《澳大利亚劳动力技术化法案》，就职业资格作出了相关规定。

（四）在相关法律法规中就职业资格作出规定

如日本于1969年制定了《职业能力开发促进法》，其目标是规范并促进国家对职业能力的开发，提高每个劳动者对求职的期望和提高劳动者的职业素质以及社会就业率等，满足社会、企业和高等院校对职业能力培训的需要。

由此可见，上述这些国家在立法方面始终在为职业资格认证制度的不断完善而作努力，正是通过各项法律法规的建立，确定了各国职业资格制度的法律地位,使得职业资格成为人们职业身份的象征,受到社会的认可和尊重。

二 多元参与的职业资格管理模式

世界主要国家(地区)非常重视职业资格的管理,在相关法律法规的基础上都建立了清晰的运作模式。从典型国家职业资格管理看,美国、英国、日本、韩国的模式比较典型。

(一)美国模式

即政府职业监管与民间机构自愿职业资格两种模式并行。政府的职业监管有配套的法律条例,一般都是强制性的,如果违反会受到法律的严厉制裁。民间机构的自愿职业资格模式一般为非强制性的,社会公众自行决定是否参与,美国职业资格体系如图7-4所示。美国政府对职业进行监管主要采取职业许可(Licensing)、职业资格鉴定(Certification)、注册登记(Registration)三种方式,其中职业许可是政府职业监管中最严厉的方式,相比而言,职业资格鉴定监管的程度较为宽松,注册登记的监管最宽松。而民间的职业资格认证通常是非强制性的,包括职业资格认证和课程培训认证两种,一般由行业协会、专业学会等专业团体,大学、研究所等

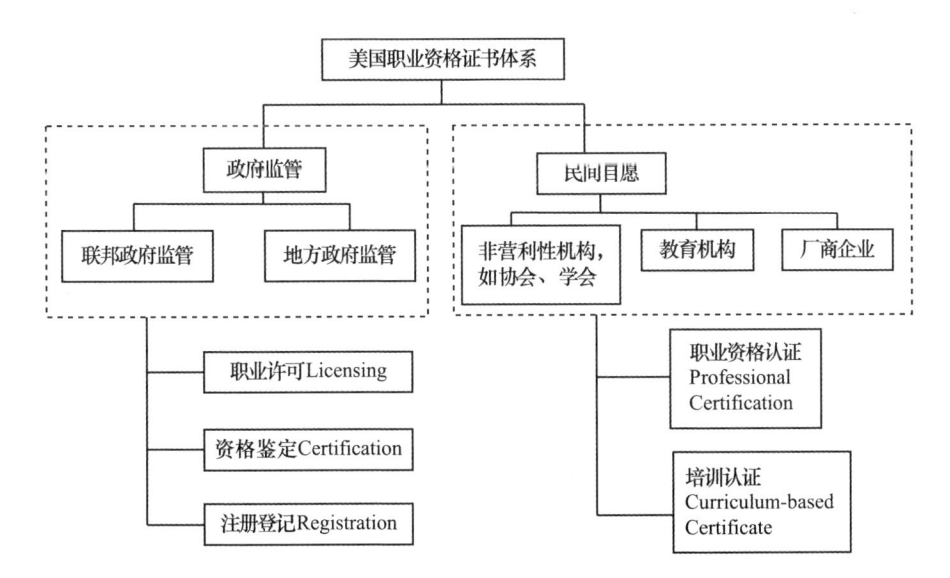

图7-4 美国国家职业资格治理模式

培训教育机构，企业等发起组织，并由这些机构负责考试和证书颁发，社会公众自愿参与。事实上，由于一些领域的民间职业资格影响力非常强大，深受企业的认可，几乎成为从事这些职业的必备条件和事实标准，其中典型职业有注册营养师和瑜伽教练等。课程培训认证是美国的民间职业资格认证的另一种模式，民间的职业资格认证和课程培训认证的最主要区别在于认证内容方面，前者主要是鉴定考核申请人已经拥有的理论知识和实操技能，后者主要是培训申请人使其获得相应的知识和技能；另外一点不同的是，培训认证资格一般没有对持证人的持续要求，一旦授予则不再撤销。民间的课程培训认证的典型职业有美国饮食登记委员会的成人体重管理培训认证等。

（二）日本模式

即依据有关法律法规对国家职业资格严格管理。日本的国家职业资格是依据有关法律法规制定并管理的，国家职业资格可以通过资格鉴定考试（国家考试制度）和免试认定（免试认定制度）两种途径获得。通过国家考试获得的国家职业资格，都要实施规范和严格的考试制度（全国统考和测试），对教材的编写和发行也非常规范且有很强的计划性，并对职业资格的退出（终止）机制有程序性的安排。不同省所颁布的职业资格类型、性质不同，职业资格形成过程各异，不同省厅管理的职业资格在资格取得的方法、考试资格、免试认定条件等方面也都各有特点，有的省厅设定的是通过资格鉴定考试获得的资格，有的是通过免试认定制度获得的资格，有的是二者兼而有之。如大藏省设定的职业资格全部是通过资格鉴定考试获得的资格，即都必须通过国家考试才能取得资格。

（三）英国模式

即实行国家职业资格（NVQ）、通用国家职业资格（GNVQ）、学历资格（AQ）有效对接。NVQ是以国家职业标准为导向、以能力为基准、以实际工作表现为考评依据的一种职业资格制度，也是一种特殊形式的国家考试制度，每一个"国家职业资格"皆是一项"能力说明"，它由主要职能、能力单元、能力要素以及操作上的具体要求和范围等所构成（如表7-3）。作为英国国家认可的职业资格考核制度，NVQ在英联邦国家的职业体系中是一块金字招牌，获得NVQ的学生不仅在英联邦国家内通用，还可获得在英联邦国家和世界80多个国家的工作机会，使他们在就业和职业发展中终身获益。GNVQ 是在 NVQ 证书制度基础上,英国政府在职业教育领域中推行另一种职业资格制度,它提供与某种职业有关的、最基本的知识和技能,为进入劳动力市场或进入更高级教育做准备,主要在职业院校里实施,目前覆盖 16 个职业工种。GNVQ 将学历教学同职业培训相结合,学生既可以通过按通用国家职业资格标准设置的课程学习为就业做准备,也可以学习基础课程争取接受高等教育。英国政府实施 NVQ 和 GNVQ,排除了社会对职业教育的轻视和偏见,实现了学历教育、职业教育、职业资格三者之间的相互对应、相互交叉及转移。三种证书之间的对照关系如表 7-3 所示。

表 7-3　　　英国国家职业资格（NVQ）级别和能力标准

级别	能力标准
1	能够在可预见的环境下进行常规性工作
2	能够在没有人监管的情况下独自完成更多工作,其中有些工作是较为复杂的,并且非常规;有一定的责任心和自我管理能力;能够参与团队工作
3	能够参与更广范围内的工作,其中大部分工作都带有一定的复杂性,而且非常规;有较好的责任心和自我管理能力;在需要的情况下,能够对他人进行一定的指导
4	能够参与更多技术性强、职业素质要求高的工作;责任心和自我管理能力都很强;能够管理一支工作团队并对该团队的工作负责;能够调配和使用资源
5	能够在不可预见的环境下开展工作;有非常强的自我管理能力,能够对团队工作复杂,能够有效调配和使用各种资源;能够进行分析、诊断、设计、计划、执行和评估等全部工作

资料来源:http://www.direct.gov.uk,2009。

表 7-4　　　英国 NVQ、GNVQ 和 AQ 三种证书之间的对照关系

通用国家职业资格（GNVQ）	国家职业资格（NVQ）	学历资格（AQ）
5 级	5 级	高级学位
4 级	4 级	学位
高级	3 级	大学入学水平
中级	2 级	中学毕业水平
初级	1 级	中学在校水平

(四) 韩国模式

即国家技术资格由劳动部负责总体运营，民间资格没有单独的管理体系。韩国技术资格制度的总体运营是依据《国家技术资格法》由劳动部负责，考试题目的命题、认证的具体实施等技术资格认证的具体业务委托给韩国产业人力公团和大韩工商会议所实施，其中韩国产业人力公团承担技术、技能领域与服务领域的资格认证，大韩工商会议所承担事务服务领域的资格认证工作（见图7-5），具体认证方式有定期认证、常时认证和随时认证三种。国家技术资格的新设、废止、认证方法等与国家技术资格的管理、运营相关的事项要在"技术资格制度审议委员会"中进行审议，该委员会是劳动部长官的审议机构，由政府的公务员与相关的专家组成。韩国的民间资格没有单独的管理体系，相关法律所规定的对象都可以对民间资格进行运营、管理。无论是政府的主管部门（主要为教育与科技部）还是民间资格所属部处都只注重民间资格指导、监督相关规定的制定，目前只实施了民间资格的登记制度，对民间资格管理则处于放任自流的状态。

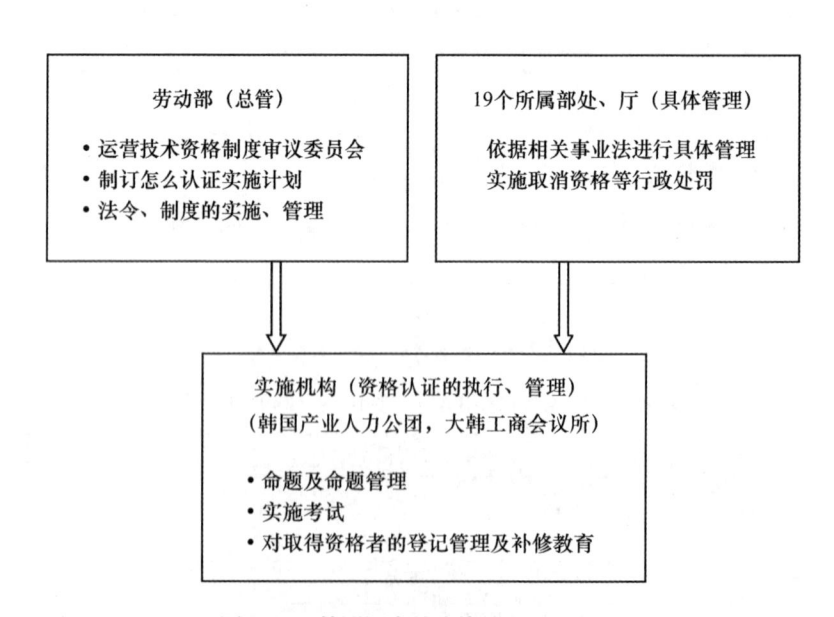

```
┌─────────────────────────────┐    ┌─────────────────────────────┐
│  劳动部（总管）              │    │ 19个所属部处、厅（具体管理）│
│  • 运营技术资格制度审议委员会│    │   依据相关事业法进行具体管理│
│  • 制订怎么认证实施计划      │    │   实施取消资格等行政处罚    │
│  • 法令、制度的实施、管理    │    │                             │
└──────────────┬──────────────┘    └──────────────┬──────────────┘
               │                                   │
               ▼                                   ▼
        ┌─────────────────────────────────────────────┐
        │  实施机构（资格认证的执行、管理）            │
        │  （韩国产业人力公团，大韩工商会议所）        │
        │  • 命题及命题管理                            │
        │  • 实施考试                                  │
        │  • 对取得资格者的登记管理及补修教育          │
        └─────────────────────────────────────────────┘
```

图7-5　韩国国家技术资格的运营体制

三 严格的职业资格质量保障机制

从世界主要国家（地区）职业资格监督保障机制看，严格的监督机制是保证职业资格认证质量，保障职业资格培训及颁证工作的有效实施的关键。从典型国家职业资格监督保障机制的实施效果来看，美国、德国和新西兰较为典型。

（一）美国模式

即政府的职业资格按相关法律法规认证，民间职业资格主要由行业标准认证。在美国，政府的职业资格由于是强制性的，都有配套的法律法规。民间职业资格主要由行业标准认证。制定职业资格认证行业质量标准体系的机构有卓越职业资格认证协会（ICE）、美国国家标准协会（ANSI）和国际标准化组织（ISO），主要面向民间职业资格颁证机构提供标准认证服务。ICE作为非营利性组织，是美国最有影响力的职业资格认证标准组织之一，长期致力于为职业资格认证行业提供教育服务、建立行业网络、宣传与分享各类资源。ANSI作为非营利性标准化组织，是美国国家标准化活动的中心，许多美国标准化学会的标准制定和修订都同它合作，经其认证后才能成为国家标准。ISO是由各国标准化团体（ISO成员团体）组成的世界性的联合会，制定国际标准工作通常由ISO的技术委员会完成。ISO和IEC作为一个整体担负着制订全球协商一致的国际标准的任务。随着ANSI影响力的进一步扩大，ANSI正在寻求与美国各级政府职业资格认证机构的合作，提供标准认证认可服务。

（二）德国模式

即实行教学、培训、命题、考试、聘用环节的相互分离与相互监督机制。德国职业资格的考核与颁发涉及考核的法律基础、考官的任命、考试委员会的组成、考题的制定、考试结构及实施、考评技术手段、评分以及颁发证书等多方面。为防止营私舞弊，德国建立了各单位、部门和层次的相互协调与相互监督机制，推行教学、培训、命题、考试和聘用等环节相分离。职业资格考试委员会主席由政府教育部门的教育督导官员担任，教学单位（普通职业技术教育学校和培训企业）不参与考试命题，主考人实行"回避"，用人部门（经济界）负责组织命题，平行班可有不同考题；工商及手工业联合会受国家委托实施主考，并颁发职业资格证书。

（三）新西兰模式

即技能鉴定的各个方面都有相应的质量控制规范。新西兰的技能鉴定质量控制主要有三个方面：标准的质量、测评员的质量和教育培训机构的质量。技能鉴定的基本单元是单元标准，单元标准由相关行业的标准设定机构负责，由NZQA在国家资格证框架中注册，其对单元标准的设计和审核有严格的规定，出台了包括《国家资格证书框架单元标准注册准则》在内的多项措施保证质量，该准则规定了12项专门质量准则（包括单元标准的名称、学科、领域、要件、操作标准、范围说明、特别说明、级别、学分、目的声明、入学要求、质量管理体系和有效期等）及有关评估和修订的附加技术准则。测评员是具体执行技能鉴定的人员，他们的质量决定着鉴定和考核的质量。测评员大致分为工作场所的现场测评员和注册教育培训机构任职教师两种。工作现场测评员一般只负责本单位的工作现场测评，他需要在相关行业的行业培训机构（ITO）注册，且每个ITO都有相应的测评员选拔和注册标准。注册教育培训机构中的测评员的质量控制，是NZQA对该机构的质量控制过程的一个部分。新西兰的技能鉴定是和资格证书联系在一起的，对技能鉴定的质量控制，实际上就是资格证书的质量控制。新西兰新的NZQA质量保障框架的重点在教育培训机构如何能不断地提高学习者的学习效果，更好地服务于雇主和企业，因此对于在册的教育培训机构来说，新的NZQA质量保证框架制定了三个质量评估步骤，即自评、外评和审核。这三个步骤所针对的不仅是技能鉴定的质量控制，而且是教育培训机构整体的质量。

四 有效的职业资格证书与学历证书衔接

世界主要国家（地区）职业资格证书与学历等其他证书实现了有效对接，为我国实现职业资格证书与学历等其他证书的衔接提供了经验借鉴。从典型国家（地区）职业资格证书与学历等其他证书对接效果来看，英国、澳大利亚、南非、日本、中国香港较为典型。

（一）英国模式

即国家资格框架下职业资格与学术资格有效对接。从理论上来看，英国的国家资格框架（NQF）是由职业资格和学术资格两个系统合并组成，为两个学习系统的对接提供了基础（见表7-5）。英国在职业资格认证方面是目前世界上资格等级水平较高的国家之一，其资格等级可达到博士学位。该国的国家资格框架从最初的入门级一路提升到第八级，总共涵盖了9个不同的等级。同时，在高等教育领域，英国的资格框架设计从大专学历一直到博士学位层次，共分为5个等级。

表7-5　　英国国家资历框架下职业资格与学术资格的对接

英国国家资格框架（NQF）（英格兰、威尔士和北爱尔兰）		
以前的国家职业资格	国家资格框架	高等教育资格
五级	八级	博士学位
	七级	硕士学位
四级	六级	优等学士学位
	五级	基础学位
	四级	高等教育文凭
三级		
二级		
一级		
入门		

2008年10月，英国在英格兰、威尔士和北爱尔兰推出了资格和学分框架（QCF，见图7-6），该框架旨在作为与NQF对接的工具。QCF的设计初衷是使职业资格的认证更加系统化和标准化。通过与NQF的对接，它为学习者提供了一个清晰的路径，以便他们能够获得和提升职业资格。QCF引入了学分制度，为每个资格和资格单元赋予相应的学分。这种制度使得学习者可以根据自己的学习进度和兴趣来选择学习路径，增强了学习的灵活性和个性化。该工具是认证职业资格的框架体系，它赋予资格和资格单元以学分，使人们能够按照自己的学习进度和弹性学习路线取得资格。在QCF体系下，学习者不再受限于固定的学习计划和时间表。他们可以根据自己的实际情况，选择适合自己的学习进度和路线，从而更加高效地取得职业资格。作为与NQF对接的工具，QCF使得学习者在获得职业资格的同时，也能够在国家资格框架中找到相应的位置，这有助于提升

职业资格的社会认可度和含金量。

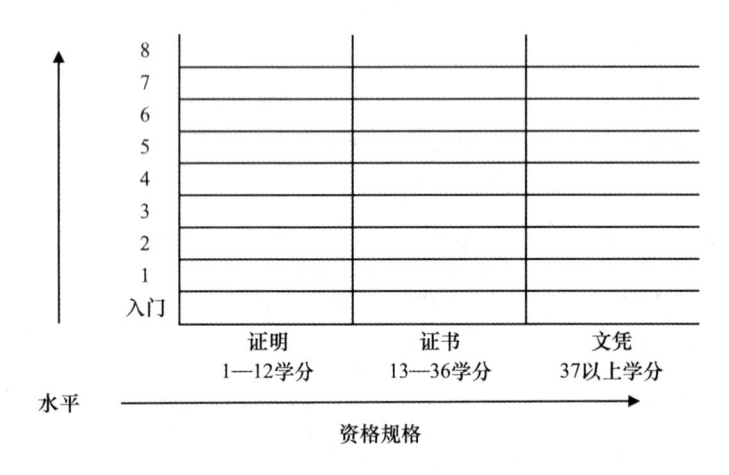

图 7-6　英格兰、威尔士和北爱尔兰资格和学分框架

该框架是英国职业资格制度改革中的一项关键举措，它推动了英国职业资格体系从原先仅依据难度划分的单维度模式（从入门级逐步提升至八级）向现在的双维度模式转变。新的双维度模式不仅考虑了资格的难易程度，还引入了学时规模这一维度，从简短的证明到全面的证书，再到更为深入的文凭，形成了更加立体的评价体系。这样的改革让职业资格制度更加直观易懂，便于使用，同时也增强了资格与雇主需求之间的契合度。对于学习者而言，新的框架提供了更大的学习灵活性和便捷性，使得他们能够根据个人需求和实际情况，更加自由地选择和规划学习路径，从而更高效地把握学习机会。

（二）澳大利亚模式

即国家资格框架下学校、职业教育培训及高等教育这三个界别所颁授的资历有效对接。1995 年前后，澳大利亚由联邦教育、就业、雇佣和青年事务委员会联合职业教育培训提供机构和大学共同创建了全国性的资历框架（AQF），该框架把学校、职业教育培训及高等教育这三个界别所颁授的资历纳入一个统一名称及水平的系统中（见表 7-6）。

表7-6 澳大利亚资格框架下三个教育系统的对接

资历级别	资历类型	职业教育及培训	学校教育和高等教育
10	14		博士学位
9	13		硕士学位
8	12	研究生文凭	研究生文凭
		研究生证书	
	11		研究生证书
	10		荣誉学士学位
7	9		学士学位
6	8	进修文凭	副学士
			进修文凭
	7		
5	6	文凭	文凭
4	5	第四级证书	
3	4	第三级证书	
2	3	第二级证书	
1	2	第一级证书	
	1		高中毕业证书

该框架赋予了学术资历和职业资格同等的地位，为各类教育系统内的资格和证书之间的顺畅转换搭建了便捷的桥梁。同时，它与终身教育理念相得益彰，为人们提供了灵活且多样化的跨界教育和培训选择。此外，该框架还积极响应了机构的多元化发展目标，通过鼓励跨界合作，增强了教育和培训机构的灵活性与适应性。这一框架不仅与国家相关政策相辅相成，还有力地推动了质量保证、资历衔接以及学分转换等相关政策的实施与落地。

AQF的建立是为了加强三个教育系统之间的联系和衔接，但是重点的衔接方向是高中毕业证书和职业教育资格证书之间的衔接，以及职业资格证书和普通高等教育资格证书（高等教育学位）之间的衔接。

（三）南非模式

即国家资格框架下职业资格与各类教育有序衔接。1995年，南非颁布了《南非资格署法》，提出要建立国家资格框架，以衔接各类教育和职业资格。2003年，南非资格署颁布了《关于国家资格框架1—4级水平指标的条例》，该条例详尽地阐释了国家资格框架中1—4级职业资格所需达到的学术和技能要求。随后的2009年，《国家资格框架法》的出台标志着国家资格框架的正式确立。到了 2013 年，经过进一步的完善和调整，南非构建了一个更为全面的国家资格框架，包括普通和继续教育与培训资格框架、高等教育资格框架以及职业资格框架三个子框架，共 10 个资格等级的完整体系（见表 7-7）。

表 7-7　　南非国家资格框架下职业资格与各类教育资历的对接

国家资格框架		
层次	子框架及资格类型	
10	博士学位	
10	博士学位（专业型）	
9	硕士学位	
9	硕士学位（专业型）	
8	荣誉学士学位	职业证书（第 8 级）
8	研究生文凭	
8	学士学位	
7	学士学位	职业证书（第 7 级）
7	高级文凭	
6	文凭	职业证书（第 6 级）
6	高级证书	
5	高等证书	职业证书（第 5 级）
4	国家证书	职业证书（第 4 级）
3	中级证书	职业证书（第 3 级）
2	初级证书	职业证书（第 2 级）
1	普通证书	职业证书（第 1 级）

注：1. 示例：□ 普通和继续教育与培训资格框架
　　　　　　　■ 高等教育资格框架
　　　　　　　□ 职业资格框架
2. 8 级以上的职业资格证书尚未确定。

南非国家职业资格框架（OQF）当前设定了 1—8 级（8 级及以上尚未明确），主要构成要素包括资格等级与入学要求、涵盖领域与课程设置、考核评价、资格认证等方面，并对学生的入学资格要求、项目设置、基础课与职业课程的设置及学分要求、考核方式、资格的获取认证等内容做了详细的规定。

（四）日本模式

即建立与终身教育接轨的职业资格体系。日本的职业资格体系可以将职业资格培训和职业教育、学历学位教育互换学分，获得职业资格可以通过学习获得更高教育的机会，实现职业资格与学历学位的对接（见表7-8）。从日本的实际情况看，日本的职业资格和一般学校学历有部分的关联关系，比如部分职业资格的考试报名资格就对所学专业有要求，如：木结构建筑士：考试科目要有建筑计划、建筑法规、建筑构造、建筑施工等，它要求参加考试的人要有大学或大专或技校建筑专业的学历等。学历和实际工作经历在职业资格考试的问题上有一个兑换的比例，这个比例各个领域不尽相同，按该行业的实际情况而定。正是由于日本职业资格考试与学历之间的这种有机联系，使得低学历者可以通过实际工作经历弥补学历的不足，实现了每个劳动者积极进取的愿望。

表7-8　　　　　　　　日本职业资格框架体系

技能士鉴定资格（应试资格）					学历教育		专业资格（应试资格）
特级	1级	2级	3级	单一等级			
1级后5年	2级后2年／4年经验	3级后／无学历要求	无学历要求	无学历要求	博士研究生（3年）		1. 业务独占资格，如公认会计师、税务代理师、律师、医师等
					专门职研究生（2年）／专门硕士	硕士研究生（2年）／一般硕士	2. 行为独占资格，如建筑师、药剂师等
	4年经验				专门学校（4年）／高级专门士	大学（4年）／学士	3. 名称独占资格，如临床检查技师、临床工学技师等
	5年经验	3级后4年			高等专门学校（3+2年）／毕业文凭	专门学校（2—3年）／专门士（或准学士）	短大（2年）／短期大学士	
	6年经验			1年经验		职业高中（3年）／毕业文凭	综合高中（3年）／毕业文凭	普通高中（3年）／毕业文凭	

（五）中国香港模式

即资历名衔计划下主流教育与职业教育之间的有效衔接。2004年2月，香港地区行政会议批准了一项重要举措，即"构建一个跨界的七级资历框架及与之相关的质素保障机制"。这项举措主要是通过建立一个明确的资历等级系统来清晰界定主流教育、职业教育以及持续进修中所获得的资历和水平。简而言之，它为不同教育路径下的学习成果提供了一个统一的衡量标准。

2008年5月5日，《学术及职业资历评审条例》全面生效，标志着资历架构的正式实施。这一架构为主流教育、职业教育以及持续教育等多个领域的学习成果设定了统一标准，并建立起了各级资历之间的晋升通道。资历架构的七级分级体系是依据"资历级别通用指标"设计的，这些指标包括知识及智力水平、自主性与责任感、沟通交流能力，以及信息技术应用和计算能力等四个维度。

为了更有效地促进主流教育与职业教育之间的顺畅衔接，香港地区在七级资历级别的基础上，进一步推出了资历名衔计划（见表7-9）。这一计划的实施范围广泛，覆盖了学术、职业培训以及持续进修等多个教育领域，旨在将资历架构中的各级资历进行统一管理和认可。通过资历名衔计划，香港地区成功构建了一个从中学教育到博士教育、从初级证书到高级证书（1—7级）的完整资历路径。这一路径不仅为学习者提供了明确的职业发展导向，还为他们提供了在职业教育与学术教育之间横向贯通的机会。此外，资历名衔计划还建立了客观的评价标准，确保各级资历的权威性和公信力。这些标准涵盖了知识、技能、能力等多个方面，为不同教育界别的资历提供了可比较的基础。

表7-9　　　中国香港资历名衔计划下可选用的资历名衔

级别	各级别可选用的资历名衔					
7	博士					
6	硕士	深造文凭 深造证书	专业文凭 专业证书	高等文凭 高等证书	文凭	证书
5	学士					
4	副学士	高级文凭 高级证书				
3						
2						基础证书
1						

五 健全职业资格退出机制

为适应日益变化的职业岗位的需求,许多国家建立了完善的职业资格退出与善后机制。通过有效的退出机制,不断地完善国家职业资格体系,使之更好地适应了岗位与职业标准的变化。从典型国家(地区)职业资格的退出与善后机制实施效果来看,美国、新加坡和韩国较为典型。

(一)美国模式

即通过日落立法机制对职业监管的立法机关进行监管。美国通过日落立法机制,对立法机构进行监管,如果职业监管的立法机构没有通过审查,则其监管将终止。日落立法程序包括研究或立法听证会,评估的结果最终可能导致监管的终止,也可能继续授予监管权力。多数情况下,日落立法经常导致修改调整,很少会真正废除原定的职业监管法律。从实施效果看,美国的日落立法机制并不像最初想象的有那么明显的效果,部分原因是日落立法审查会遇到监管支持者的强烈反对。通常情况下,日落立法审查关注的问题是职业是否对公众利益有直接的重大的影响,而不是部分影响。

(二)新加坡模式

即以再培训代替证书终身制。新加坡的技术人员在获得等级证书几年后一般需再次进行相应的培训,方可继续从事当前的技术工作,这种再培训制度较证书终身制具有较大优势。随着经济和社会的快速发展,产业结构和经济增长方式的重大变革,对劳动者的素质要求也在不断变化,要求劳动者有更高、更强、更全面的能力,特别是具有适应生产和技术发展、适应职业变化的能力。只有通过知识更新来不断适应职位工作的新要求,使劳动者能够不断更新与完善自身的知识和能力,从而不被市场所淘汰。

(三)韩国模式

即《国家技术资格法》对技术资格的取消进行了明确规定。在韩国的《国家技术资格法》中,对技术资格的取消也进行了明确的规定:(1)对于以不正当手段取得技术资格者,主管部门的长官必须取消其技术资格;(2)持有资格证书者在履行业务时故意或由于重大的过失而给他人带来伤害时,主管部门可以取消其技术资格,或依据总统令的规定在一定时间内停止其资格;(3)接受资格认证时有不正当行为者,将停止该认证或被视为无效,并在3年之内不能依据本法进行资格的认证。

第 八 章

职称制度

职称是专业技术人才学术技术水平和专业能力的主要标志。① 职称制度作为专业技术人才评价和管理的基本制度，自新中国成立以来，始终发挥着专业技术人才职业发展指挥棒的重要作用，对于党和政府团结凝聚专业技术人才，激励专业技术人才职业发展，加强专业技术人才队伍建设具有重要意义。

第一节 职称的概念

职称这一概念是在长期的历史条件下逐步形成的，新中国成立之初，根据当时的专业技术人才状况，借鉴苏联对专业技术干部的管理模式，对职称最初的提法是"职务的名称"；后来为了解决学术技术水平提升与职务、工资待遇不能及时匹配的问题，又出现了"称号"的提法，包括学衔、荣誉称号、技术称号、学术称号等；随着社会主义市场经济体制的不断推进，又有了专业技术资格、职业资格等关于"资格"的提法。这些提法均体现了当时的经济社会需求导致的政策思路，无论是从内涵还是作用上都发生了变化。

一 职务之名称

职务是在一定岗位上的工作人员按照相应职位或某一明确目的而应从事的工作行为。职务既是行使职权、承担责任、履行义务的依据，也是取

---

① 中共中央办公厅 国务院办公厅：《关于深化职称制度改革的意见》，2016年11月1日。

得报酬和利益的依据。职务有两个基本属性：一是"职务"设计与组织（单位）目标任务密切联系。有组织（单位）才有"职务"，没有超越组织（单位）、社会通用的职务；二是与品位管理不同。"职务"设计坚持以"事"为中心，有明确职责、任职条件和任期。"职务之名称"是职称最本源的提法。在新中国成立之初的技术职务任命制和1986年建立的专业技术职务聘任制都是依照此概念进行设计的。

新中国成立时，为了尽快恢复和发展国民经济，国家全盘接收了旧中国留下的很少的专业技术人员，本着维持原职原薪的政策，对他们的学术技术等级和学术职务，经过核定后基本予以保留。1952年和1956年，在中央人民政府领导下进行了两次工资改革，都是设想实施一套相对完整的"职务等级工资制"。这一制度实际上是将专业技术人员的职称评定、职务聘任和工资待遇三者结合起来，根据技术业务工作、管理工作的需要以及专业技术人员的德、才条件，包括专业技术人员的学术技术水平、工作能力和工作成就，由干部主管部门任命专业技术工作者担任某一职务，担任什么职务即领取什么职务的工资，不担任该职务，则工资及职务名称随即取消。这时的"职称"主要是源自专业技术行政管理和机构设置编制的需要，只是表示一个人的职务，并不一定表示水平、能力和贡献等，即使不称职，只要在其位就可有其"称"，数量有一定的限制，主要解决专业技术岗位责任及工资分配等问题。

1986年2月，国务院正式发布《关于实行专业技术职务聘任制度的规定》，其中明确"专业技术职务是根据实际需要设置的工作岗位，是学术、技术、专业职务的统称，是需要具备一定程度的、系统的专门知识才能担负的职务，不同于一次获得后而终身拥有的学位、学衔、学术和各种技术称号"。作为职务，要有明确的职责，数量由编制确定，各级职务有一定的结构比例，有一定任期，在任期期间领取专业技术职务工资。这就从根本上明确了职称的"职务"属性。

二 称号

职称的另一种提法，是称号，即代表专业技术人员学术技术水平的称号。这种提法包括20世纪50年代中期到60年代中期提出的"学衔""技术称号""学术称号"等，还有改革开放初期提出的"技术职称"

"业务技术职称"。

(一) 学衔

新中国成立之初,由于专业技术人员的职务是根据业务和行政管理的需要而任命的,加之工资级别的调整又受调整幅度的限制,因而专业技术人员的职务晋升不能与学术技术水平的提高对应起来,不能随专业技术人员学术技术水平的提高而相应地提升其职务和工资。专业技术人员的职务晋升受到限制,在一定程度上影响了专业技术人员钻研技术业务的上进心和积极性,也无法充分发挥专业技术人员的专长。为解决一些人学术技术水平显著提高后不能晋升职务的问题,就产生了主要根据学术、技术水平不受职务限制地晋升资格称号的想法。

1955年9月,经周恩来提议,中共中央、国务院指示由林枫、张际春、钱俊瑞、范长江、杨秀峰、张稼夫、董纯才、徐运北、孙志远、薛暮桥、毛齐华、李颉伯、曾一凡13人组成"学位、学衔、工程技术专家等级及荣誉称号等条例起草委员会",开始相关条例的起草工作。1956年6月起草委员会向中央报送了11个条例草案。其中《高等学校教师学衔条例》与《科学研究工作者学衔条例》中的定名分别为:教授、副教授、讲师、助教;教授、研究员、副研究员、助理研究员。在这次起草报告中,明确了学衔的定义为"国家根据科学研究人员、高等学校教师在工作岗位上所达到的学术水平、工作能力和工作成就所授予的学术职务称号"。从概念上,1956年要设的学衔实质上是后来职称类别中的一部分,即高教与科研职称的别称。

(二) 技术称号和学术称号

由于新中国刚刚成立不久,国家财政收入不足,自1959年开始又连续三年困难时期,国家经济暂时困难,1960年工资冻结,然而广大技术干部在困难中仍然不断追求学术技术进步,这时有人提出,不能给他们升工资,难道不能给他们弄个称号吗?中央也认识到了学术称号的重要性,1961年11月12日,时任国务院副总理、国家科委主任聂荣臻同志向中央提出了"关于建立学位、学衔、工程技术称号等制度的建议"。

1962年1月,中央科学小组、国家科委党组通知中共中央宣传部等六部委着手起草工作。1962年在国家科委主持下,由周培源等11人组成"学位、学衔、工程技术称号"起草工作小组。在工作过程中,起草小组也曾经提出，对专业技术人员实行职务聘任办法，但由于当时技术职务任命制和职务等级工资制的局限性，职务的晋升和学术技术水平的提升难以同步。最终确定有必要建立一种有别于职务，而又能标志学术技术水平的称号制度。根据这一思想，这个小组先后草拟了《中国科学院自然科学研究所研究技术人员定职升职暂行办法（草案）》《工业、农业、医药卫生科学技术人员称号试行条例（草案）》，同时采纳了1960年颁发的《高等学校教师职务名称及其确定与晋升办法的暂行规定》。

起草小组在《工业、农业、医药卫生科学技术人员称号试行条例（草案）》中，提出了建立"技术称号"的问题。"技术称号"不同于学位，"对于获得技术称号者的要求，具有科学理论水平固然重要，但更重要的是具有解决实际技术问题的能力"。并强调"技术称号是一种荣誉称号。改任其他职务时仍可保持已经取得的技术称号……它不同于技术职务名称"。条例起草过程中，还提出了"学术称号"的问题，明确："学术称号与职务名称不同之处，是在于学术称号带有荣誉的性质，可以终身保持。至于担任讲师、助理研究员及其以下职务者，没有必要终身保持这些名称，所以没有把这些职务名称当作一级学术称号列入条例。"

（三）技术职称和业务技术职称

1977年9月23日《中共中央关于召开全国科学大会的通知》提出："应该恢复技术职称，建立考核制度，实行技术岗位责任制。"自此，"职称"一词被明确使用出来。1979年12月7日，国务院原科技干部局发出《关于做好科技干部技术职称的评定工作的通知》，职称工作开始正式恢复。通知指出"评定技术职称，须经过相应的技术或学术组织（评审委员会）考核评定，主要是以工作成就、技术水平和业务能力为依据，适当考虑学历和从事技术工作的资历，没有比例限制，不和工资挂钩"。这里提出了"技术职称"的概念，即反映科技干部工作成就、技术水平和业务能力的称号。1981年3月在《国家人事局关于贯彻执行国务院颁发的七种业务技术职称暂行规定若干问题的说明》中明确指明"业务技术职称是反映专业干部的学识水平、业务能力和工作成就的称号"。

"技术职称"和"业务技术职称"在提法上有些许不同：一是前者强调"技术水平"，后者强调"学识水平"；二是"工作成就"先后次序不同；三是前者反映的是"科技干部"，后者反映的是"专业干部"。但评价内容基本都是一致的,都是称号,不与工资挂钩。这时职称的内涵可概括为:区别专业技术(或学识)水平能力与成就的等级称号。所谓"恢复技术职称"的说法,是指恢复"文化大革命"前的"职务名称",但在实际工作中,都强调评定职称,是反映专业技术人员的学术技术水平和业务能力的资格水平。这样,评定职称实质上成了资格称号评定。

三　资格

职称作为"资格"的提法,源自 20 世纪 90 年代。在深化经济体制改革、建立社会主义市场经济的新形势下,伴随着企事业单位转制,开始推行专业技术资格制度和职业资格制度,职称成为一种资格,开始实行评聘分开。

(一)专业技术资格

1992 年国务院下发《全民所有制工业企业转换经营机制条例》,其中明确"企业享有人事管理权""企业有权根据实际需要,设置在本企业内有效的专业技术职务。按照国家统一规定评定的具有专业技术职称的人员,其职务和待遇由企业自主决定"。面对经济体制改革这一新形势,1992 年年底国务院下发《国务院职称改革工作领导小组关于当前职称改革工作中有关问题的通知》,提出"按照国家统一规定评定和全国统一组织的专业技术资格考试取得的专业技术资格,是专业技术人员水平能力的标志,不与工资等待遇挂钩,可作为企事业单位聘任专业技术职务的依据之一"。最早开展专业技术资格考试的是计算机软件、统计、经济、会计、审计等的初、中级职称。

1993 年 10 月 1 日《中华人民共和国科技进步法》发布,其中规定"国家实行专业技术职称制度。科学技术工作者可以根据其学术水平、业务能力和工作实绩,取得相应的职称"。这里的"职称"实际上就是指专业技术资格。随后,人事部陆续会同有关部委根据两个文件的精神制定的中、高级专业技术资格评审条件陆续颁布。1994 年人事部专门出台《专业技术资格评定试行办法》,对科技人员的中、高级专业技术资格评定作出规定,其中明确专业技术资格的概念,即"专业技术资格是学术技术水平的标志,一般没有岗位、数量的限制,不与工资等待遇挂钩,可作为聘任专业技术职务的依据",并且提出对专业技术资格,"国家通过制定标准条件，实行宏观控制"，这标志着职称由职务向资格的转型。

（二）职业资格

1986年，我国颁布了《注册会计师条例》，建立了第一项专业技术职业资格制度。1993年，国家明确提出要制定各类职业的资格标准和录用标准，实行学历文凭和职业资格两种证书制度。根据这一要求，政府有关部门开始积极研究在相应领域推行职业资格制度。1994年劳动部、人事部颁发了《职业资格证书规定》，同年7月，职业资格证书制度写入《中华人民共和国劳动法》，1995年人事部颁发了《职业资格证书制度暂行办法》，对专业技术人员职业资格进行了相应的规定，提出"国家按照有利于经济发展、社会公认、国际可比、事关公共利益的原则，在涉及国家、人民生命财产安全的专业技术工作领域，实行专业技术人员职业资格制度"。2007年国务院办公厅下发《关于清理规范各类职业资格相关活动的通知》，提出"要根据职称制度改革的总体要求，将专业技术人员职业资格纳入职称制度框架，构建面向全社会、符合各类专业技术人员特点的人才评价体系"。2016年《关于深化职称制度改革的意见》明确职称制度和职业资格制度是两种并行的制度体系，要求"促进职称制度与职业资格制度有效衔接""以职业分类为基础，统筹研究规划职称制度和职业资格制度框架，避免交叉设置，减少重复评价，降低社会用人成本""在职称与职业资格密切相关的职业领域建立职称与职业资格对应关系，专业技术人才取得职业资格即可认定其具备相应系列和层级的职称，并可作为申报高一级职称的条件""初级、中级职称实行全国统一考试的专业不再进行相应的职称评审或认定"。目前，2021版国家职业资格目录清单中涉及的59项专业技术人员职业资格（准入类33项，水平评价类26项），在相应系列的职称评价中，基本落实了对应关系。

从当前职称评价制度的运行情况来看，上述三类概念均在使用当中。在评聘结合的事业单位，职称就是"职务之名称"。在评聘分开的国有企事业单位，职称可以看作"资格"；一些职称系列的初中级职称也采取了以考代评的方式，考试结果就是一种"资格"。在一些非公组织中，通过社会化评审获得的职称更多就是"称号"。综上，职称概念的使用与单位性质、系列属性、评聘方式密切相关。

第二节 职称框架体系

我国现行的职称制度中，职称按不同的系列划分种类，规定了职称设定的专业范围、等级划分。《关于深化职称制度改革的意见》提出，要保持现有职称系列总体稳定，因此目前的 27 个系列基本沿用之前的设计。职称的体系框架是体现职称制度功能定位、构成要素及其内在关系的重要制度表征。

一 体系结构

职称系列源于专业技术职务聘任制，因此从架构设计上，与职务设置类似，包括职系、职组、职级和职等。所谓职系也可称为职种，是工作性质相同的职务的集合。职组是若干工作性质接近的职系的集合，每个职组由若干职系构成，27 个职称系列大体可对应到"职组"的划分，职系就是各个职称系列下对应的若干专业技术职称。所谓职级是工作的难易程度、责任轻重以及所需的资格条件相同或充分相似的职系的集合。所谓职等则是工作性质不同，而工作难易、责任轻重、任职资格条件相当的职级的集合。尽管职称制度中没有明确采用"职级"和"职等"的概念，但事实上目前我国专业技术职务职级和职等体系已基本建立。对应到"职级"上，专业技术职务分为高、中、初级三个档次；对应到"职等"上，专业技术职务可以对应到 13 个等级岗位上，其中正高级专业技术职务岗位为 1—4 级，副高级岗位为 5—7 级；中级岗位为 8—10 级；初级岗位为 11—13 级。

表 8-1　　27 个专业技术职务系列

序号	名称	各层级职称名称		
		高级	中级	初级
1	高等学校教师	教授　副教授	讲师	助教
2	哲学社会科学研究人员	研究员　副研究员	助理研究员	研究实习员
3	自然科学研究人员	研究员　副研究员	助理研究员	研究实习员

续表

序号	名称	各层级职称名称				
		高级		中级	初级	
4	卫生技术人员	主任医师	副主任医师	主治（主管）医师	医师	医士
		主任药师	副主任药师	主管药师	药师	药士
		主任护师	副主任护师	主管护师	护师	护士
		主任技师	副主任技师	主管技师	技师	技士
5	工程技术人员	正高级工程师	高级工程师	工程师	助理工程师	技术员
6	农业技术人员	正高级农艺师	高级农艺师	农艺师	助理农艺师	农业技术员
		正高级畜牧师	高级畜牧师	畜牧师	助理畜牧师	
		正高级兽医师	高级兽医师	兽医师	助理兽医师	
		农业技术推广研究员				
7	新闻专业人员	高级记者	主任记者	记者	助理记者	
		高级编辑	主任编辑	编辑	助理编辑	
8	出版专业人员	编审	副编审	编辑	助理编辑	
9	图书资料专业人员	研究馆员	副研究馆员	馆员	助理馆员	管理员
10	文物博物专业人员	研究馆员	副研究馆员	馆员	助理馆员	
11	档案专业人员	研究馆员	副研究馆员	馆员	助理馆员	管理员
12	工艺美术专业人员	正高级工艺美术师	高级工艺美术师	工艺美术师	助理工艺美术师	工艺美术员
13	技工院校教师	正高级讲师	高级讲师	讲师	助理讲师	
		正高级实习指导教师	高级实习指导教师	一级实习指导教师	二级实习指导教师	三级实习指导教师
14	体育专业人员	国家级教练	高级教练	中级教练	初级教练	
		正高级运动防护师	高级运动防护师	中级运动防护师	初级运动防护师	
15	翻译专业人员	译审	一级翻译	二级翻译	三级翻译	
16	播音主持专业人员	播音指导	主任播音员主持人	一级播音员主持人	二级播音员主持人	
17	会计人员	正高级会计师	高级会计师	会计师	助理会计师	
18	统计专业人员	正高级统计师	高级统计师	统计师	助理统计师	

续表

序号	名称	各层级职称名称			
		高级		中级	初级
19	经济专业人员	正高级经济师	高级经济师	经济师	助理经济师
		正高级人力资源管理师	高级人力资源管理师	人力资源管理师	助理人力资源管理师
		正高级知识产权师	高级知识产权师	知识产权师	助理知识产权师
20	实验技术人才	正高级实验师	高级实验师	实验师	助理实验师 实验员
21	中等职业学校教师	正高级讲师	高级讲师	讲师	助理讲师
		正高级实习指导教师	高级实习指导教师	一级实习指导教师	二级实习指导教师 三级实习指导教师
22	中小学教师	正高级教师	高级教师	一级教师	二级教师 三级教师
23	艺术专业人员	一级演员	二级演员	三级演员	四级演员
		一级演奏员	二级演奏员	三级演奏员	四级演奏员
		一级编剧	二级编剧	三级编剧	四级编剧
		一级导演（编导）	二级导演（编导）	三级导演（编导）	四级导演（编导）
		一级指挥	二级指挥	三级指挥	四级指挥
		一级作曲	二级作曲	三级作曲	四级作曲
		一级作词	二级作词	三级作词	四级作词
		一级摄影（摄像）师	二级摄影（摄像）师	三级摄影（摄像）师	四级摄影（摄像）师
		一级舞美设计师	二级舞美设计师	三级舞美设计师	四级舞美设计师
		一级艺术创意设计师	二级艺术创意设计师	三级艺术创意设计师	四级艺术创意设计师
		一级美术师	二级美术师	三级美术师	四级美术师
		一级文学创作	二级文学创作	三级文学创作	四级文学创作
		一级演出监督	二级演出监督	三级演出监督	四级演出监督
		一级舞台技术	二级舞台技术	三级舞台技术	四级舞台技术
		一级录音师	二级录音师	三级录音师	四级录音师
		一级剪辑师	二级剪辑师	三级剪辑师	四级剪辑师

续表

序号	名称	各层级职称名称			
		高级		中级	初级
24	公共法律服务专业人员	一级公证员	二级公证员	三级公证员	四级公证员
		正高级司法鉴定人	副高级司法鉴定人	中级司法鉴定人	初级司法鉴定人
		主任法医师	副主任法医师	主检法医师	法医师
25	船舶专业技术人员	正高级船长	高级船长	中级驾驶员	助理驾驶员	驾驶员
		正高级轮机长	高级轮机长	中级轮机员	助理轮机员	轮机员
		正高级船舶电子员	高级船舶电子员	中级船舶电子员	助理船舶电子员	船舶电子员
		正高级引航员	高级引航员	中级引航员	助理引航员	引航员
26	民用航空飞行技术人员	正高级飞行员	一级飞行员	二级飞行员	三级飞行员
		正高级领航员	一级领航员	二级领航员	三级领航员
		正高级飞行通信员	一级飞行通信员	二级飞行通信员	三级飞行通信员
		正高级飞行机械员	一级飞行机械员	二级飞行机械员	三级飞行机械员
27	审计专业人员	正高级审计师	高级审计师	审计师	助理审计师

表8-2　　　　　　　　职称制度中职级和职等的对应

高级							中级			初级		
正高级				副高级						助理级		员级
一级	二级	三级	四级	五级	六级	七级	八级	九级	十级	十一级	十二级	十三级

二　构建基础

职称的功能定位决定了其构建基础的不同。作为"专业技术职务"的职称，其构建基础是"职务分类"；而作为"资格"评价的职称，其构建基础是"职业分类"。

（一）职务分类

职务分类，实质上是一种系统性的职位评估过程。它依据一套预设的标准，基于实际工作中的各种因素，如工作的本质属性、任务的复杂程度、所需承担的责任大小,以及执行这些任务所需的专业资格和条件等,进行细致的分析和比较,将各个职务归入不同的等级或档次。这一分类体系为员工的劳动报酬、任用、绩效评估、晋升、岗位调整以及奖惩提供了统一而客观的参考基准。通过这种方式,组织能够更准确地评估员工的能力和价值,实现人力资源管理的科学化和精细化。由此可见,职务分类本身不是目的,而只是人事治理的一种科学方法。具有如下特点:一是坚持以事为中心。与"品位分类"相比,职务分类采取了一种以"事"为核心的视角。这意味着在职务分类中,重点在于职务的具体工作内容、所承担的责任以及执行这些职务所需的资格条件,而非像品位分类那样,更多地关注个人的身份或"名份"。在职务分类的体系下,待遇的提升是与工作内容的复杂性和责任的加重直接相关的。如果一个人在职务上承担了更多的工作量和责任,那么他的待遇也会相应地提高。这与品位分类中的"名份"提升便增加待遇的方式截然不同。二是坚持"适才适用"与"适才适遇"是职务分类的两大基本理念,有关职务分类的具体制度设计都是围绕这两个理念展开的。"适才适用"即"专才专用",就是建立符合公共部门专业技术人员专业化发展的职业发展渠道,或者沿着职务的级别阶梯晋升,或是沿着职务序列的阶梯晋升,或者同时沿着两条阶梯晋升。"适才适遇"即"同工同酬",就是要设计合理的工资保险福利制度。

职务是职务分类的基本单元,它是职务责任和职权的集合体。职务分类的程序因各国的政治制度、经济发展水平和社会文化背景的差异而有所不同,但总体而言,其核心步骤和方法具有普遍性。(1)拟定实施计划。主要涵盖了确定主办机构、进行人员培训、拟定实施步骤以及经费预算等关键内容。(2)进行职务调查。对职务的工作内容进行详尽且深入的调查,全面了解每个职务的具体职责、任务范围、所需技能、工作环境以及与该职务相关的各种要求和挑战,为实行职务分类提供根据。(3)区分职系和职组。在深入调查的基础上,对职务进行性质或行业的细致划分和归类,即将具有相似工作性质、技能要求或行业特点的职务归为一类,形成所谓的"职系"。每个职系代表了一种特定的专门职业或工作领域,反映了该领域内职务的共同特征和要求。为了更全面地理解和分析不同职系之间的关系,还可以进一步对其进行职组的划分。职组的划分可以对不同职系间的职级和职等关系进行横向比较,从而更准确地评估各职务在组织结构中的相对位置和重要性。(4) 划分职级和职等。在职务分类中，职级和职等的明确区分是至关重要的，它们为构建公平合理的薪酬体系提供了坚实的基础。具体来说，职级和职等的划分确保了相同工作性质和技能要求的职务能够享有相同的薪酬待遇，即"同工同酬"的原则。这种薪酬体系的建立，不仅体现了对员工劳动价值的尊重和认可，也促进了组织内部的公平性和稳定性。(5) 撰写职级规范，按职务的规定编写职务说明书。说明书的内容包括：工作性质、工作项目、难易程度、责任轻重、权限范围、所需资格条件、工资待遇等。(6) 制定各种职务分类的法规，公布实施。(7) 办理职务归级。按工作人员所担负的工作归入相应的职级。(8) 职务动态调整。职务分类标准一旦确定，就应具有相对的稳定性，但随着社会状况的变化，行政管理职能也在变化之中，新功能、新业务、新关系在产生，有些旧功能、业务、关系在消失，职务之间的责任、权力也可能重新划定，必须采取相应的措施，对职务加以调整，使其与组织的职能变化保持一致。

(二) 职业分类

职业是社会分工最直观的体现。职业分类是指以工作性质的同一性或相似性为基本原则，对社会职业进行的系统划分与归类。对职业进行分类管理，是在现代市场经济的大背景下，为了实现更高效的社会管理而必然采取的措施。职业分类作为构建职业标准的基石，是推动人力资源管理走向科学化、规范化的重要基础性环节。职业分类不仅能够适应和反映经济结构、社会结构的变化，还能够满足人力资源开发与管理的需求，为社会的持续发展和进步提供有力保障。

1999年5月我国颁布了第一部《中华人民共和国职业分类大典》（以下简称《大典》），该体系是参照国际劳工组织颁布的《国际标准职业分类》的基本原则和描述结构，借鉴发达国家的职业分类经验，并根据我国国情建立的。它依据工作性质的同一性原则将各类不同职业归为8个大类，其中第一大类是国家机关、党群组织、企业、事业单位负责人，第二大类是专业技术人员，第三大类是办事人员和有关人员，第四大类是商业、服务业人员，第五大类是农、林、牧、渔、水利业生产人员，第六大类是生产、运输设备操作人员及有关人员，第七大类是军人，第八大类是其他。将我国职业归为8个大类，66个中类，413个小类，1838个细类

（职业）。

2010年启动《大典》修订，历时5年，于2015年颁布2015版《大典》，本次修订按照"深入贯彻科教兴国和人才强国战略，以适应国家经济社会发展需要为导向，根据我国实际，借鉴国际职业分类先进经验，构建与国民经济发展相适应、符合我国国情的现代职业分类体系，促进我国人力资源管理工作的科学发展"的指导思想，沿用1999版《大典》确定的大类、中类、小类和细类（职业）的层级结构，并维持8个大类不变，将职业分类原则由"工作性质同一性"调整为"工作性质相似性为主，技能水平相似性为辅"。修订后的2015版《大典》的职业分类结构为8个大类、75个中类、434个小类、1481个职业。与1999版相比，维持8个大类，增加9个中类和21个小类，减少547个职业。

近年来，我国经济高质量发展迈出坚实步伐，产业转型升级持续推进、社会分工进一步细化，经济实力、科技实力、综合国力跃上大的新台阶，经济结构持续优化，新技术、新产业、新业态、新模式层出不穷，职业变迁加速，新职业新工种不断涌现，一些传统职业的内涵也发生了较大变化。2015版《大典》已无法准确客观全面地反映当前职业领域情况。为适应我国人力资源开发与管理的需要，更及时、全面、客观反映现阶段我国的社会职业状况，参照国际上职业分类修订调整的惯例和做法，人社部于2021年4月启动《大典》的第二次修订工作，并于2022年颁布新版《大典》。与2015版《大典》相比，在保持八大类不变的情况下，净增了158个新的职业，职业数达到了1639个；对两个大类职业的名称和定义做了调整，对30个中类、100余个小类名称、定义做了一些调整；对700多个职业的信息描述做了调整。

第二大类专业技术人员的修订除遵循职业分类一般原则和技术规范外，还着重考量了职业的专业化、社会化和国际化水平。其中，专业化是指该职业的专业知识和专业技能独特性，社会化是指职业活动的社会通用型和国家对该职业的呼应程度，国际化是指职业定义和活动描述的国际可比性和等效性。最终，此次专业技术人员大类修订后相较2015版《大典》增加了5个小类，41个细类（职业）。这次新增的职业主要是集中在数字技术领域，特别是专门增设了数字技术工程技术人员小类，这个小类下设13个数字技术职业。职业分类是实现"干什么评什么"的前提，职业分类大典的出台为推动我国职称制度改革发挥了重要作用，为建立专业技术人才能力素质标准，优化职称评审条件，提升专业技术人才开发与管理水平，推进专业技术人才评价国际化打下了重要基础。

三 功能定位

一直以来，职称的职务属性令其具有评价、使用、待遇等多种功能，过多承担了应由其他人事管理制度发挥作用的职能，职称成为一种参与资源和利益再分配的手段，导致千军万马争职称。随着人事制度改革的深化和人才配置市场化程度的提高，评价、使用、待遇三位一体的职称制度，已不适应不同性质单位对专业技术人员实行不同用人机制的需求，以及专业技术人员在不同类型、不同所有制单位之间流动的需要。因此，职称制度的功能定位需要重新确定。事实上，作为职称制度的参与者——政府、行业、用人单位和专业技术人员，站在不同的角度审视职称制度所体现的功能不尽相同，但综合来看主要体现在以下几个方面：

（一）评价功能

职称的核心功能是评价。职称是业内同行对专业技术人员学术水平、工作能力、业绩及社会贡献进行科学、准确、客观的评价，为社会或企事业单位用人提供基本依据，降低单位选人用人的成本，有效控制用人风险。随着经济发展和社会进步，遵循市场规律和专业技术人员的成长、发展规律，深化职称制度改革，构建科学、分类、动态的职称体系，迫切需要更加突出职称的评价功能，拓展人才评价内涵，扩大人才评价范围，完善人才评价标准，有效开展专业技术人才的专业水平、职业能力、职业（专业）资格条件的评价，是广大专业技术人才和用人单位的需求。因此，建立与企业劳动用工制度和事业单位聘用制度相衔接、相配套的专业技术人员评价制度，实现职称从单位以内部职务管理为核心向以各类专业技术人员专业水平与职业能力评价为核心的转变是职称制度的根本功能。

（二）导向功能

职称评价的标准、条件、方法的设定，对专业技术人才的成长、发展具有重要的影响。强调文凭、外语、计算机、论文的职称评审条件，会使专业技术人才出现重学历、资历，轻能力、业绩的倾向，不利于专业技术人才的成长与创新。突出以品德、知识、能力、业绩为主的评价标准，健全以能力和业绩为导向的专业技术人员评价机制，则有利于树立科学人才观，落实"不唯学历、不唯职称、不唯资历、不唯身份"，充分调动各类专业技术人才的积极性，发挥专业技术人才的创造力，重实效、重能力、重成果，杜绝学术造假、学术浮夸，提高职称"含金量"，促进各类人才的成长和专业发展。因此，通过完善评价标准、调整参评条件，创新评价方法，解决职称评价过程中重学历轻能力、重书本轻业绩的问题，树立正确的人才评价导向，建立健全以能力和业绩为导向的专业技术人员评价机制是职称制度的导向功能的体现。

（三）激励功能

通过职称评价，专业技术人员的学术技术水平、工作业绩得到了本专业同行和社会应有的评价和承认，满足其专业发展、归属和社会交往、成就的需要，有力地激励专业技术人员的成就动机，为今后的专业发展奠定基础。同时，客观公正的职称评价在专业技术人员中形成以业绩评价、能力评估为基础的竞争激励机制。因此，通过有效评价，为专业技术人员发展提供阶段性目标，鼓励专业技术人员不断学习、钻研业务，提高专业能力和水平，激发和调动专业技术人员工作积极性和创造性，发挥专业技术作用，体现了职称制度的激励功能。

第三节　职称评价要素

职称制度作为一项人才评价制度，自然也包括评价主体、评价标准、评价方法、评价结果的应用等四项普适性要素，但作为针对专业技术人才的专门人才评价制度，这四项要素具有其特定的内涵。

一　评价主体

职称评价主体是指对专业技术人员的职称进行评价的评价者。2019年6月14日，人力资源和社会保障部第26次部务会讨论通过第40号部令《职称评审管理暂行规定》（以下简称《规定》），自2019年9月1日起施行。这是职称制度体系中第一部具有法律意义的文件。《规定》明确了职称评审的主体，要求"各地区、各部门以及用人单位等开展职称评审，均应当组建职称评审委员会""职称评审委员会负责评议、认定专业技术人才学术技术水平和专业能力，对组建单位负责，受组建单位监督""职称评审委员会按照职称系列或者专业组建，不得跨系列组建综合性职称评审委员会"。职称评审委员会作为评价主体，分为高级、中级、初级三个类别，申请组建职称评审委员会应符合相应专家数量、条件等要求。有条件的地区、部门和用人单位，可以按照职称系列或者专业组建职称评审委员会专家库，在专家库中随机抽取规定数量的评审专家组成职称评审委员会。国家对职称评审委员会实行核准备案管理制度，以确保职称评审质量。

二　评价标准

评价标准是职称评价的依据，是职称评价活动中应用于评价对象的价值尺度和界限。标准建立的基础是评价目的，基于"职务"的评价标准总体依据"用人做事"原则加以确定，即重点考察专业技术人员的岗位胜任能力，包括职业道德、专业技术能力水平、工作业绩和贡献、创新成果的经济社会效益等指标，这类评价标准也可称为专业技术职务任职条件。基于"能力"的社会化评价标准更多需要以职业分类为基础、以职业能力为导向，形成体现不同职业特点和各类人才成长规律的职业能力标准，以确定评价对象是否具备从事相应岗位的能力水平。无论基于哪种目的，评审标准通常包括品德、学历资历、能力素质、业绩水平和实际贡献等维度。

（一）品德

"德才兼备，以德为先"自古以来就是重要的人才评价标准，但如何实现对其的客观评价也一直是人才评价的难点问题。《关于深化职称制度改革的意见》（以下简称《意见》）明确指出，"坚持把品德放在专业技术人才评价的首位，重点考察专业技术人才的职业道德"。专业技术人才的职业操守和从业行为是品德评价的重点，可以采用个人述职、考核测评、民意调查等方式进行360度评价，倡导科学精神，强化社会责任，坚守道德底线。为了强化品德评价的威慑力和实效性，《意见》提出要探索建立职称申报评审诚信档案和失信黑名单制度，纳入全国信用信息共享平台；要完善诚信承诺和失信惩戒机制，实行学术造假"一票否决制"，对通过弄虚作假、暗箱操作等违纪违规行为取得的职称，一律予以撤销。

（二）学历资历

学历是一个人受教育经历，一般表明其具有的文化程度。资历是一个人的资格和经历，通常用来描述一个人在某个领域或行业中所具备的经验、能力和地位。专业技术人员是指受过专门教育和职业培训，掌握现代化大生产专业分工中某一领域的专业知识和技能，在各种经济成分的机构中专门从事各种专业性工作和科学技术工作的人员。专业技术工作是需要有专门教育培训经历、具备专门的业务知识和技术水平才能担负的工作。因此，学历资历是专业技术人才评价的基本条件。

随着经济社会不断发展、教育水平逐步提升，各个专业技术职称系列都明确了对学历的基本要求。一般而言，初级职称要求高中（含高中、中专、职高、技校）毕业及以上学历；中级职称要求专科及以上学历；高级职称要求本科及以上学历。学历起点不同，职称评价起点也不同，一般而言，硕士毕业可直接认定初级职称，博士毕业可直接认定中级职称。各系列各专业根据专业技术工作的要求，对学历要求也存在一定的差异。一直以来，对专业技术职称的学历要求，都强调始终坚持既重视学历又不唯学历的原则。重视学历，是保证职称评价质量的措施之一，因为一定的学历水平代表着专业技术人员所掌握专业基础知识的广度和深度；同时，不同的学历反映着不同的培养目标，而人才的培养目标和使用目标应该是一致的。重视学历，也涉及国家教育政策导向问题，关系到国家未来的兴衰。不唯学历，就是对虽然不具备规定学历，但确有真才实学的专业技术人员，也可以按照一定的条件进行评价，根据德才兼备原则和工作需要评价其从事专业技术工作应具备的学术技术水平。

职称评价条件中都有任职资历要求，这个任职资历是指受聘担任某一职务的工作年限。不同的级别、不同的学历对应不同的任职资历要求。一般情况下，初级评中级，一般都是专科学历、聘任初级满 5 年；如果是本科学历，聘任初级满 4 年。中级评高级，一般都要求本科以上学历，聘任中级满 5 年。任职资历按受聘专业技术职务时间计算，从受聘之月起计算到申报当年的 12 月 31 日。这个计算都是周年，而不是虚年。在现岗工作一年以上转系列申报高一级专业技术资格的，其任职资历可按变动专业技术工作前后实际受聘任职年限累加计算。

(三) 能力素质

能力素质是指专业技术人员掌握的与专业技术工作相关的能力和技术水平，以及与未来发展相关的潜在能力。《意见》提出要"科学分类评价专业技术人才能力素质""以职业属性和岗位需求为基础，分系列修订职称评价标准，实行国家标准、地区标准和单位标准相结合，注重考察专业技术人才的专业性、技术性、实践性、创造性，突出对创新能力的评价"。

在职称评价中，能力素质的基本条件通常从申报人是否具备扎实的专业知识、是否能够独立完成专业技术工作、是否能够解决复杂的技术问题等方面进行考量。此外，对于不同系列、不同专业、不同级别的职称申报者，专业技术能力素质的要求也会有所不同。随着经济发展、科技进步、技术升级等对专业技术工作的要求发生变化，职称评价条件也适应形势，不断改革创新，除了基本的能力素质，也细化出一些新的评价指标，如创新能力，即要求申报人具备创新思维和创新能力，能够在工作中提出新的思路和方法，推动科技进步和社会发展；指导能力尤其对于高级职称（如教授、高级工程师、高级经济师等）的申报人来说是一个重要的评价标准，这种能力通常涉及对知识的深刻理解、对过程的熟悉掌握，以及有效沟通和引导他人的技巧。这些高级职称的持有者不仅需要在自己的专业领域内有深厚的造诣，还需要能够指导和培养下一代的专业技术人才。

(四) 业绩水平和实际贡献

《意见》提出要"突出评价专业技术人才的业绩水平和实际贡献"，强调注重考核专业技术人才履行岗位职责的工作绩效、创新成果，并向基层一线和作出突出贡献的人才倾斜。

业绩水平是指专业技术人员在工作中所取得的成绩和效果。业绩能够客观反映出申报人的专业技术水平和工作实践能力，是评价其是否具备晋升职称的基本依据。业绩水平不仅要有数量上的积累，更要有质量上的提升，才能证明申报人在专业技术领域内的能力水平。具体来说，业绩水平可以包括完成项目的数量和质量、发表论文的数量和水平、获得专利的数量和级别、参与或主持的重大课题或项目数量质量等。

实际贡献则是指专业技术人员在工作中所作出的具有实际意义的贡献。这些贡献可以是对本单位的贡献，也可以是对行业或社会的贡献。具体来说，实际贡献可以包括解决重大技术难题、提高生产效率或质量、推动新技术或新产品的研发和应用、参与或主持的社会公益项目等。这些贡献应该能够产生实际的效果和效益，具有可持续性和可推广性，才能真正体现出申报人的价值所在。

三 评价方法

职称评价方法是指在进行职称评价时所采用的具体手段和方式。这些方法的运用旨在全面、客观地评估专业技术人员的职业道德、知识水平、业务能力和工作业绩，从而确定其是否具备相应等级职称要求的学术技术水平。常用的职称评价方法包括考试、评审、考评结合、考核认定、个人述职、面试答辩、实践操作、业绩展示等。这些方法既可以单独使用，也可以结合使用，具体取决于评价的目的和要求。

考试主要用于测试职称申报人的知识和技能水平。评审则更注重对职称申报人工作业绩和实际贡献进行评价。考评结合则是将考试和评审相结合，既注重理论知识的测试，又注重实际工作业绩和实际贡献的评价。考核认定是一种特定的职称评价方式，主要针对全日制大中专院校毕业生，在他们毕业后从事与所学专业相近的工作时，可以直接认定相应级别的职称，而无须进行评审。个人述职则是职称申报人在评审会议上，以口头或书面的形式，对自己的职业道德、工作业绩、业务能力、学术水平、突出贡献等方面进行全面的陈述和总结，以便让评审专家全面了解申报人的工作情况，从而对其学术技术水平和专业能力进行准确的评价。面试答辩是指职称申报人在面对评审专家时，就自己的专业知识、学术成果、工作业绩等方面进行现场回答和解释的过程。这一环节旨在评估申报人的专业水平、应变能力、沟通能力和学术造诣等多方面的能力。实践操作主要用于那些需要实际操作技能和经验的领域，如医疗、工程等领域，要求申报人在实际工作环境中或模拟实际工作环境中展示他们的技术技能，评价重点是操作过程中展现出的方法掌握情况、技能熟练程度、安全意识、团队协作能力等多方面的能力素质，旨在直接评估申报人的实际操作能力和水平。业绩展示是指职称申报人将其在工作中所取得的成绩、成果和贡献以具体、形象的方式呈现出来，以供评审专家进行评价。申报人通常需要将自己的业绩成果进行分类整理，并选择最具代表性的成果进行展示。业绩展示的目的是让评审专家全面了解申报人的工作能力和水平，从而对其进行准确的评价。

综上，每个评价方法的功能作用均有所不同，评价方法的选择和使用应该根据具体情况而定，还应遵循公开、公正、公平的原则，确保所有职称申报人员都能受到公平对待，确保评价结果的公正性、客观性和准确性。

四　评价结果的应用

职称评价结果应用的核心问题就是评聘关系，围绕这个问题，形成了"评聘结合"和"评聘分开"两种基本模式。两者最大的不同在于，评聘结合是职务聘任管理制度模式，评定专业技术职称即聘任相应的专业技术职务；评聘分开是指职称评价结果获得的是学术技术称号，可以作为职务聘任的依据，但不是必要条件，职称评价和职务聘任是两个并行系统。《意见》指出"对于全面实行岗位管理、专业技术人才学术技术水平与岗位职责密切相关的事业单位，一般应在岗位结构比例内开展职称评审""对于不实行岗位管理的单位，以及通用性强、广泛分布在各社会组织的职称系列和新兴职业，可采用评聘分开方式"。

评价人才是为了用好人才，评聘结合将职称评定与职务聘任、聘后管理等环节有机结合起来，体现了因事择人和责权利相统一原则。评聘分开是把职称的评定和职务的聘任彻底分离开来。根本上这两种模式背后隐含着对职称功能定位理解的不同，集中体现在职称是"职务"还是"等级称号/资格"上。聘任的岗位称为"专业技术职务"；而专业技术人员的水平则以"专业技术职务任职资格"来标识。

如果把职称作为根据用人单位实际工作需要设置的，具有明确职责、任职条件和任期，并需要具备专门的业务知识和相应的学术技术水平、身体健康才能担负的专业技术工作岗位，那么它不同于一次获得后而终身拥有的学位、学衔等各种学术、技术称号。应具有以下属性：（1）与工资待遇挂钩；（2）有数额限制；（3）有任期；（4）有明确的职责，与工作岗位紧密联系，只能依附于岗位而存在；（5）有明确的任职条件，相同的职务，因具体岗位不同，其任职条件可以有所不同；（6）离退休人员不能参加职务评聘，退休后其职务自然解聘；（7）能否被聘相应职务，首先取决于岗位需要，其次才取决于自身具备的条件。考核专业技术人员是否具备任职条件，重点要根据岗位需要考察其专业水平、工作能力及工作实绩、职业道德、发展潜力等方面的情况，看其能否履行相应的职务职责。

如果把职称界定为专业技术或学识、水平、能力与成就的等级称号，把它作为反映专业技术人员学术水平、工作能力及过去成就的标志，作为对专业技术人员的一种评价和承认。那么，这种意义上的职称应该具有如下特征：（1）不与工资待遇挂钩；（2）没有数额限制；（3）一旦取得，终身享有；（4）标准控制，相同的职称，评定的标准应该是相同的，不应因工作单位、地区、民族等因素而有所差异；（5）与使用无关，离退休人员也可以参加职称评定。

表8-3　　　　评聘结合与分开模式对职称制度功能定位的体现

维度	评聘结合	评聘分开	
		评（称号）	聘（职务/岗位）
评聘目的	评价与使用制度	评价	使用（聘任）
与薪酬关系	与工资待遇挂钩	不与工资待遇挂钩	与工资待遇挂钩
数量控制	有数额限制	没有数额限制	有数额限制
时效	有任期	无	有任期
与岗位的关系	依附岗位存在	跟专业/职业相关，与岗位无关	依附岗位存在
评价标准	相同的岗位/职务，相同的标准	相同的职称系列，相同的标准	相同的岗位，相同的标准

在实践中，对"评职称"的关注度远胜于对"用职称"的关注度。但职称的功能定位与职称评价结果的使用息息相关，是坚持职务导向、实行评聘结合，还是坚持称号（资格）导向、实行评聘分开、将职称纳入社会化人才评价体系，更多取决于职称评价结果的应用领域。

第四节　职称社会化评审制度

职称评审社会化是市场经济条件下对我国专业技术职务聘任制的发展

和完善。从文献检索结果看，目前在理论研究和实践中，各方面对什么是职称评审社会化至今还没有比较统一的、权威的、为各方面所接受的界定。理论基本问题不解决，就不能形成统一的认识和统一的行动。如何科学界定职称评审社会化的基本内涵和主要特征，深入探讨职称评审社会化产生和发展的经济社会因素，都迫切需要通过进一步深化理论研究予以解决。

一 基本概念

职称评审社会化是我国专业技术人才评价制度创新的结果，理解这一制度体系需要从概念入手，厘清社会化人才评价、社会化专业资格的内涵，进而明确职称社会化评审、职称社会化评审制度的概念。

（一）社会化人才评价

职称评审社会化是社会化人才评价的重要组成部分。社会化人才评价是我国特有的概念，2003 年在《中共中央、国务院关于进一步加强人才工作的决定》中正式提出。从现有研究看，目前关于社会化人才评价的理解存在两种视角。第一种观点认为，所谓社会化人才评价是指独立于政府、用人单位和专业技术人员自身的社会组织所进行的各种评价活动。该观点是相对于计划经济体制下政府评价的单一模式而提出来的。第二种观点认为，所谓社会化评价是指从市场需求、从基本的评价和使用关系出发，在确立劳动关系（就业和执业）过程中相对于雇员和雇主，权威的、正式的、专业的和普适性的评价活动，即"第三方评价"。比如，根据《行政许可法》的规定，由国家行政机关或法律法规授权的具有管理公共事务职能的社会组织设定的职业资格许可，也是社会化人才评价机制的重要组成部分。

判断一种评价制度是不是社会化评价，不能仅仅从评价主体出发，而要从市场需求、从基本的评价和使用关系出发，评价的最终目的是使用。因此，本书倾向于第二种观点。从第二种观点可以得出，我国的社会化人才评价体系是包括职称制度和其他评价活动。从评价的实施主体来看，主要是指与评价者和使用者（雇员和雇主）没有直接的行政管理关系或劳动关系的"第三方"，具体包括国家、行业组织、专业认证机构以及企事业单位；从评价标准上看，有国家标准、行业标准以及企事业单位的特殊标准；从评价结果的法律效力上看，有具有行政许可性质的强制性评价，也有非行政许可性质的志愿性、推荐性评价。

（二）社会化专业资格

基于资格认证活动实施主体和国家对该资格认证活动的呼应程度，一个国家和地区的资格认证活动大体可分为三类："国家资格""公认的民间资格""民间资格"。如韩国，将职业资格分为"国家资格"和"民间资格"。其中"国家资格"是由依据《国家技术资格法》进行管理的"国家技术资格"和依据单独法令进行管理的"其他国家资格"组成。国家技术资格主要由与产业相关的技术、技能与服务领域的资格组成，"其他国家资格"主要为专业服务领域（医疗、法律等）的资格，根据各部门的需要设立、运营，大部分都具有执照性质。民间资格是指由国家以外的个人、法人、团体新设并管理、经营的资格。除了资格基本法第17条中禁止新设的领域外，无论任何人都可以自由地新设并管理、经营民间资格。民间资格包括"国家公认民间资格""纯粹民间资格"和"企业内资格"。其中，"国家公认民间资格"是国家资格的重要组成部分。其认证活动的公信力和权威性与国家资格（非许可部分）是大体相同的。

从我国各类资格认证活动现状和人力资源市场配置需求看，目前我国境内的各类资格认证大体可分为四类，即"国家资格""国家认可的民间资格""民间资格""企业资格"。其中："国家资格"是指依据行政许可法，由国家行政机关或具有行政管理职能社会组织设定并实施的许可类资格。"国家认可的民间资格"是指"非许可类资格"，包括列入国家职业资格目录管理的水平评价资格和实行备案管理的学会、协会、院校和企业自行组织实施认证的资格。

在当前条件下，社会化专业资格是指在职称评审社会化深化改革过程中，除纳入国家职业资格目录清单管理的职业资格外，由行政机关授权或认可的协会、学会等社会组织开展评价的专业技术资格。其主要特征：（1）政府主导；（2）非行政许可；（3）实行"资格"管理；（4）适用于国家职业资格目录清单管理之外所有职业。

（三）职称社会化评审

在充分借鉴社会化人才评价概念的基础上，我们将职称评审社会化的内涵界定为：在我国现行职称制度的总体框架下，从市场需求、从基本的评价和使用关系出发，由独立于用人单位和专业技术人员的"第三方"，依据一定标准和程序对专业技术人员职业能力和学术技术水平进行的评价活动，具体包括政府主导评聘分开的职称评价、资格认证，以及社会组织开展的资格资质认证活动等。

从历史的角度看，推进专业技术人员职称评审社会化不是现在才提出来的，体现了很强的政策导向性和地方实践性。无论是1996年起开始的完善专业技术职务聘任制中推行"评聘分开"试点，还是建立和推行职业资格制度、落实用人单位职称评聘自主权、促进政府职称评审职称转变等，都是对职称社会化的积极探索，并且贯穿于职称制度改革的全过程。从发展的角度看，职称评审社会化不只是针对具体问题提出来的，而是有着深刻的经济社会根源：现代服务业的发展，职业结构变化和专业化趋势，人才资源市场配置以及人员交流国际化都对发展多元的、丰富的职称评价产品提出了客观要求。

（四）职称社会化评审制度

相对于传统的职称制度，职称社会化评审制度是基于公共人事管理的制度设计，主要承担社会管理和公共服务两大职能，与国有企事业单位内部人事管理的功能作用有本质的区别。也就是说，社会化评审的职称强调的是职称头衔属性。

职称社会化评审制度是社会化人才评价制度的重要组成部分，具有以下特征：一是强化职称社会化评审的公共服务属性，即职称社会化评价实施主体为行政机关授权或认可的社会组织。这是职称社会化评价与行业组织自主评价的根本区别。二是强化职称社会化评审的资格（头衔）属性。这是体制内职称与体制外职称评价的根本区别。在体制内，职称既是"职务"同时也是资格（头衔），实行评聘结合。在体制外，职称是资格（头衔），实行评聘分开。三是强化职称社会化评审的开放性。在实行国家职业资格目录清单管理背景下，将由政府主管部门授权或认可的社会组织所进行的专业技术职称（资格）评价纳入职称社会化评价框架体系。具体包括以下四类资格：（1）面向非公有制经济、社会组织、自由职业专业技术人员等开展的职称评价；（2）在深化职称制度改革中，"对专业性强、社会通用范围广、标准化程度高的职称系列以及不具备评审能力的单位"，由社会化评审机构进行的职称评价；（3）在推动政府职能转移过程中，由协会学会等行业组织承接的职称和职业能力水平评价；（4）依托我国自贸港（区）建设、粤港澳大湾区建设、澜湄合作区建设、"一带一路"倡议等，通过双边或多边协议互认的境外资格评价。

综上所述，可以得出：（1）职称社会化评价的对象：专业技术人员（包括体制内外）。（2）功能定位（评什么）：专业技术水平（职业核心能力）。（3）管理体制（谁评）：政府授权或认可的协会学会等社会组织。（4）意义作用：搭建职业发展阶梯；推动（职业）专业化发展；提升专业技术水平（继续教育与终身学习）；推动人才工作与教育工作相结合（资历框架）；促进人才合理流动和国际互认；维护人力资源市场秩序（政府规制）。

二、要素特点

职称评审社会化作为职称制度体系的重要组成部分，除具备职称制度基本评价要素外，还有自身的显著特点。

（一）评价定位

所谓评价定位是指职称评审社会化的作用属性，也就是职称评价是职务管理属性，还是学衔属性。随着社会主义市场经济体制逐步建立、干部人事制度改革稳步推进以及国家职业资格制度建立和推行，我国的职称既有职务属性，也有资格属性。一般而言，体制内单位的职称评价既有职务管理属性，也有学衔的属性，是"职务管理"和社会化"资格管理"的混合体。而面向全社会的职称社会化评价，仅仅有学衔的属性，是对专业技术人员职业能力和学术技术水平的评价。

（二）评价主体

所谓评价主体是指实施职称评审社会化的机构或组织，主要是指政府、社会组织等。根据评价主体的不同，职称评审社会化大致分为四类：第一类是依据行政许可法开展的许可类职业资格评价；第二类是列入职业资格目录清单的职业水平评价；第三类是由政府主导的实行评聘分开方式并采用高评委模式的职称评价；第四类是政府职能转移过程中转移给协会学会等行业组织承接的职称和各类水平评价。从国际发展趋势看，职称评审社会化主要是指上述第四类情况。

（三）评价对象

所谓评价对象是指适用职称评审社会化的专业技术人员范畴。依据职称评审社会化特点，适用于职称评审社会化的评价对象应为：依法应当或者根据职业特点能够以认证认可的方式对其职称（资格）予以确定的专业技术人员范畴。依据《意见》，职称评审社会化应坚持：对专业性强、社会通用范围广、标准化程度高的职称系列，以及不具备评审能力的单位，依托具备较强服务能力和水平的专业化人才服务机构、行业协会学会等社会组织，组建社会化评审机构进行职称评审。

（四）评价标准

所谓评价标准是指职称评审社会化活动中应用于评价对象的价值尺度和界限。社会化评价标准要以职业分类为基础、以职业能力为导向，形成体现不同职业特点和各类人才成长规律的职业能力标准。横向看，有区域标准、地方标准；纵向看，有国家标准、行业标准、用人单位岗位标准等。因此，职称评审社会化标准的制定需要从横向纵向上关注标准之间的联系和衔接。

（五）评价效用

所谓评价效用是指职称评审社会化活动中评价主体作出的评价结果对评价对象和用人单位的使用价值。职称评审社会化是一种以社会公益为主的工作，必须有使用价值才会有生命力。从总体上看，职称社会化评价是基于公共人事管理的制度设计，具有普适性，没有数量和结构比例限制，对所有专业技术人员都公平公开公正地适用，并且在全国或区域内通用。从法律关系上看，评价与被评价是依申请或约定而产生的评价关系，不能强制，也不必主动给予。职称评审社会化所给予的证书或其他证明文件不是对专业技术人员就业和执业的限制，而是对其能力素质达到一定水平的鉴定、证明和认可。同时，也为用人单位科学客观地选人用人提供了决策参考。

三 主要特征

按照上述定义，职称评审社会化必须具备一定的条件才能实现，因此它具有以下基本特征：

(一) 专业性

职业的专业化过程，是从根本上解决职称评审社会化的根源和动力问题。有研究表明，一个充分成熟的专业必须具备六个标志：(1) 是一个正式的全日制职业；(2) 拥有专业组织和伦理法规；(3) 拥有一个包含着深奥知识和技能的科学知识体系，以及传授/获得这些知识和技能的完善的教育和训练机制；(4) 具有极大的社会效益和经济效益；(5) 获得国家特许的市场保护（鉴于高度的社会认可）；(6) 具有高度自治的特点。一个职业的专业化是一项巨大的社会工程，无论是在"专业中心"还是在"国家中心"发展模式主导下，一个专业化职业工程始终卷入政府、高校、社会组织和用人单位四个实体要素。因此，职称评审社会化的最终成功则极大地依赖于这四者合力的正确取向。在我国目前的资历认证体系内，教育市场上学位文凭认证，劳动力市场上职称（资格）认证，四个实体要素都发挥了重要的主体作用，这正体现了一个职业专业化的演进规律和演进特征。

(二) 多样性

职称评审社会化的多样性，主要体现在评价主体的多元性、职称评价产品的多样性以及评价效用的多样性等方面。从评价主体看，主要包括政府、行业组织、专业认证机构以及企事业单位等多个评价主体。从评价产品看，既有具有行政许可性质的强制性评价，也有非行政许可性质的自愿性、推荐性评价。从评价效用看，用人单位可以在经过职称评价的人才中择优用人，专业技术人员可以到具备评价资格的社会组织进行职称评价，之后进入人才市场自由择业。

(三) 权威性

一般而言，职称社会化评审是由权威组织来推进的。组织的权威性一方面来自法律支持，另一方面来自组织自身能力。以行业组织为例，会计师有税务、审计等相关法律要求，并建立了专业协会/学会开展行业自律管理。科协所属学会都具有独立的法人身份，具有对评价结果承担法律责任的资源和能力。在职称评审社会化中，行业组织必须在政府主管部门审查备案后方可开展职称社会化评价工作。从国外的情况看，行业组织是对专业技术人员管理的直接实施者，起到了主导作用。行业组织在相关专业方面权威性的建立，主要是通过建立相关专业人士的职称（资格）标准，规范会员的行为准则，从而使学会或协会获得良好的信誉而被社会认可，推动整个行业的健康发展。

第五节 职称制度发展历程

职称制度自新中国成立以来就是专业技术人才评价的核心制度，是专业技术人才管理的基本依据，在专业技术人才的培养选拔、合理流动、稳定队伍、发挥作用等方面起到了积极作用。职称制度的改革发展是守正创新的结果，不同历史时期的职称制度改革导向都反映了当时经济发展和社会进步的需求，但也始终坚持其作为评价制度的根本遵循。从新中国成立至今，职称制度历经了五个阶段，新中国成立初期的技术职务任命制、1977年至1983年的专业技术职称评定制、1986年至1995年的专业技术职务聘任制、1995年至2016年的职务管理和资格管理的选择阶段、2016年以来的深化职称制度改革阶段，其功能定位、适用范围、构成要素及其内在结构关系不断发生重大变化，无论是从内涵还是作用上都发生了一些变化，呈现了不同历史阶段的相应特点，体现了当时的经济社会需求导致的政策思路。五个阶段的具体特征如下：

一 以实行职务等级工资制为导向的技术职务任命制（新中国成立之初至20世纪60年代）

技术职务任命制，是指新中国成立初期到20世纪60年代，借鉴旧中国和苏联的干部管理模式，将专业技术人员归为国家干部，实行技术职务任命制和职务等级工资制度，即由各单位领导和组织部门考核任命专业技术人员，对符合条件的人员兑现相应的工资，同时自然形成一些学术、技术性较强的技术职务系列。这个时期职称制度的特点是：技术职务是根据实际需要和机构编制确定，与工资分配制度紧密相连，技术职务的名称同时作为工资标准等级而存在。晋升职务，工资相应得到提高。这一时期没有明确的职称概念。专业技术人员是"国家干部"，其评价、使用、激励等与其他人员没有区别。"职称"有以下特征：

（1）"职称"即职务名称，是职务等级工资制的重要组成部分。

（2）职务级别等同于行政级别，与等级工资制挂钩，统一实行30个工资级别。

（3）实行领导任命制，有岗位要求和数量限制，有任职期限。

（4）技术职务适用范围限于机关技术人员（工程技术人员）、大学教学人员、中学教学人员、小学教学人员、科学研究人员、新闻工作人员、出版编辑人员、卫生技术人员、翻译工作人员和文艺工作人员共10个系列。

二 以学衔制探索为导向的技术职称评定制阶段（1978—1983年）

技术职称评定制，是指1978年到1983年评定职称实质上是资格称号评定，即评定职称是反映专业技术人员的学术技术水平和业务能力的资格水平。在一定程度上是继承了20世纪60年代建立学衔制度和称号制度的指导思想。开展职称评定只是衡量技术人员和专业人员的技术工作成就、技术水平和业务能力的表征，不与工资挂钩，属于称号、荣誉和资格的范畴。因此，这一时期以学衔制探索为导向，其特点是：

（1）首次正式提出并清晰界定"职称"概念。职称是"表明专业技术人员水平能力和工作成就的称号"。

（2）在职称的授予过程中，并不设定特定的岗位要求和数量的限制，同时也没有固定的任期，一旦获得，便成为专业技术人员终身享有的荣誉。

（3）职称的评定并不直接与个人的职务或薪资待遇挂钩，而是更多地作为对其专业能力的认可。

（4）职称的评审工作由行业内的专家根据既定的标准和程序进行，确保评审的公正性和专业性。

（5）在职称评定工作的管理上，职务的分类、评定的标准和程序均由国务院职称主管部门进行统一的管理和指导。经过逐步的发展和规范，到1983年，正式得到批准的职称系列扩展到了22个。

三 以职务管理为导向推行专业技术职务聘任制阶段（1986—1995年）

1986年2月，国务院颁布《关于实行专业技术职务聘任制度的规定》，决定改革职称评定制度，实行专业技术职务聘任制，并相应实行以职务工资为主要内容的结构工资制度。从专业技术职务聘任制度的特点可以看出，无论是在概念上、内容上还是在管理上，专业技术职务聘任制与技术职称评定制有着本质区别，职称从单一的评价制度成为集评价、使用、待遇三位一体的人事管理制度。因此，这一阶段以"职务管理"为导向，其特点是：

（1）职称是职务。职称实质上是与工作岗位紧密相关的职务，它代表着具有明确职责、特定任职条件和任期要求的工作岗位。这些岗位通常需要特定的业务知识和技术水平才能胜任，与一次性获得并终身持有的学位、学衔等学术技术称号不同。

（2）实行岗位结构比例控制，有明确的任职条件和任职期限。这意味着每个职称层级都设有明确的任职条件和任职期限，确保专业技术人员在职业生涯中能够有序发展。

（3）职称的评定与工资、待遇紧密挂钩。通过实施以职务为基础的结构工资制，专业技术人员的职称直接关联到他们的薪酬水平和福利待遇，激励他们不断提升自己的专业技能和工作表现。

（4）实行"评聘结合"的职称评定模式，意味着在专业技术人员的聘任过程中，行政领导将结合评审委员会的专业意见，从经过严格评审并符合特定条件的人员中进行选择和聘任。这种方式结合了行政管理和专业评审的双重优势，确保聘任过程既符合组织的实际需求，又体现了对专业技术人员专业能力的认可。

（5）随着时代的发展和行业的变迁，职称系列从最初的22个逐渐增加到现在的29个。在这期间，为了更加灵活和精准地管理专业技术人才，从1991年开始进行了"评聘分开"的试点工作。这意味着专业技术人员可以通过职称评审等方式获得相应的专业技术职务任职资格，而用人单位则可以根据实际岗位需求，自主聘任具备相应任职条件的专业技术人员。这种变革使得"职称"逐渐从单纯的"职务"概念中游离出来，更加注重其作为"资格"的属性。

四 以完善人才评价机制为导向的"职务管理"和"资格管理"两难选择阶段（1995—2016年）

随着社会主义市场经济体制的逐步建立、干部人事制度改革的稳步推进以及国家职业资格制度的建立和推行，这一阶段的职称框架体系产生了较大变化。与1986年确立的专业技术职务聘任制相比，这一时期的职称框架体系承载了太多的内容，是国有企事业单位"职务管理"和社会化"资格管理"的混合体。具体表现在：

（1）在功能定位方面，职称体系不再仅仅局限于传统意义上的职务标签，它同时也成为衡量专业技术人才资格的重要内容。一方面，传统的专业技术职务聘任制仍然在运行中，确保体制内单位对专业技术人员进行适当的职务安排。另一方面，随着社会发展多元化和劳动力市场的开放，各级政府也在不断探索针对非公有制企业、各类社会组织、专业服务机构和农业领域的专业技术人员进行社会化、市场化的资格评价，以更全面地反映他们的专业能力和水平。

（2）在体系框架的构建上，这时的职称制度展现出了更为全面和包容的特点。它不仅涵盖了传统的任职资格评价，即根据专业技术人员的专业知识和技能水平来确定其相应的职称级别，同时也整合了许可类职业资格和职业水平评价，形成了"三位一体"的职称评价框架。这种框架结构不仅满足了不同行业、不同领域对专业技术人员能力评价的需求，也促进了职称制度与社会经济发展的紧密结合。

（3）在职称系列上，仍然以原有的29个主要职称系列为基础，但在实施职业资格制度的背景下，对于那些已经纳入职业资格制度并相应不再单独进行职称评价的类别，并没有进行大的调整，也没有增加新的职务序列。

（4）在评价和使用关系上，采取了灵活多样的方式。一方面，对于部分行业和领域，坚持评聘合一的原则，即职称评价与职务聘任紧密结合；另一方面，对于部分特殊情况或行业特点，也允许评聘分开，即职称评价结果与职务聘任不完全挂钩，给予单位更大的自主权和灵活性。

（5）在适用范围上，积极打破传统"体制内外"的界限，致力于构建一个面向全社会的职称评价服务平台。这个平台不仅服务于体制内的专业技术人员，也向体制外的非公单位、社会组织、专业服务机构等开放，为所有专业技术人员提供公平、公正、公开的职称评价服务，促进全社会专业技术水平的提升和人才资源的优化配置。

五 以人才分类评价机制改革和法制化建设为导向的深化职称制度改革阶段（2016年至今）

2016年11月中央印发《关于深化职称制度改革的意见》，2018年又连续印发《关于分类推进人才评价机制改革的指导意见》和《关于深化项目评审、人才评价、机构评估改革的若干意见》两个文件，明确了人才分类评价的导向。2019年印发《规定》，初步确立了职称制度的法律地位，将过去分散的政策上升为统一规定，将一般性政策文件上升为部门规章，对从源头上规范职称评审程序、依法加强职称评审管理、切实保证职称评审质量起到重要作用。这一时期的特点表现为：

（1）在功能定位层面上，职称具有评价和管理双重属性。职称制度是专业技术人才评价和管理的基础制度，是评价专业技术人才学术技术水平和专业能力的重要标志。

（2）在体系框架上，确立了面向国有企事业单位、评聘结合的职称评审和面向非公有制单位、社会组织、自由职业者、评聘结合的社会化职称评审两大体系。

（3）坚持评价与使用相结合。在事业单位，不再进行岗位结构比例外单独资格化的职称评审。职称评价与岗位需求紧密结合，确保评价结果与实际应用相匹配。

（4）按照"谁使用、谁评价"原则，逐步下放职称评审权。确立用人单位、社会组织的主体地位。推动职称评审向协会、学会等社会组织有序转移。这一变化旨在推动职称评审更加贴近实际、更具灵活性和适应性，同时促进协会、学会等社会组织在职称评审中发挥更大作用。

（5）初步厘清了职称制度与职业资格制度的关系，为专业技术人才的职业发展提供更加清晰和明确的指导。

纵观我国职称制度的演进过程，有以下几条基本经验：

（1）功能定位是建构职称框架体系的基石和逻辑起点。职称是"职务"，还是"称号"（资格），是深化职称制度改革应该着力解决的首要和最基本问题。

（2）职称框架体系调整、变化的动力，主要不是来自职称制度本身，而是来自干部人事制度和企业用人制度的综合配套改革。所以，不能就职称论职称。

（3）职称制度萌芽于干部分类管理改革，其适用对象和范围在不同时期都有特殊的规定性。从大一统的职称评审，到分类导向的职称评审，都反映了其特定时期的发展需要。

（4）坚持逻辑与历史的统一，把握好职称"变"与"不变"的关系。一是贯彻落实"尊重劳动、尊重知识、尊重人才、尊重创造"的方针，激发各类专业技术人员积极性、创造性的根本方针没有变；二是实行国家对职称工作的统一领导的制度模式没有变；三是国有企事业单位坚持以专业技术职务聘任制为导向的职务管理制度属性没有变；四是推进体制外专业技术人员职称评审社会化改革的方向没有变。

第九章

职业资格证书制度

职业资格证书制度作为我国劳动就业制度的一项重要内容，自1994年建立以来，在推动专业技术人才和技能人才评价方式的改革、加强人力资源能力建设、提高专业（技术）服务质量，以及规范人力资源市场秩序等方面发挥了重要作用。

第一节 职业资格证书制度概述

职业资格证书制度是基于国家设定的职业标准或任职资格条件，通过政府认可的考试（考核）和鉴定机构，对劳动者的技能水平和专业能力进行全面、客观、公正的评价和鉴定，一旦劳动者达到这些标准并通过了相关考试或鉴定，就被授予相应的国家职业资格证书的人才评价制度。这一证书是他们专业能力和技能水平的权威认可。这一制度也是世界各国普遍采用的人才评价制度，在促进人才国际流动中发挥着基础性作用。经过几十年的改革发展，形成了国家职业资格目录清单管理模式。

一 制度缘起

职业资格制度，作为全球范围内普遍采用的一种对技术技能人员进行评价和管理的制度，其起源可以追溯到欧美等发达国家。在理解其定义和内涵时，我们需要注意它与"执业资格"是两个有区别的概念。从英文翻译来看，"Profession"一词通常被翻译为"职业"。这个词不仅指代一个人所从事的工作领域或行业，还强调从业者在拥有特定技术技能知识的基础上，展现出相当的职业操守和自律精神。这种职业操守和自律精神涉及了道德层面,特别适用于类似注册会计师等职业,这些职业对从业者的道德标准有着严格的要求。而"Practice"一词,则更多地被翻译为"执业"。这个词主要指的是职业人士在实际工作中的行为或操作,例如,"Practicing CPA"即指正在从事注册会计师工作的专业人士。

18—19 世纪,为了适应工业发展的迅猛势头,确保技术技能人员能够满足行业对高素质、高能力人才的需求,发达国家纷纷通过立法手段建立了职业资格制度。这一制度旨在规范并提升从业者的专业技能和职业操守,确保他们具备与国际接轨的竞争力。自改革开放以来,我国积极贯彻"对外开放、对内搞活"的经济建设方针,社会和经济领域都经历了翻天覆地的变化。特别是当经济体制从有计划的商品经济向社会主义市场经济过渡时,人才评价制度也开始了与市场经济相适应的转型探索。除继续实施专业技术职务聘任制度以认可专业人员的职称和地位外,我国还逐步引入了专业技术人员职业资格制度,旨在通过更为规范、科学的评价体系,促进专业技术人员的持续成长和发展,确保他们能够更好地服务于经济建设和社会发展。

1986 年,我国颁布了《注册会计师条例》,旨在规范注册会计师的职业行为,保障其具备必要的专业知识和技能,这是我国建立的第一项专业技术人员职业资格制度。1993 年 11 月,中共十四届三中全会通过了《关于建立社会主义市场经济体制若干问题的决定》,该决定明确指出"要制定各种职业的资格标准和录用标准,实行学历文凭和职业资格两种证书制度"。由此,职业资格制度作为我国劳动人事制度改革的重要内容,被明确纳入了建立社会主义市场经济体制的关键举措之中。根据这一要求,政府有关部门开始积极研究在相应领域推行职业资格制度。1994 年劳动部、人事部颁发了《职业资格证书规定》,提出"若干专业技术资格和职业技能鉴定(技师、高级技师考评和技术等级考核)纳入职业资格证书制度",明确了职业资格证书制度的来源。同年 7 月,职业资格证书制度写入《中华人民共和国劳动法》,1995 年人事部颁发了《职业资格证书制度暂行办法》,对专业技术人员职业资格进行了相应的规定。而后,各类职业资格证书应运而生。2000 年,劳动和社会保障部印发《关于大力推进职业资格证书制度建设的若干意见》,职业资格证书制度进入快速发展阶段。

二　制度内容

职业资格证书制度作为一项人才评价制度，在适用范围、管理体制、治理模式、等级划分、认证内容和方法、质量保障、国际互认等方面具有其特有的内容。

（一）适用范围

我国现行的职业资格证书分为两类四种，即适用于专业技术人员的专业技术人员职业资格，包括准入类资格和水平评价资格；适用于技能人员的技能人员职业资格，只有准入类资格。准入类职业资格的设置主要考虑两个方面：一是是否与国家和人民的安全利益相关，包括公共安全、国家安全、人身安全等；二是是否有相关的法律法规依据或者国务院规定作为依据。水平评价类职业资格的设置主要考虑了三个方面：一是社会通用性比较强，涉及面广且人多；二是技术性比较强或者技能水平要求比较高；三是有较强的专业性，对人员配置的市场化程度要求较高。

（二）管理体制

1994年3月原劳动部、原人事部联合颁发的《职业资格证书规定》中第六条规定："职业资格证书实行政府指导下的管理体制，由国务院劳动、人事行政部门综合管理""劳动部负责以技能为主的职业资格鉴定和证书的核发与管理（证书的名称、种类按现行规定执行）""人事部负责专业技术人员的职业资格评价和证书的核发与管理""各省、自治区、直辖市劳动、人事行政部门负责本地区职业资格证书制度的组织实施"。这一规定确定了专业技术人员职业资格证书和技能人员职业资格证书分别由人事部和劳动部管理的管理体制。2008年原人事部与原劳动和社会保障部合并成立人力资源和社会保障部之后，目前专业技术人员职业资格由专业技术人员管理司归口管理，技能人员职业资格由职业能力建设司归口管理。

（三）治理模式

根据2017年9月12日发布的《人力资源和社会保障部关于公布国家职业资格目录的通知》要求，国家将严格按照规定的条件和程序，对职业资格实施清单式管理。这意味着，任何未列入国家职业资格目录的职业资格，均不得进行许可和认定。同时，除了准入类职业资格，目录内的其他职业资格将不再与就业创业直接挂钩。对于职业资格的设置、取消，即纳入或退出目录，均需经过严格的评估论证程序。这一程序将由人力资源和社会保障部联合国务院相关部门组织专家进行，确保决策的科学性与合理性。在设立新的职业资格时，还需遵循《国务院关于严格控制新设行政许可的通知》的规定，并广泛征求社会意见，最终按照既定程序报国务院批准。这一做法旨在确保职业资格制度的规范性和有效性，为劳动者提供更加明确和权威的职业发展方向。

建立国家职业资格目录，是政府在转变职能、深化行政审批制度改革以及人才发展体制机制改革中的关键步骤，同时也是推动创新创业活力迸发的重要举措。此举旨在构建一个公开透明、科学严谨、规范有序的职业资格目录体系，通过建立这样的目录清单，有效地解决职业资格过多过滥的问题，提升职业资格设置和管理的科学化、规范化水平，并且降低就业创业的门槛，减轻人才负担，进一步激发市场主体的创造活力。这对于推动供给侧结构性改革、优化人才资源配置、提升国家整体竞争力都具有积极而深远的影响。

（四）等级划分

职业资格等级是职业技术复杂程度的客观反映，通常是通过对职业的分析与评价，根据职业范围的宽窄、职业技术复杂程度高低及从业者掌握职业技术和技能所需培训时间的长短，合理地设定等级结构。就准入类职业资格来看，采用的是标准设定方法，即通过职业资格考试即取得资格，除极少数几个专业技术准入类资格外（如注册建筑师，分为一级注册建筑师和二级注册建筑师），没有进一步的等级划分。职业资格等级划分主要是针对水平评价类职业资格而言，就专业技术类职业资格来说，通常初级和中级两个等级通过考试的方式取得，高级专业技术类职业资格通常采取职称评审的方式获得；就技能人员职业资格来说，根据原劳动和社会保障部制定的《国家职业标准制定技术规程》中的规定，国家职业资格分为五个等级，由低到高分别为：五级/初级技能、四级/中级技能、三级/高级技能、二级/技师、一级/高级技师。

（五）认证内容和方法

专业技术人员职业资格认证的内容遵循一个以专业为核心的内容体系，其认证内容和标准是基于特定专业领域的内在逻辑和要求来制定的，着重强调专业技术人员在相关专业领域内所需具备的能力和素质。技能人员职业资格认证的内容是基于职业导向的内容体系来设定的,这意味着其内容和标准紧密围绕实际生产体系的内在规律和需求进行构建。在这种体系下,更侧重于岗位实际操作中所需的知识和技能,确保技能人员能够胜任特定职业的要求。职业资格认证方法通常采取考试的方式进行,考试形式为标准参照测验,即以某种既定的标准为参照系进行解释的考试。这种考试是将每个人的成绩与所选定的标准作比较,达到标准即为合格,与考生总人数无关。它提供的是有关考生的知识技能、能力素质是否达到某种标准水平或要求的信息。

(六)质量保障

职业资格证书的质量是其存在的核心和公信力的源泉。因此,对于职业资格证书的质量管理必须置于各项工作的首要位置。构建并完善证书质量保证体系,是确保职业资格证书制度声誉和权威性的核心要素。在这一过程中,专业和职业标准成为衡量职业资格质量的主要尺度。在严格执行这些标准的前提下,我们需遵循一系列统一的原则来管理职业资格证书的各个环节。这包括统一命题管理,确保考试内容的一致性和公正性;统一考务管理,规范考试流程,确保考试的顺利进行;统一职业资格认定机构条件,保证认定机构的专业性和权威性;统一考评人员资格,确保考评人员的专业性和公正性;以及统一证书管理,维护证书的权威性和有效性。在日常工作中,我们必须重视并加强质量管理工作,确保每一个环节都符合规定和要求。同时,定期开展质量检查工作也是必不可少的,它能帮助我们及时发现并纠正问题,持续提升职业资格证书的质量。这样,我们才能确保职业资格证书制度的声誉和权威性,为人才评价和职业发展提供可靠保障。

(七)国际互认

1994年劳动部、人事部颁发的《职业资格证书规定》第八条规定:"国家职业资格证书参照国际惯例,实行国际双边或多边互认。"职业资格国际互认是一个跨国界的认可过程,它发生在两国或多国政府之间,以及非政府的专业组织之间。这个过程通过签订协议来确认各自国家或地区内的专业资格具有相同的法律效力、兼容性和可接受性。一旦完成互认,这些国家或地区将在其各自管辖范围内赋予拥有这些互认职业资格的人员相应的权益。在现有的职业资格国际认证进展中，主要成果体现在一系列相关协定的签署上。这些协议可以被归纳为两大类，即贸易协定中关于认证的规定和各国专业团体间签署的职业资格认证协议。当专业人员跨国提供劳动服务时，这构成了服务贸易的一个重要组成部分。然而，职业资格认证往往成为一个潜在的贸易壁垒，因为它可能限制外国劳动者进入本国市场提供服务。为了消除这种壁垒，服务贸易协定中需要包含相关的互认协议条款。但在实际操作中，这些贸易协定中的互认协议进展往往慢于专业团体间直接签署的职业资格互认协议。专业团体间的互认协议通常更加直接和具体，它们能够更迅速地响应行业需求，推动职业资格标准的国际统一。

近年来，我国各地积极探索通过境外职业资格单方认可、向境外专业人士开放职业资格考试等方式助推"引才聚才"。如，2021年9月，北京市人力资源社会保障局、市人才局联合发布"两区"境外资格认可目录，涉及金融、教育、建筑与工程服务、科技服务、医疗健康服务等10个北京市"两区"建设重点领域，共计82项认可的境外职业资格，为持有这些职业资格的专业人员提供包含3项便利举措、2项人才保障、1个查询平台的"3+2+1"支持政策，以吸引他们来京创新创业。2022年年初，深圳市人力资源社会保障局会同相关部门联合发布《深圳市境外职业资格便利执业认可清单》，清单涵盖六大领域，包括税务师、注册建筑师、注册城乡规划师、医师、船员资格、导游等在内的20项职业资格。允许持有清单内境外职业资格的专业人员按照相关实施办法，在深圳市备案登记后执业，提供专业服务。这一工作已经成为各地政府的持续性工作。此外，国家也开始向符合条件的境外人员开放职业资格考试，如在国务院领导支持下，面向港澳台同胞，人社部牵头全面开放职业资格考试；除涉及国家安全、公共安全、意识形态等领域外，允许符合条件的境外人员参加国内的职业资格考试。此外，为了提高国家职业资格的国际影响力，人社部还会同中国外文局在俄罗斯、白俄罗斯设置翻译资格考试海外考点。

三 制度作用

制度作用是理解制度设计的基础，职业资格证书制度作为市场经济条件下的一种重要的人才评价制度，在科学评价人才方面发挥着举足轻重的作用。不仅如此，这一制度还是世界各国在人力资源开发与管理领域广泛采用的一项基本制度。其作用主要体现在以下几个方面：

第一，从职业资格证书制度建立的时代背景看，职业资格制度属于我国社会主义市场经济体制改革的一项重要举措，承担着为建设社会主义市场经济建设选拔和培养专门人才的重要功能，同时也是保障公共安全、维护公共利益的重要举措。此外，国家提出实行学历文凭和职业资格两种证书制度、制定各种职业的资格标准和录用标准，是对当时唯学历、唯文凭的一种反思和纠偏，提倡重能力、重业绩的人才评价制度改革方向。

第二，职业资格证书制度是我国劳动力资源开发的重要举措，对全面提高劳动者素质，培育和发展劳动力市场，促进培训与就业结合具有重要作用。它以职业活动的工作内容为导向，以职业活动所必需的能力为核心，为职业教育的内容与方法的改革提供了重要的条件。它既是人才制度，也是就业制度，是一个通过提升劳动者就业竞争力，进而促进就业的制度。通过实施职业资格证书制度，可以推动职业教育的课程体系直接与职业活动和就业需要相联系，直接为生产和经济的发展需要服务，提高人力资源开发效率。

第三，职业资格证书制度是建立技术技能人才的成长通道的重要手段。职业资格证书可以作为持证人水平和能力的证明。准入类职业资格还是持证人在相关领域依法进行注册执业的重要依据。职业资格证书制度通过对劳动者的技术技能水平或执业资格进行客观公正、科学规范的评价和鉴定，为技术技能人才提供了成长的阶梯，不仅有助于劳动者提高自身素质，增强就业竞争能力和工作能力，还能促使普通劳动力资源逐步转化为符合产业界需要的人力资本。

第四，职业资格证书制度还有助于推动企业投资于人力资本的自觉性，增强企业的人力资本存量，提高企业竞争力。由于职业资格证书代表了劳动者具备必要的职业素质和技术技能水平，因此持有职业资格证书的员工更能胜任其工作，有利于提升各行业产品和服务质量，进而提高企业的整体绩效和市场竞争力、促进经济发展和产业升级。

第二节　职业资格证书制度的演进历史

我国的职业资格证书制度起步于中华人民共和国成立初期，建立于20世纪90年代。经历快速发展期后，进入规范发展阶段。国家职业资格目录清单制度确立后，我国职业资格证书明确为专业技术人员职业资格和技能人员职业资格。从发展历程看，两类职业资格的发展历程都可分为三个阶段，但发展脉络略有差异。

一　专业技术人员职业资格证书制度的发展历程

现行的专业技术人员职业资格制度是自20世纪80年代后期，随着社会主义市场经济体制建立而形成和发展起来的，面向专业技术人员，采取的是职业资格认证的评价方式。专业技术人员职业资格证书制度经历了"起步发展""推广发展"和"规范发展"三个发展阶段。

（一）起步发展阶段（1986—1995年）——建立专业技术人职业资格证书制度

改革开放后，我国积极实施"对外开放、对内搞活"的经济建设方针，经济和社会领域都迎来了翻天覆地的变化。随着这种快速发展，原有的专业技术人员管理制度逐渐显示出其局限性，迫切需要进行改革以适应新的发展需求。在这样的背景下，一种国际上广泛采用的管理制度——职业资格制度，被引入并确立为我国专业技术人员评价和管理的新模式。1986年，我国正式颁布了《注册会计师条例》，这标志着我国第一项专业技术职业资格制度的建立。这一制度的实施，不仅为注册会计师行业提供了明确的职业标准和评价依据，也为其他专业技术领域提供了可借鉴的范例，为我国专业技术人员管理制度的改革奠定了坚实的基础。

1993年，国务院印发《关于中国教育改革和发展纲要实施意见》，提出"在全社会实行学历和职业资格证书并重的制度"。同年11月，中共十四届三中全会作出《关于建立社会主义市场经济体制若干问题的决定》，指出"要制定各种职业的资格标准和录用标准，实行学历文凭和职业资格两种证书制度"。由此，职业资格制度作为我国劳动人事制度改革的主要内容，被列入构建社会主义市场经济体制的重要举措中。

1994 年 3 月劳动部、原人事部联合颁发《职业资格证书规定》，该规定第六条规定："职业资格证书实行政府指导下的管理体制，由国务院劳动、人事行政部门综合管理。劳动部负责以技能为主的职业资格鉴定和证书的核发与管理（证书的名称、种类按现行规定执行）。人事部负责专业技术人员的职业资格评价和证书的核发与管理。各省、自治区、直辖市劳动、人事行政部门负责本地区职业资格证书制度的组织实施。"确定了专业技术人员职业资格证书和技能人员职业资格证书分别由人事部和劳动部管理的管理体制。

1994 年 7 月 5 日全国人大常委会第八次会议通过的《中华人民共和国劳动法》第八章第六十九条规定："国家确定职业分类，对规定的职业制定职业技能标准，实行职业资格证书制度"，首次确立了职业资格制度的法律地位，从法律的角度确定了在我国实行职业资格制度的合法性和有效性。

1995 年 1 月 17 日，原国家人事部印发了《职业资格证书制度暂行办法》，对专业技术人员职业资格的性质、类别、资格设置、申请条件、考试考务、证书管理、纪律要求等制度作出了明确的规定，这标志着我国专业技术人员职业资格制度正式踏上发展轨道。

（二）推广发展阶段（1996—2002 年）——全面推进职业资格证书制度

1996 年《职业教育法》颁布，对实行国家职业资格制度作出了明确的规定。《职业教育法》第一章第八条规定：实施职业教育应当根据实际需要，同国家制定的职业分类和职业等级标准相适应，实行学历文凭、培训证书和职业资格证书制度。

1996 年 6 月，中共中央、国务院下发的《关于深化教育改革全面推进素质教育的决定》再次明确，要在全社会实行学业证书、职业资格证书并重的制度。

到 2002 年年底，人事部会同有关部门推行了 35 个专业技术人员职业资格。这些人员涵盖了多个重要领域，如：注册会计师、律师、执业医师、执业药（中药）师、注册建筑师、注册结构工程师、注册土木（港口与航道）工程师、注册土木（岩土）工程师、注册电气工程师、注册公用设备工程师、注册化工工程师、注册资产评估师、监理工程师、房地产估价师、造价工程师、珠宝玉石质量检验师、注册税务师、拍卖师、企业法律顾问、假肢与矫形器制作师、矿产储量评估师、矿业权评估师、注册城市规划师、价格鉴证师、棉花质量检验师、注册咨询工程师、注册安全工程师、注册核安全工程师、注册建造师、房地产经纪人、国际商务员以及纳入专业技术职业资格制度管理的土地登记代理人、质量专业人员、出版专业人员、翻译专业人员。截至2002年，全国已累计有36万名专业技术人员获得职业资格证书。

2003年，中共中央、国务院颁布了《关于进一步加强人才工作的决定》，明确指出：全面推行专业技术职业资格制度，加快执业资格制度建设；积极探索资格考试等专业技术人才的评价方法；积极推进专业技术人才执业资格的国际互认。

（三）规范发展阶段（2003年至今）——清理规范职业资格证书制度

2003年8月27日，第十届全国人民代表大会常务委员会第四次会议通过了《中华人民共和国行政许可法》。对设定公民资格许可事项作出规定。

2004年，国务院印发《对确需保留的行政审批项目设定行政许可的决定》，保留77个具有许可性质的职业资格。

2007年12月，国务院办公厅下发了《关于清理规范各类职业资格相关活动的通知》，通知指出，职业资格制度是社会主义市场经济条件下科学评价人才的一项重要制度。同时提出，我国职业资格制度经历了显著的完善过程，对于提升专业技术人员和技能人员的素质、加强人才队伍建设起到了积极的推动作用。然而，与此同时，制度实施过程中也暴露出一些问题，这些问题主要体现在职业资格考试和证书管理上的混乱。具体而言，一些部门、地方和机构在未经充分论证和审批的情况下，擅自设置职业资格，导致名目繁多、重复交叉的现象屡见不鲜。这不仅给专业技术人员和技能人员带来了困扰，也影响了整个行业的健康发展。此外，还有一些机构和个人以职业资格为名，随意举办考试、培训和认证活动，通过乱收费、滥发证等手段谋取私利，甚至冒用权威机关的名义组织所谓的职业资格考试并颁发证书，严重损害了职业资格证书的权威性和公信力。更为严重的是，一些机构还擅自承办境外职业资格的考试发证活动，并收取高额费用，这不仅扰乱了市场秩序，也给我国专业技术人才队伍建设带来了负面影响。社会对这些问题的反映十分强烈，要求政府采取措施进行规范和整治。为了有效遏制职业资格设置、考试、发证等活动中的混乱现象，维护公共利益和社会秩序，保护专业技术人员和技能人员的合法权益，加强人才队伍建设，确保职业资格证书制度顺利实施，我国政府对各类职业资格有关活动进行了集中清理和规范。这一举措旨在打造一个更加规范、有序、公正的职业资格制度环境，为发展社会主义市场经济和构建社会主义和谐社会提供有力的人才保障。

2014年7月，国务院印发《关于取消和调整一批行政审批项目等事项的决定》，取消11项职业资格许可和认定事项。本次取消的专业技术人员准入类职业资格，涉及国际商务、质量、税务、资产评估、土地登记、矿业权评估、品牌管理等多个专业领域。同时，国务院决定取消各地区自行设置的各类职业资格。至2016年年底人力资源和社会保障部报请国务院批准分7批取消了429项国务院部门设置的职业资格，总量减少70%以上，其中专业技术人员职业资格149项（包括准入类46项，水平评价类103项）。初步实现了国务院部门设置的、没有法律法规和国务院决定作为依据的准入类职业资格基本取消；国务院部门和全国性行业协会、学会未经批准自行设置的水平评价类职业资格基本取消。同时对国家职业资格目录清单进行公示。

2017年9月12日，人力资源和社会保障部发文《关于公布国家职业资格目录的通知》，共公布了140项职业资格，其中，专业技术人员职业资格59项（准入类36项，水平评价类23项），并提出建立动态调整机制。2019年，会计从业资格由于法律修改调出职业资格目录，专业技术人员职业资格变为58项（准入类35项，水平评价类23项）。2021年，再次对国家职业资格目录进行调整，专业技术人员职业资格59项（准入类33项，水平评价类26项）。

二 技能人员职业资格证书制度的发展历程

现行的技能人员职业资格制度是自中华人民共和国成立以来，在工人技术等级考核制度基础上逐步建立、发展、调整、充实、完善起来的，面向技能人员，采取的是职业技能鉴定的评价方式。技能人员职业资格证书制度经历了"起源发展""转型发展"和"规范发展"三个发展阶段。

(一)起源发展阶段(1949—1992年)——工人考核制度的建立与流变

1949年中华人民共和国成立以后,党和政府为了发展经济,非常重视技术工人队伍的建设。当时,在恢复和促进企业正常生产活动的同时,解决旧中国遗留下来的失业人员就业问题,改造中华人民共和国成立以前不合理的工资分配制度,成为中华人民共和国劳动工作面临的重大挑战。刚刚组建的劳动部及各级政府劳动行政部门,在解决这些问题的同时,大力开展了就业转业培训和职业技术教育。配合国家重点建设项目,各级劳动部门举办了各类职工就业转业训练班,后来逐步发展成为技工学校和企业培训中心。但受经济条件限制,为生产一线培养技能劳动者的主要渠道仍然是传统的学徒培训。学徒制度在这一时期得到了很大发展,学徒工的转正定级考核工作逐步得到完善。学徒工转正定级考核的基本做法在之后形成的工人技术等级考核中得到广泛应用,可以说,这是我国工人考核制度的雏形。

到1956年,全国城镇地区的失业问题基本得到解决,国家统一的工资制度开始形成,工人技术等级考核制度也开始在企业中建立起来。1956年6月16日,国务院全体会议通过《国务院关于工资改革的决定》。《决定》指出:"为了使工人的工资等级更加合理,各产业部门必须根据实际情况制定和修改工人技术等级标准,严格地按照技术等级标准进行考工定级,使升级成为一种正常的制度。"1956年的工资制度改革,在企业中普遍建立了学徒工转正定级和考工晋级制度,确立了我国工人考核制度的基本形式。考工定级和晋级工作的核心是技术等级标准。技术等级标准是分产业、分工种制定的,它是确定职工技术等级以及相应的工资等级和标准的尺度。根据工作的复杂性、难易程度和责任大小,技术等级标准最多分为八级,各等级明确规定其技术要求。按照中央的要求,在劳动部的统筹领导下,全国按产业、按部门逐步建立起了涉及上万工种的技术等级标准。由于历史原因,技术等级标准的制定工作主要借鉴甚至照搬了苏联的经验和模式,受到苏联计划经济体制中行业分割、部门林立的影响,工种分类过多过细。但这次标准制定过程中形成的一些基本原则至今仍有着重要影响。这些原则主要包括:

（1）技术等级、工作物等级、工资等级一致性原则；

（2）技术等级的多级结构形式；

（3）"应知、应会、工作实例"的内容结构形式；

（4）在国务院劳动行政部门统筹下，由行业部委制定，由国家统一颁布的工作原则等。

为适应技术进步和企业生产发展的需要，1963年，劳动部门曾组织有关部委对技术等级标准进行了第一次全面修订（通常称为"第一次修标"）。"文化大革命"时期，考工定级和晋级制度与其他劳动管理制度一样，受到了严重破坏，处于停滞和下滑状态。

1978年，党的十一届三中全会以后，全党的工作重点转移到以经济建设为中心的轨道上来，被"文化大革命"破坏的各项制度不断恢复，经济局面迅速好转，科学技术进步加快。为使工人的技术素质尽快适应经济技术发展的要求，国家再次开始重视工人培训，并逐步恢复被"文化大革命"破坏掉的工人技术等级考核制度。1979年，国家经济委员会、国家劳动总局发出了《关于进一步搞好技术工人培训的通知》，要求恢复工人技术等级考核制度。为了尽快恢复技术等级考核制度，并使20世纪50年代和60年代制定的技术等级标准适应现代生产组织管理和生产技术发展的需要，国家劳动总局在1979年组织国务院有关部委和解放军有关部门，结合本行业的劳动组织管理、生产技术装备和加工工艺，以及工人素质的状况，又一次对技术等级标准进行了全面修订。这是我国历史上第二次全面修订技术等级标准（通常称为"第二次修标"）。

为进一步适应企业工资改革的需要，1983年，劳动人事部颁发《工人技术等级考核暂行条例》，全面总结中华人民共和国成立以来考工定级和考工晋级工作经验与教训，对工人技术等级考核作出制度性规定，并对考核种类、方法和组织管理等作出具体规定。该条例的发布，标志着中断了多年的考工制度得到全面恢复。在这一时期，相当一部分地区、部门和企事业单位在进行工资调整和员工升级时，能够较好地把技术等级考核与工资待遇有机地结合起来，因而极大地提高了工人学习技术业务的积极性。但是，由于"文化大革命"的冲击，广大工人的工资长期得不到调整和晋升，欠账过多的现象普遍存在，再加上国家财政状况、工资计划等多方面的原因，企业在进行工资调整和升级时，不得不采取按比例、论年功的办法。这在一定程度上影响了工人技术等级考核制度的贯彻，使之未能发挥应有的作用。

1985年5月，中共中央通过《关于教育体制改革的决定》。该决定明确提出："要在全党和全社会进行教育，树立行行光荣、行行出状元的观念，树立劳动就业必须有一定的政治文化和技能准备的观念，并且在改革教育体制的同时改革有关的劳动人事制度，实行'先培训，后就业'的原则。今后各单位招工，必须首先从各种职业技术学校毕业生中择优录取。一切从业人员，首先是专业性技术性较强行业的从业人员，都要像汽车司机经过考试合格取得驾驶证才许开车那样，必须取得考核合格证书才能走上工作岗位。有关部门应该制定法规，逐步实行这种制度。"中共中央的这个决定，摆正了培训与就业的关系，确立了技术等级考核制度对促进教育培训事业和劳动就业工作发展的作用，为我国技术等级考核制度的进一步充实发展指明了方向。

从1988年开始，劳动部在广泛调查和充分进行可行性论证的基础上，组织45个部委开展了第三次技术等级标准修订工作（通常称为"第三次修标"）。这次修订标准的工作历时近三年，是历次修订标准中涉及面最广、动员力量最大的一次。第三次修标工作把原有的近万个工种合并为4700多个，在此基础上正式颁布了我国第一部《中华人民共和国工种分类目录》（1992年颁布）。同时，这次"修标"还简化了技术等级结构，参照国际劳工局（ILO）的原则，将传统的八级技术等级制度改造为初、中、高三级制，制定了较为严谨的工种编码和内容格式，使标准体系进一步规范化。

1986年，国家经济委员会针对企业高级技术工人的培养状况进行了深入调查，并向中央及国务院呈递了一份专题报告。这份报告强调了高级技术工人在企业中的重要技术支撑作用，但同时指出了当前面临的一大挑战：技术工人队伍老龄化严重，年青一代的接班人明显不足。这种高级技术工人的短缺状况已经对企业的生产技术进步和经济效益增长产生了显著的制约。针对这一严峻形势，中央和国务院领导层给予了高度关注，并明确指示国务院相关部门必须迅速制定和实施相关政策。具体来说，这些政策旨在完善考工晋级制度，建立技师考评体系，并通过举办全国性的技术比赛来提高技术工人的社会地位。这一系列举措旨在有效推动高级技术人才的培养工作，确保企业技术力量的持续壮大。1987年，经过国务院批准，劳动人事部正式发布了《关于实行技师聘任制的暂行规定》，并立即启动了全国范围内的试点工作。

1988年，国务院办公厅转发了国家科学技术委员会等五部门提出《关于从工人、农民及其他劳动者中选拔和培养各种技术人才的意见》。这份文件强调了社会主义现代化建设对多层次人才的迫切需求。除依赖受过高等教育和中等专业教育的科技人才外，我国还急需从广大工人、农民和其他劳动者中发掘和培养具备丰富实践经验和高级技能的技术人才，包括那些技艺精湛的能工巧匠。为了满足这一需求，文件提出了建立技术职务和技术职称的体系，并设立了一个常态化的晋升制度。这意味着，对于在工作中表现出色、有突出贡献的技师，他们有机会晋升为高级技师，并享受与之相应的待遇和尊重。1989年，劳动部总结在技师评聘试点经验的基础上，开始部署高级技师评聘试点工作。同年12月5日，全国首批高级技师颁证大会在人民大会堂召开，中央领导为我国机械、电子、轻工、印钞造币、旅游等行业的首批211名高级技师代表颁发证书。1990年，劳动部门正式印发《关于高级技师评聘的实施意见》，标志着技师评聘制度的正式确立。这一制度的建立，不仅是对我国技术等级考核和晋升制度的进一步完善，更构建了一个涵盖初级、中级、高级三个技术等级以及技师、高级技师两个技术职务资格的完整考评体系。这一体系为广大技术工人提供了一个明确的职业发展路径和成才通道，使他们能够通过不断提升自己的技能水平，获得更高的职业认可和待遇。

进入90年代以后，中央和国务院领导提出要更自觉地把经济建设转移到依靠科技进步和提高劳动者素质的轨道上来。为了进一步加强工人培训考核工作，调动工人生产劳动和学习政治、技术业务的积极性，劳动部在进一步总结考核工作经验，特别是《工人技术考核暂行条例》颁布以来工作经验的基础上，制定了《工人考核条例》。这是中华人民共和国成立以来第一部由国务院批准的关于工人考核的行政法规，标志着我国基本形成了国家工人考核制度，确立了工人初、中、高、技师和高级技师五个等级技术工人考核体系，使我国工人考核制度得以完善和充实，为实现职业技能鉴定社会化管理和推行国家职业资格证书制度奠定了良好的基础。

(二) 转型发展阶段（1993—2003 年）——国家职业资格证书制度的建立

1993 年 7 月，劳动部正式颁布了《职业技能鉴定规定》，这一规定明确指出职业技能鉴定将遵循政府指导下的社会化管理原则。为实现这一目标，文件提出了建立职业技能鉴定指导中心和职业技能鉴定站（所）的具体要求，旨在通过这些机构来组织和开展职业技能鉴定工作。同时，还强调了开发职业技能鉴定国家题库的重要性，以确保鉴定过程的标准化和规范化。此外，文件还提出了加强职业技能鉴定考评员队伍建设的措施，旨在提升考评员的专业素养和鉴定能力，为职业技能鉴定提供有力的人才保障。这些基础工作的建设，为职业技能鉴定体系的完善和发展奠定了坚实的基础。自这个文件颁布开始，我国技能劳动者的能力评价工作迎来了重大变革。这一变革打破了传统的"工人"与"干部"界限，摒弃了过往的"工人考核"称谓，转而采用更为专业和全面的"职业技能鉴定"。这一转变不仅是对劳动者能力评估体系的革新，更是我国从计划经济体制迈向社会主义市场经济体制过程中，企业工人考核制度向职业技能鉴定社会化管理体制转型的显著标志。这一转型意味着我国技能劳动者的评价将更加市场化、社会化和专业化，有助于提升劳动者的职业竞争力和技能水平，进一步推动社会主义市场经济的健康发展。

1993 年 11 月，党的十四届三中全会通过《中共中央关于建立社会主义市场经济体制若干问题的决定》，明确提出"要制定各种职业的资格标准和录用标准，实行学历文凭和职业资格两种证书制度"。1994 年 3 月，劳动部与人事部联合出台了《职业资格证书规定》，这份文件对职业资格证书制度的核心要素进行了详尽的阐述，并为实施该制度制订了全面计划。它不仅厘清了各级劳动部门和人事部门在推行职业资格证书制度中的职责范围，更是我国劳动人事部门首次正式发布的关于建立职业资格证书制度的纲领性文件。这一文件的发布，标志着我国计划经济下的各种考核鉴定和资格认证工作正式迈向了国家职业资格证书制度的轨道，为技能人才的评价和管理提供了更加规范、统一的标准，进一步推动了我国职业技能鉴定工作的专业化和市场化进程。

1994 年 7 月，全国人大常委会第八次会议通过《中华人民共和国劳动法》（中华人民共和国主席令第 28 号公布）。其中明确规定，"国家确定职业分类，对规定的职业制定职业技能标准，实行职业资格证书制度，由经过政府批准的考核鉴定机构负责对劳动者实施职业技能考核鉴定"。从而以法律的形式确立了职业技能鉴定和职业资格证书制度的法定地位。1996年5月《中华人民共和国职业教育法》颁布，再次明确了职业资格证书在劳动就业和职业教育培训中的地位。

为促进职业资格证书制度建设，1995年6月，原劳动部颁布《从事技术工种劳动者就业上岗前必须培训的规定》。1997年9月印发《推行职业资格证书制度完善职业技能鉴定社会化管理体系实施方案（1997—2000年）》以及其他一系列重要的政策性和技术性文件，标志着我国职业技能鉴定工作达到了新的起点和新的高度。

2002年全国职教会进一步强化职业资格证书制度和就业准入制度的重要性。2003年全国人才工作会议再次提出完善这一制度的要求。职业资格证书制度在社会上、在职业学校中、在企业内得到普遍认可，职业技能鉴定工作在更广范围、更深层次上得到实施。

（三）规范发展阶段（2003年至今）——技能人才评价体系的建立与完善

在2003年12月，党中央、国务院召开了全国人才工作会议，并在会议结束后，正式发布了《关于进一步加强人才工作的决定》。该文件明确了新世纪新阶段人才工作的根本任务，即实施人才强国战略。为切实贯彻这一决定的精神，特别是加强高技能人才队伍的建设工作，劳动保障部随后制定了详细的指导意见，即《关于贯彻落实中共中央、国务院关于进一步加强人才工作决定做好高技能人才培养和人才保障工作的意见》，明确要求从多个关键环节入手，包括培养、选拔、评价、使用、激励、交流和保障等，全面加大工作力度，以加强高技能人才队伍的建设。其中，特别提出了一个具有明确目标的培养计划，即"三年五十万新技师培养计划"，旨在普遍、系统地提升高技能人才的数量和质量。

2004年，劳动保障部会同国务院国有资产监督管理委员会，共同发布了《关于开展高技能人才队伍建设试点工作的通知》。在这项通知中，特别选择了34家中央企业作为高技能人才队伍建设的试点单位，旨在通过改革技能人才的评价方式，推动并构建有利于企业高技能人才成长和发展的制度机制。同时，为了加强职业技能培训和鉴定工作，劳动保障部还下发了《关于在百所职业院校推进实施职业资格证书制度国家级试点工作的通知》，选择了130多所职业院校作为试点，积极组织和推动职业技能鉴定工作的深入开展。同年8月，劳动保障部召开了首次新职业发布会，这标志着我国正式建立了新职业的定期发布制度，为职业发展和人才培养提供了更加明确和规范的指导。这一系列的举措和试点工作，无疑为我国的高技能人才队伍建设提供了强有力的支持，有助于推动我国职业技能培训和鉴定工作的健康发展。

2007年12月，国务院办公厅下发《关于清理规范各类职业资格相关活动的通知》，强调了职业资格制度的重要性和价值，它是社会主义市场经济条件下科学评价人才的一项重要制度。为了有效遏制职业资格在设立、考试和发证等环节中出现的混乱现象，保护公共利益和社会秩序，维护专业技术人员和技能人员的合法权益，同时加强人才队伍建设，确保职业资格证书制度能够健康、有序地实施，更好地支持社会主义市场经济的发展和社会主义和谐社会的构建，国务院决定对各类职业资格相关活动进行集中清理和规范。

2014年7月，国务院印发《关于取消和调整一批行政审批项目等事项的决定》，开始职业资格集中清理工作。2016年年底，完成职业资格清理工作，分七批取消了434项国务院部门设置的职业资格，其中技能人员职业资格280项（包括准入类1项，水平评价类279项）。对国家职业资格目录清单进行公示。

2017年9月12日，人力资源和社会保障部发文《关于公布国家职业资格目录的通知》，共公布了140项职业资格，其中，技能人员职业资格81项（准入类5项，水平评价类76项）。2019年8月，为深入贯彻《关于分类推进人才评价机制改革的指导意见》等文件的指导精神，并响应国务院关于推进"放管服"改革的要求，人力资源和社会保障部印发《关于改革完善技能人才评价制度的意见》。该文件提出了一套全面的改革方案，旨在建立健全以职业资格评价、职业技能等级认定和专项职业能力考核等为主要内容的技能人才评价制度。同年12月底召开的国务院常务会议，确定从2020年1月起，用一年时间分步有序地将与国家安全、公共安全、人身健康、生命财产安全关系不密切的技能人员水平评价类职业资格全部调整出国家职业资格目录，实行职业技能等级认定制度。2021

年公布国家职业资格目录中，技能人员职业资格包含 13 项准入类资格和拟准入类职业资格。

第三节　职业资格证书制度的发展状况

我国职业资格制度是伴随着市场经济体制改革而产生和发展起来的，自 1994 年《中共中央关于建立社会主义市场经济体制的决定》提出"国家实行学历文凭和职业资格证书制度"，经过近 30 年的改革完善，我国已初步建立了包括法规制度体系、管理实施工作体系和技术支撑体系的职业资格证书制度。当前，我国的职业资格证书制度正处于转型升级的重要阶段，正在迈向更加科学合理、规范有序的发展轨道。深化职业资格证书制度改革，不仅需要直面并解决制度本身存在的突出问题和挑战，还需要积极应对新时代、新环境所带来的新机遇和新挑战，以实现制度的创新发展。

一　主要成效

职业资格证书制度作为一项重要的专业技术人才和技能人才评价制度，在两支队伍建设的过程中发挥了重要的指挥棒作用，取得了法律地位初步确立、治理体系不断优化、运行管理机制基本确立、国际资格互认进行了有益的探索等成效。

（一）法律地位初步确立

国家职业资格证书制度是依据 1994 年原劳动部和原人事部联合颁布的《职业资格证书规定》建立的。之后，通过《劳动法》《职业教育法》《就业促进法》《行政许可法》等专项法律，以及《教师法》《律师法》《会计法》《医师法》《统计法》等若干专门职业法律明确了职业资格证书制度的法律地位、作用和管理实施要求。此外，出台了一系列规章、标准，如《职业资格证书制度暂行办法》《职业技能鉴定规定》《职业分类大典》《国家职业技能标准编制技术规程》等，进一步对职业资格证书制度的组织实施和运行管理进行规范。各地区、各部委也结合本地区、本行业的实际，制定了一系列地方性和行业性的配套行政法规和技术性管理文件，初步建立起职业资格证书制度的相关法律法规体系。

（二）治理体系不断优化

职业资格证书制度确立之初，只有原劳动部、原人事部两个部委参与治理，技能人员职业资格管理归口在劳动部，专技人员职业资格管理归口在人事部。随着职业资格证书制度不断发展，形成劳动和人事部门，联合有关部委遵循职业资格证书相关制度对国家职业资格证书进行综合管理的格局。专业技术人员职业资格证书制度是伴随职称制度改革逐步形成的，但一直以来在制度上结构关系不明晰，缺乏统筹协调，2017年1月出台的《关于深化职称制度改革的意见》指出："促进职称制度与职业资格制度有效衔接。以职业分类为基础，统筹研究规划职称制度和职业资格制度框架，避免交叉设置，减少重复评价，降低社会用人成本。"至此，职业资格证书制度和职称制度从"三位一体"转向各归其位、各行其道的格局已经基本形成。

（三）运行管理机制基本确立

我国职业资格证书制度是在政府主导下，由政府或政府授权的机构来统一组织认证，并且在相应的法律保障下实行的。国家职业资格中的专业技术人员职业资格考试工作由行业主管部门联合人社部共同负责，日常的管理工作由职业资格相对应的行业主管部门或主管部门委托的行业协会承担，考试的报名、审核、组织等具体工作由人事部考试中心负责。根据1993年颁布的《职业技能鉴定规定》精神，国家职业资格中的技能人员职业资格管理实行职业技能鉴定的政府指导下社会化管理。人社部对全国职业技能鉴定工作进行宏观管理、制定标准、政策，并对职业技能鉴定工作根据社会市场需求做相应的规划，审核批准行业有关的职业技能鉴定机构；各省市、自治区综合管理本地区职业技能鉴定工作，审核审批本地区的职业技能鉴定中心（站），制定职业技能鉴定相关的申报条件、考核办法、考评考务考场规则等办法；职业技能鉴定指导中心负责对职业技能鉴定工作进行组织、指导和协调；职业技能鉴定站负责职业技能鉴定的具体实施工作。

（四）国际资格互认进行了有益的探索

经济全球化发展加剧了专业人员和技术人员国际上的跨国流动，不仅是我们的专业技术人员和技能人员急需"走出去"，在国际上和"一带一路"流动起来，同时随着中国经济的快速发展，国外的专业技术人员和技能人员也有越来越多的要"走进来"的需要。在这些方面，职业资格证书制度都是最基础的一环，这就决定了职业资格证书制度一定要向国际看齐。工程技术领域的国际互认主要平台是国际工程联盟大会，它是由六个工程师资格国际互认体系相关协议联合召开的会议，具体包括《华盛顿协议》《悉尼协议》《都柏林协议》《工程师流动论坛协议》《亚太工程师计划》和《工程技术员流动论坛协议》，每两年举办一次。会议期间，各协议组织将分别召开工作会议，商讨各协议组织发展问题，并共同探讨如何加强各协议组织的协调与融合，共同促进工程师资格的国际互认和工程师的国际流动。我国在 2013 年 6 月 19 日的国际工程联盟大会上正式加入工程教育本科专业认证的国际互认协议《华盛顿协议》，标志着我国工程技术领域资格认证迈出了国际化的第一步。2008 年我国和新西兰签署职业资格互认框架并成立了工作组；还有许多专业团体间的资格互认，如中国建筑学会与欧盟有关组织就注册建筑师的互认达成协议；一些技能院校与国外职业院校签署战略合作协议；人力资源和社会保障部职业技能鉴定中心引入并注册 17 个国际职业资格证书，其中语言类 3 个、服务类 12 个、制造类 2 个。

二 存在问题

我国的职业资格证书制度在实施过程中取得一定成效的同时，也逐步出现一些突出问题，早期表现为考试太乱、证书太滥、管理不够规范等问题，经过近十年的清理工作，这类问题基本得到了遏制。但从长远发展来看，仍然存在以下问题：

（一）制度体系亟待健全

在深化"放管服"改革背景下，国家职业资格目录清单中的职业资格大幅削减。2020 年技能人员水平评价类职业资格不再由政府或其授权的单位认定发证，全部退出目录清单，实行接受市场与社会认可和检验的职业技能等级认定制度，这是落实人社部 2019 年出台的《关于改革完善技能人才评价制度的意见》的重要举措。但要使职业技能等级认定制度发挥应有的效力，需要及时建立健全相关配套制度体系，比如，要"健全技能人才评价标准""完善评价内容和方式""加强监督管理服务"等以及做好制度衔接。

比如，就监管而言，在开展市场和社会评价的同时，必须适时建立健全监管机制，否则会产生评价乱象。如 2017 年 9 月正式颁布的国家职业资格目录清单中取消了心理咨询师资格，之后市场异常活跃，但也异常混乱，国内部分协会学会开展的培训认证标准不一、方式不一、质量良莠不齐。在此过程中，甚至很多境外非法机构也乘虚而入。《焦点访谈》栏目曝光的美国认证协会的注册国际心理咨询师职业资格认证就是认证评价乱象的典型表现：交钱就可以轻松考取专业证书，缺少政府监管，每年报考人数超过 12 万人次，一年的非法收入超过 1 亿元人民币。但这种证书并不为业内人士所认可，严重损害了心理咨询行业的健康发展。因此，在推行职业资格市场化、社会化改革的同时，需要强化监管和公共服务，抓好"标准的标准""认证的认证"等工作。

比如，制度衔接。国务院于 2017 年 1 月印发《进一步减少和规范职业资格许可和认定事项的改革方案》，提出要推进职业资格、职称、职业技能等级认定制度的有效衔接。在总结工程技术领域试点工作基础上，人社部于 2020 年 12 月印发《关于进一步加强高技能人才与专业技术人才职业发展贯通的实施意见》。但在制度衔接的实际做法方面，仍然是符合相应条件的参评人"多头考试参评"，并没有实现制度上的主动贯通。这在一定程度上加重了人才考试评价负担。就制度建设而言，此类问题也需要顶层设计上予以解决。

（二）科学化程度亟待提高

从资格设置角度看，我国的职业资格分为准入类和水平评价类。其中，准入类职业资格具有其特定的设立背景和目的，它主要涵盖那些直接关系到公共安全、人身健康以及人民生命财产安全的特殊职业。这类职业资格的设立，不是随意为之，而是依据了严格的法律、行政法规或国务院的决定，确保了其权威性和必要性。水平评价类职业资格则有所不同，它主要面向那些在社会中通用性强、专业性强、技术技能要求高的职业。与准入类职业资格不同，这类资格的设立并不依赖于行政许可，而是更多地根据行业管理和人才队伍建设的需求来设定，旨在评价从业人员的专业技能和水平，为其职业发展提供指导和支持。从目前的职业资格设置来看，虽然准入类职业资格设置都有法律依据，水平评价类职业资格设置也有相应的政策依据，但是基本还是以各部门出台的法律和政策依据做支持，标准界定相对粗放，同时也缺少必要的社会效应评估。

从职业资格的评价方式角度看，目前职业资格评价均采取考试方式，无论是常模参照测验还是标准参照测验，都是按考生的考试成绩，来获取相应的职业资格证书。考试内容大多仅涉及知识层面，对于技能层面的考察很有限。这种方式对于工程师、医师等技能要求较高的职业，很难全面反映应试者的职业能力。部分职业资格考试的报考条件设置也不太科学，如很多专业化职业需要大量相关领域从业经验的累积，年限要求过低，不利于专业化职业发展。此外，部分职业资格与学历教育不衔接，容易造成重复评价，比如《教师法》规定，幼儿园、中小学教师都要求具备相应的师范类学校学历。作为师范类学校的合格毕业生，应已具备从事相应学段教育教学的能力素质要求，再要求其参加相应的教师资格证考试，实属重复评价。

从新职业发展角度看，2020年李克强总理在全国深化"放管服"改革优化营商环境电视电话会议上的讲话中明确指出："稳定和扩大就业，要转变观念，顺应就业结构变化的大趋势，加快调整相关准入标准、职业资格、社会保障、人事管理等政策，使之能够适应并促进多元化的新就业形态。"新就业形态也催生了很多新职业，自2015年版《中华人民共和国职业分类大典》颁布以来，人社部等部门已陆续向社会发布四个批次56个新职业。2021年4月，人社部办公厅印发《关于加强新职业培训工作的通知》，提出要"有序开展新职业评价""探索多元化评价方式""探索'互联网+人才评价'新模式"等。职业资格是一种对职业进行社会性规制的评价方式，目前的职业资格目录清单反映的只是当前职业的规制状况。面对新职业，是否需要规制，应该怎样合理规制都需要予以规范。

(三) 法治化水平亟待加强

世界主要国家（地区）均有较完善的职业资格立法，并具有较为系统的支持规范体系，通过立法形式使得职业资格管理具有权威性和可操作性。比如，在许多发达国家的职业资格法律法规中，不仅规定职业资格认证名称、考核标准、注册条件等，还会规定如何管理职业资格，包括涉及部门的职责、资格以及运营费用，同时对于用人单位、中介组织、培训机构的责任也会在相关法律法规中予以明确。此外，发达国家职业资格立法还有一项重要特征，就是对职业许可的法律授权。不论是政府部门还是民间机构，除非获得法律授权，否则都不能设立对进入相关行业具有门槛限制性的职业资格，即准入类资格。通常都是法律授权职业许可由政府部门进行直接管理，这样确保在有限范围内严格控制准入类职业资格的数量。此外，对职业资格的审核和授予进行管理的具体职业资格委员会也由法律授权成立，一旦授权撤回，相应资格委员会也随之取消。虽然我国也初步形成了包括综合法律、行业管理法律法规和单项法律法规在内的职业资格法律法规体系，但是与国外具有200多年历史的职业资格制度相比，我国的职业资格立法仍处于探索阶段，存在着职业资格制度母法缺失、相关法律对职业资格的规定不完善、基于专门职业的行业立法亟须推进、职业资格立法的规范性程序亟待建立等一系列需要解决的问题。

比如，我国于2004年开始实施、2019年修订的《中华人民共和国行政许可法》对设定公民资格许可事项作出规定，认可了职业资格认证属于行政许可范畴，但是相关规定过于原则、可操作性不强。又比如工程师资格认证，在典型国家（地区）的工程师制度中，政府依据相应法律法规建立准入资格，通过国家立法来确立资格管理规范，由政府部门或政府授权社会公益机构与行业协会（或学会）依法进行管理实施。政府通过法律授权，确立社会组织作为工程师培养和资质认证的合法权威机构，奠定其群众基础，同时也为工程社会的自我调节与自我发展功能的实现提供充分的空间。在权责划分上，政府、行业组织、工程企业、高校等各方代表共同参与资格认证制度设计。具体来说，准入类资格认证的实施过程是由政府部门主导的，以确保其权威性和严谨性。而在水平评价资格认证方面，则是由一个以多个部门组成的第三方机构以及其授权的行业组织共同负责。这些非政府部门在水平认证过程中同样扮演着至关重要的角色，它们与政府部门协同工作，确保整个认证流程的顺利进行。在整个认证过程中，政府部门和非政府部门各自有着明确的职责分工。政府部门主要负责准入资格认证的监管和管理，确保相关职业的从业者达到必要的安全和合规标准。而非政府部门，如第三方机构和行业组织，则更多地参与到水平评价资格认证的具体实施中，它们根据行业管理和人才队伍建设的需求，制定评价标准、组织考试和评估，为从业者的专业技能和水平提供客观、公正的评价。对比而言，我国相关资格认证的法治化水平亟待提高。

(四) 信息服务水平亟待提高

实现职业资格的信息化管理，不是计算机网络技术与职业资格管理制度的简单组合，而是通过信息化技术，优化管理流程、转变管理职能、促进管理创新，实现职业资格管理全流程环节的有效衔接。目前我们国家技能人员职业资格信息化平台建设相对完善，国家职业资格工作网由八大应用系统组成，分别是社会公众服务应用系统、职业分类与职业标准应用系统、培训与签订考核应用系统、课题与教学研究、国外职业资格证书引进与管理应用系统、国家题库运行管理应用系统、鉴定质量管理应用系统和国家职业资格管理数据库。专业技术人员职业资格没有相应的整合性信息平台，散落在各个行业部门，如工信部教育考试中心设立全国通信专业技术人员职业水平考试网承担了通信专业技术人员职业资格考试的相关信息查询工作。整体来看，这些信息化平台的公共服务功能主要是职业资格证书真伪查询和法规政策的公示，服务水平不高。

(五) 国际资格互认工作亟待推进

目前我国仅有少数职业，如结构工程师、建筑师等与有关国家、地区开展资格互认取得了一定进展，其他职业领域的互认工作还处于空白。以工程师职业资格为例，调查显示，有65.2%的工程技术人才认为国内工程师的技术水平落后于发达国家同类人员水平；有75%的工程科技人才认为，我国应该积极"建立国际等效的工程师培养、开发制度"，"推动我国工程师的国际资格互认"；有82.9%的工程科技人才认为，应当学习借鉴国外经验在本行业建立认证注册工程师制度，其中有7.6%的受访者表示迫切需要在本行业建立注册工程师相关制度。我国加入的《华盛顿协议》是关于工学教育专业认证的协议，还不是真正的人力资源市场化的互认协议，工程科技人才呼吁应抓紧启动《工程师流动论坛协议》等国际工程师职业资格互认工作，真正实现工程师的国际流动。新西兰是首个制定资历框架的国家，2008年中国和新西兰签署职业资格互认并成立了工作组，时隔8年资格互认工作仍未取得实质性进展。

三 深化职业资格证书制度改革面临的形势任务

从国际经验看，职业资格证书制度是经济社会发展到一定阶段的产物。一个国家或地区设置哪些职业资格、采取怎样的评价模式，与这个国家或地区的职业结构、专业服务发展水平、劳动力市场准入制度以及经济、政治、文化等因素都有密切关系。深化改革不仅要解决我国专业技术人才和技能人才评价中面临的现实问题,更需要具有国际视野,着眼于积极参与全球治理的发展问题。

(一)加快构建新发展格局的客观要求

习近平总书记于 2020 年 4 月在中央财经委员会会议上首次提出构建新发展格局的改革思路,党的二十大更是将"加快构建新发展格局"作为新时代的一项战略任务。因此,在人才评价制度层面也需要围绕这一任务设计改革思路,从目前技术技能人才的评价制度情况来看,职称制度和职业技能等级认定制度是更具中国特色的评价制度,而职业资格制度作为世界各国人力资源开发管理普遍采用的人才评价制度,不仅是我国专业技术人才和技能人才职业发展的基础制度,更是经济全球化发展趋势下专业技术人才和技能人才"引进来""走出去"的重要依据。党的十八大以来,人社部按照党中央、国务院要求,职业资格的职能从管理人才向服务人才转变,职业资格制度的改革思路始终是"持续减少职业资格许可认定事项,对职业资格实行清单式管理,严格控制新设职业资格,进一步规范职业资格考试认定工作,为经济发展清除障碍,为创业创新营造环境,充分激发市场主体创新活力,让市场的归市场,政府的归政府"。此外,打造职业资格国际"通行证",构建具有国际竞争力的引才用才机制,也是职业资格制度改革的重要方向:一方面,积极支持各地试点,通过认可一批境外职业资格、开放职业资格考试等方式提高我国职业资格国际化水平,促进境内外人才交流合作,让职业资格发挥出"引才聚才"作用;另一方面,不断推进职业资格国际互认工作,促进国际人才交流。因此,下一步职业资格制度改革仍需要持续服从加快构建新发展格局、着力推动经济社会高质量发展的客观需求。

(二)促进两支人才队伍高质量发展的客观要求

伴随着科学技术的迅猛发展,产业升级、技术更新的速度大大加快,强化中国制造、中国创造需要建设规模宏大、结构合理、素质优良的专业技术人才和技能人才队伍。党的十九届四中全会强调,我们国家具有"坚持德才兼备、选贤任能,聚天下英才而用之,培养造就更多更优秀人才的显著优势",这一优势也体现在人才评价制度上。习近平总书记指出,"要完善好人才评价指挥棒作用,为人才发挥作用、施展才华提供更加广阔的天地"。职业资格证书制度作为一项重要的专业技术人才和技能人才评价制度,如何充分发挥指挥棒和风向标的作用,体现不同职业性质和特点的人才成长规律,有效促进职业资格评价与人才培养、使用相衔接,畅通人才发展通道是专业技术人才队伍和技能人才队伍高质量建设的大文章。

(三)推动我国人力资源开发"一体化"发展的客观要求

职业资格证书制度将职业技能标准体系、职业技能培训体系和职业技能认证体系有机结合,贯通专业技术人才和技能人才职业发展全过程,为推动我国人力资源整体性开发,培养造就高层次、高技能人才队伍提供了重要的制度保障。但与发达国家相比,与实施人才强国战略的要求相比,我国职业资格制度还亟待完善,比如,职业资格制度与职称制度、技能等级鉴定制度、职业技能培训制度和继续教育制度各自为政的问题。再比如,职业资格与教育资历缺乏有效衔接、资格认证认可和质量保障机制不够完善、多元主体参与的治理体系尚待建立以及法治建设薄弱等问题。这些问题已经严重影响和制约了我国人力资源能力建设的整体水平,需要加强顶层设计并采取自上而下推动的办法予以解决。因此如何推进国家职业资格制度与职称制度、职业技能等级制度、继续教育制度、专项职业能力考核制度的综合配套改革,构建国家职业资历体系将是深化职业资格制度改革的基本点。

(四)职业教育大发展的客观要求

职业教育是国民教育体系的重要组成部分,作为人力资源开发的重要举措,它肩负着培养多样化人才、传承技术技能、促进就业创业的重要职责。党的十八大以来,党中央高度重视职业教育的发展,将其摆在经济社会发展和教育改革创新更加突出的位置,提出职业教育是与普通教育具有同等重要地位的教育类型。党的二十大报告指出,职业教育要与高等教育、继续教育等统筹推进、协同创新,强调优化职业教育类型定位,为职普融通、产教融合、科教融汇打好基础。职业教育的目的是培养技术技能应用型人才,具有一定文化水平和专业知识技能、可直接上岗的劳动者。而职业资格证书也正是劳动者具备从事特定职业实际工作需要的技术技能水平的证明。2019年具有历史意义的职业教育改革的指导性文件出台,提出"启动1+X证书制度试点工作",其中"1"是指学历证书,"X"是指若干职业技能等级证书或职业资格证书,即鼓励职业院校和应用性本科高校的学生获取学历证书的同时,积极取得多个职业技能等级证书和职业资格证书,从而提高就业创业本领、缓解结构性就业矛盾。2021年人社部印发《技工教育"十四五"规划》,提出"在技工院校全面推行职业技能评价,支持帮助学生获取职业资格证书或职业技能等级证书"。职业资格在"专业"与"职业"之间发挥着连接作用,是职业院校学生顺利步入社会、找到理想职业的重要途径之一。因此,如何更好地发挥职业资格在职业教育和就业市场之间的桥梁纽带作用,无论是对职业教育改革还是职业资格制度改革,均具有重要的意义。

(五)加快构建国家资历框架的客观要求

2021年8月,国务院印发的《"十四五"就业促进规划的通知》明确提出:"加快构建国家资历框架,畅通管理人才、专业技术人才及技能人才的职业发展通道。"从国际经验看,涵盖职业资格、职业技能等级认定、职业培训和继续教育等证书的职业资历框架与涵盖各类各级学历学位的教育资历框架,是构建国家资历框架的"两大支柱",二者相互支撑、相互衔接,架起了劳动者多样化学习、多路径成才的"立交桥"。同时,国家资历框架是职业资历和学历文凭国际互认的共同参照,其可比性、等效性和影响力将成为我国在资格国际互认谈判中的"筹码"和重要依据。国家资历框架的推行离不开职业资历和教育资历之间连续衔接的等级体系的构建;离不开它们之间规范统一的标准体系的构建;离不开职业资历认证认可机制、教育资历认证认可机制以及它们之间"学习成果"的转换认可机制的构建。

从国际经验和长远发展看,在国家资历框架建设中,职业资格证书不能缺位。作为国家资历框架的重要组成部分,现行的职业资格制度还有许多问题亟待解决。比如,如何进一步明确功能定位,处理好与学历文凭、职称、职业技能等级认定、继续教育与职业培训制度的关系?如何推进立法工作和制度建设,建立符合我国国情的职业资格体系框架?如何在多元主体社会化人才评价体系中,既能更好地发挥政府作用(目录清单之内),又能更好地发挥市场配置资源的决定性作用(目录清单之外)?如何适应制定国家资历框架的新要求,改革完善分类体系、等级标准体系和管理服务体系？等等。综上，在建设国家资历框架的背景下，职业资格制度改革任重道远。

（六）深化"放管服"改革的客观要求

从各国职业资格认证模式看，无论是实行"行业主导"还是实行"政府干预"的国家，行业组织、政府、高校和社会（客户和公众）始终是四个重要的推动力量。其中行业组织是资格认证的实施者，负责制定资格认证标准、组织实施认证活动、健全资格认证质量保障机制、完善资格证书管理制度。政府是资格认证的监督者，通过许可或认可资格认证活动、确立资格认证法律地位并对资格证书给予保护。早在2016年，国家人社部就行业组织承接水平评价类职业资格认定工作已经作出了具体规定。但从实践效果看，截至目前，我国行业组织在职业资格水平评价中的独特作用还没有得到充分发挥，大多仍是政府的代言人，亟待完善自身通过市场机制培育高质量水平评价证书的能力。如何科学构建职业资格制度体系，充分发挥社会组织、专业团体的作用，提升专业技术人才和技能人才的评价效力，促进评价和使用相结合是未来职业资格制度改革的重要着力点。

四 发展建议

以职业分类为基础，强化职业资格的职业化、专业化、社会化和国际化的特点，一直是职业资格证书制度改革的重要取向。基于此，未来职业资格制度改革应该围绕创新认证体系、加强立法支持、健全专业评价和专业管理、推进国际互认而深入展开。

（一）强化政府综合管理职能

以增强相关制度安排的系统性、协调性和整体性为中心，完善职业分类体系、资格设定体系、评价标准体系、考试考务管理体系和证书质量服务保障体系。

1. 职业分类体系。以国家职业大典修订工作平台为基础，建立职业发展状况监测机制和职业分类动态更新机制，强化国家《职业分类大典》对职业资格证书制度的支撑作用。

2. 资格设定评估体系。以《行政许可法》规定精神为指导，以必要性、公平性、效率性、便民性为原则，制定职业资格设定评估标准，完善职业资格立法和决策过程中的听证、论证制度。建立健全资格认证和鉴定机构认可制度。

3. 评价标准体系。以职业分类为基础、以职业活动为导向、以职业能力为核心，建立健全职业标准体系。制定职业标准制定技术规范和程序规则。

4. 考试考务管理体系。完善命题、阅卷、考务等管理办法。创新考试（认证）方式方法，提升考试（认证）质量。严格执行国家职业资格保密制度和考试纪律要求。

5. 证书质量服务保障体系。统一国家职业资格证书印制、发放和管理。加强职业资格证书名称、样式和标识管理与保护。建立健全国家职业资格证书质量监测评估标准体系和第三方评估机制。

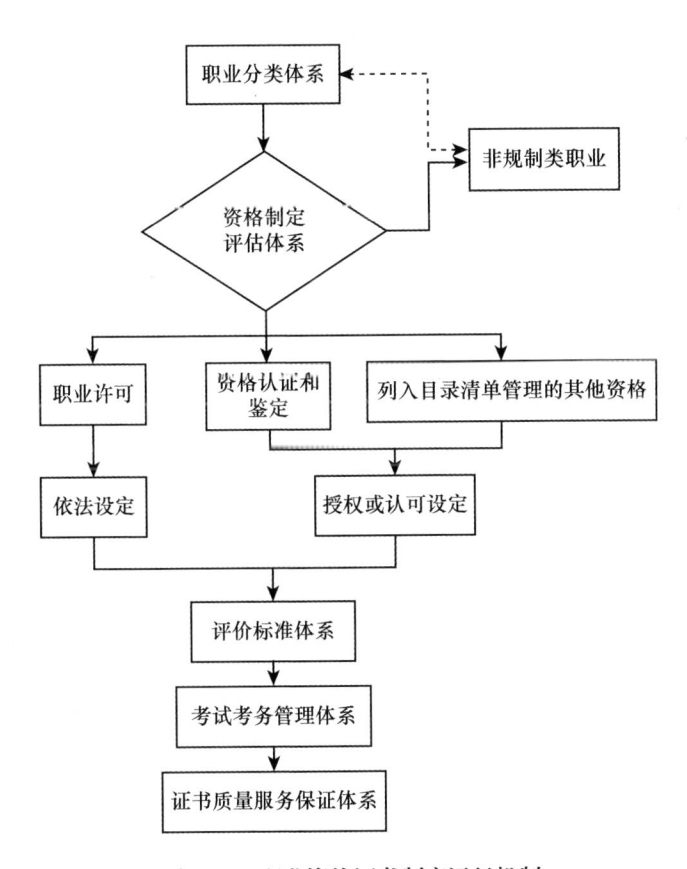

图 9－1　职业资格证书制度运行机制

（二）改革创新职业资格认证体系

建立国家职业资历认证体系，"职业资历"是指在职业活动中，劳动者经过权威机构评估所确认达到既定标准的学习成果，包括职业资格证书、经认可的继续教育和职业技能培训证书以及其他社会化资格评价证书等。以"学习成果"为导向，进一步明确职业资格与其他相关制度，如职称、职业技能等级、专项职业能力考核和继续教育等的功能定位、制度安排及其内在的结构关系。通过在深化职业资格制度中率先导入国家资历框架的理念、原则和方法，确立职业资历等级标准、认证认可机制和质量保障机制。以职业资格证书为抓手，分类探索职业资历与教育资历的衔接办法和"学习成果"认定、积累和转换办法。建立健全职业资历证书管理体制，建立由人力资源和社会保障部门、教育部门、行业主管部门、代表性协会学会和社会培训评价组织参加的工作协调机制。

（三）加快推进职业资格立法

从世界主要国家（地区）职业资格设立的依据与办法看，各国都有较完善的职业资格立法，并制定了较为系统的支持规范，使职业资格制度的实施有法可依。虽然我国也初步形成了包括综合法律、行业管理法律法规和单项法律法规的一套法律法规体系，但始终缺少一个能承上启下、起统领作用的职业资格管理法。因此，需要通过制定专门的职业资格制度法，明确国家职业资格的法律地位、资格分类、职业范围、设置权限、标准程序、管理体制以及权责关系。同时，还要进一步完善《劳动法》《就业促进法》《职业教育法》等法律对国家职业资格证书制度的有关规定，重点解决有关法律规定过于原则、可操作性不强等方面的问题。积极推进行业单项立法，统一规范职业资格名称、资格性质、执业活动范围、报考条件、职业标准、认证程序、证书发放与管理以及资格管理部门的职责权限、法律责任。

（四）强化职业资格多元主体评价

2017年开始实行的国家职业资格目录清单制度，明确了国家职业资格的范围、设定依据和实施机构，同时规定国家职业资格不得未经国家职业资格主管部门批准，在目录之外自行设置。鼓励行业协会学会等社会组织和企事业单位依据市场需要，自行开展能力水平评价活动。借鉴国外职业资格认证经验，不同类别的职业资格的评价主体有所不同，最终将形成多元主体评价体系（见图9-2）。如，许可类职业资格应该依法设定，列入国家职业资格目录清单管理，由法律、法规授权的具有管理公共事务职能的组织进行评价。水平评价类职业资格则有三种情况：一是列入职业资格目录清单管理，由国务院职业资格主管部门认可的、相对于用人单位和申请人的第三方评价机构依据一定的标准和程序进行评价。二是可以依据市场和社会需要自行开展评价活动。三是由用人单位作为评价主体进行职务（岗位）任职资格的自主评价。因此，坚持规制适当原则，对国家职业资格的功能作用、设置条件、适用范围和评价方式等进行合理的界定，对许可类职业资格数量进行严格控制，不断提高水平评价类职业资格的认证质量，积极推动社会化、市场化的人才评价机制，发挥市场配置人力资源的决定性作用，落实用人单位自主权，将是未来职业资格认证的发展趋势。

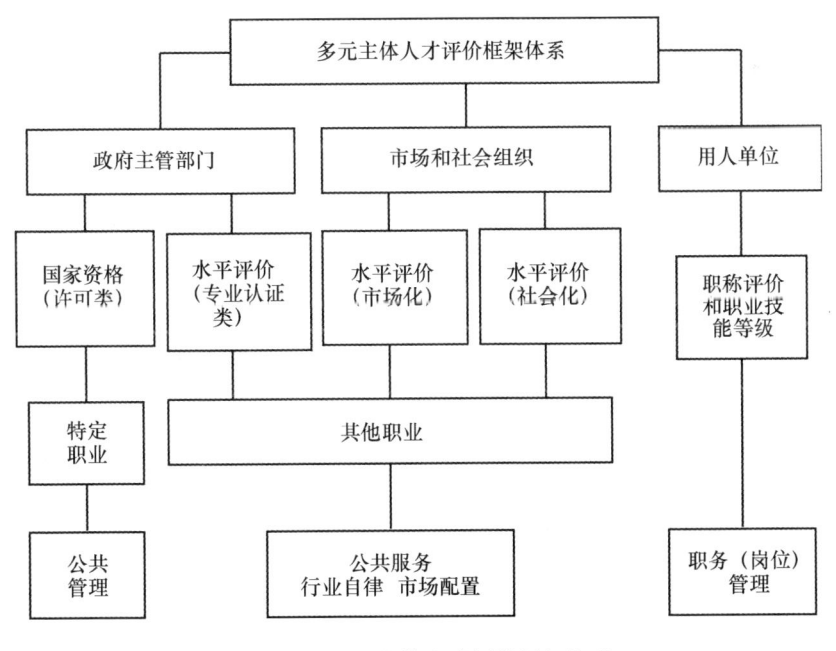

图9-2 多元主体人才评价框架体系

（五）健全国家职业资格认证质量管理体系

质量是职业资格认证的生命和公信力。职业资格质量管理居于各项工作的首位，完善质量保证体系是维护职业资格制度声誉和权威的关键。当前，在职业资格认证管理方面还存在事前资格设置缺乏评估判定标准，事中委托协会、学会等社会组织承接缺乏审批监管标准，事后资格证书的质量保障体系不健全等问题，因此健全国家职业资格认证质量管理体系将是未来职业资格制度改革的重中之重。建议首先建立健全职业资格认证机构认可备案制度，即对于所有列在国家职业资格目录清单中的职业资格，它们的认证机构必须首先通过国务院职业资格管理部门的严格审批或正式授权，以确保符合特定的标准和流程，并实行备案制度。此外，为了确保职业资格认证的专业性和公正性，人社部门还制定和完善了国家职业资格标准的制订技术规范，加强了命题、考务、阅卷等关键环节的管理办法，并严格执行国家职业资格考试的保密制度和纪律要求。这一系列措施旨在持续加强事中监管，确保职业资格认证过程的规范性和有效性。健全国家职业资格认证质量监测评估体系，加强评估标准建设，完善第三方评估机制，强化事后监管。此外，建议学会协会等社会组织通过强化会员管理、资格认证、继续教育、职业诚信等制度间的关联复合，促进行业、职业和专业规范有序发展。

（六）分类推进职业资格国际互认

职业资格的国际互认在工程技术领域最为迫切，2019年2月，人力资源和社会保障部与工业和信息化部印发《关于深化工程技术人才职称制度改革的指导意见》中，专门提出要加强工程师资格国际互认，并提出相应的实现路径，即在总结我国工程教育国际认证的基础上，依托工程师国际组织搭建的平台，积极主动地参与国际工程标准的制定，加强工程技术人员的国际交流合作，进而加快推动工程师国际互认。因此，需要以增强国际可比、质量等效为重点，逐步完善各专业领域工程师资格认证标准。健全工程师资格认证标准动态调整机制。按照重点企业先行试点、重点领域先行实施、重点国家率先突破的路径，边试点、边完善、边总结、边推动，逐步实现工程能力标准与国际对接，最终成为国际通行标准之一。这将是我国未来职业资格国际互认工作的主要模式。

第十章

职业技能等级制度

职业技能等级制度是一项重要的技能人才评价制度，是指经人力资源社会保障部门备案公布的用人单位和社会培训评价组织按照有关规定开展职业技能等级认定，使有技能等级晋升需求的人员均有机会得到技能评价的制度。我国的职业技能等级制度起源较早，可追溯到新中国成立初期，至2022年3月《关于健全完善新时代技能人才职业技能等级制度的意见（试行）》出台，才正式确立。这一制度的确立对畅通技能人才职业发展通道，提高其待遇水平，增强其荣誉感获得感幸福感具有重要意义。

第一节 职业技能等级制度概述

我国的职业技能等级制度是在职业技能鉴定制度和职业资格制度基础上发展起来的新的技能人才评价制度，具有深厚的制度基础和广泛的历史积累。因此，虽然建立时间不长，但发展速度极快，已经成为技能人才培养和评价的核心制度。

一 概念界定

职业技能等级制度的建立是坚持守正创新的成果，许多概念是从职业技能鉴定制度和职业资格制度中沿用下来，但概念内涵都在原有基础上有了创新发展，因此为了更好地理解制度，有必要先对相关概念进行梳理。

（一）职业技能等级

这是职业技能等级制度的核心概念，指依据一定的职业标准，对劳动者的职业技能水平进行的等级划分。职业标准在综合考量从业人员职业活动范围的宽窄、工作责任的大小、工作难度的高低、技术技能的复杂程度等因素的基础上，划分职业技能等级。按照国家职业技能标准和行业企业评价规范设置的职业技能等级，一般分为初级工、中级工、高级工、技师和高级技师五个等级。企业可根据技术技能发展水平等情况，结合实际，在现有职业技能等级设置的基础上适当增加或调整技能等级。对设有高级技师的职业（工种），可在其上增设特级技师和首席技师技术职务（岗位），在初级工之下补设学徒工，形成由学徒工、初级工、中级工、高级工、技师、高级技师、特级技师、首席技师构成的职业技能等级（岗位）序列。[1]

（二）职业技能等级认定[2]

职业技能等级认定是一种由人力资源和社会保障部门认可并备案的，由用人单位和社会培训评价组织按照国家职业技能标准或评价规范进行的技能水平评估活动。它是评估技能人才的重要方式，旨在确保劳动者的职业技能得到公正、准确的评价。具体来说，用人单位有权对其内部职工（包括劳务派遣人员）的技能水平进行自主评价，并在满足条件的情况下，为其他用人单位和社会人员提供职业技能等级评价服务。而社会培训评价组织则依据市场化、社会化和专业化的原则，面向全社会开展职业技能等级认定。职业技能等级认定必须遵循客观、公正、科学、规范的原则，确保评价结果的公正性和准确性。同时，认定的结果也需要经得起市场的检验，并得到社会的广泛认可，从而真正反映劳动者的职业技能水平。

（三）国家职业标准（技能类）[3]

国家职业标准（技能类）是指在职业分类的基础上，根据职业活动内容，对从事本职业应具备的知识和技能要求提出的综合性水平规定。它是开展职业教育培训和技能人才评价的基本依据。职业标准应反映当前该职业活动的整体状况和水平，不仅要突出该职业的主流技术、主要技能要求，而且应兼顾不同地域或行业间可能存在的差异，同时还应考虑其未来

---

[1] 人力资源和社会保障部：《关于健全完善新时代技能人才职业技能等级制度的意见（试行）》，2022年3月。

[2] 人力资源和社会保障部：《职业技能等级认定工作规程（试行）》，2020年4月。

[3] 人力资源和社会保障部办公厅：《国家职业标准编制技术规程（2023年版）》，2023年9月11日。

发展趋势。职业标准一般应定位略高于全国平均水平，且是多数人员经过教育培训或岗位实践能够达到的水平。

二 制度内容

职业技能等级制度是一项重要的技能人才评价制度，虽然源自职业资格证书制度和职业技能鉴定制度，但是在制度内容上具有鲜明特色。

（一）实施主体

职业技能等级制度的实施主体有三类：一是用人单位。用人单位会根据其生产经营的特性和实际需求，依据相关的规定，自主地对内部的技能人才进行评价。这样可以确保员工的技能与企业的需求相匹配，提高员工的工作效率和企业的竞争力。二是社会评价组织（社评组织）。社评组织根据市场的需求和劳动者的就业创业需求，遵循客观、公正、科学、规范的原则，面向广大的劳动者开展职业技能等级认定。这种认定方式有助于劳动者更好地了解自己在职业技能方面的水平，从而有针对性地提升自己的技能。三是技工院校。技工院校可以与企业合作，为学生提供职业技能等级认定服务，帮助他们更好地适应市场需求。同时，技工院校也可以作为社评组织，面向各类就业群体提供职业技能等级认定服务，为社会的技能人才培养和就业创业提供有力支持。

（二）认定范围

《中华人民共和国职业分类大典》中未纳入国家职业资格目录的技能类职业（工种），以及后续经人社部发布或备案的技能类新职业。根据职业分类大典的设置，这些职业（工种）分布在第三、四、五、六大类中，即办事人员和有关人员，社会生产服务和生活服务人员，农、林、牧、渔业生产及辅助人员，生产制造及有关人员这四个大类中。根据职业标准或评价规范的等级设置对这些职业（工种）开展职业技能等级认定工作。特别是对于那些设有高级技师的职业（工种），为了鼓励和激励更高层次的技术人才，企业可以在此基础上增设特级技师和首席技师的技术职务（岗位）。

（三）认定依据

国家职业技能标准和行业企业评价规范是实施职业技能等级认定的依据。国家职业技能标准由人力资源和社会保障部组织制定；行业企业评价规范由用人单位和社会培训评价组织参照《国家职业标准编制技术规程》开发，经人力资源和社会保障部备案后实施。① 同时强调实行分类考核评价，即在统一的职业标准体系框架基础上，对技术技能型人才的评价，要突出实际操作能力和解决关键生产技术难题等要求。对知识技能型人才的评价，要突出掌握运用理论知识指导生产实践、创造性开展工作等要求。对复合技能型人才的评价，要突出掌握多项技能、从事多工种多岗位复杂工作等要求。② 实际认定工作中需要依据职业技能等级（岗位）要求，具体见表10-1。

表10-1　　　　　　　　职业技能等级（岗位）要求

序号	级别名称	基本要求	实施机构
1	学徒工	能够基本完成本职业某一方面的主要工作	用人单位
2	初级工	能够运用基本技能独立完成本职业的常规工作	
3	中级工	能够熟练运用基本技能独立完成本职业的常规工作；在特定情况下，能够运用专门技能完成技术较为复杂的工作；能够与他人合作	
4	高级工	能够熟练运用基本技能和专门技能完成本职业较为复杂的工作，包括完成部分非常规性的工作；能够独立处理工作中出现的问题；能够指导和培训初、中级工	
5	技师	能够熟练运用专门技能和特殊技能完成本职业复杂的、非常规性的工作；掌握本职业的关键技术技能，能够独立处理和解决技术或工艺难题；在技术技能方面有创新；能够指导和培训初、中、高级工；具有一定的技术管理能力	用人单位和社评组织
6	高级技师	能够熟练运用专门技能和特殊技能在本职业的各个领域完成复杂的、非常规性工作；熟练掌握本职业的关键技术技能，能够独立处理和解决高难度的技术问题或工艺难题；在技术攻关和工艺革新方面有创新；能够组织开展技术改造、技术革新活动；能够组织开展系统的专业技术培训；具有技术管理能力	

---

① 人力资源和社会保障部：《职业技能等级认定工作规程（试行）》，2020年4月。

② 人力资源和社会保障部：《关于健全完善新时代技能人才职业技能等级制度的意见（试行）》，2022年3月。

续表

序号	级别名称	基本要求	实施机构
7	特级技师	在生产科研一线从事技术技能工作、业绩贡献突出的"企业高技能领军人才"。能够熟练运用专门技能和特殊技能在本职业的各个领域完成复杂的、非常规性工作；精通本职业及相关职业的重要理论原理及关键技术技能，能够独立处理和解决高难度的技术问题或工艺难题；承担传授技艺的任务，在技能人才梯队培养上作出突出贡献	省级及以上人力资源社会保障部门指导用人单位实施
8	首席技师	在技术技能领域作出重大贡献，或在本地区、本行业企业具有公认的高超技能、精湛技艺的"地方或行业企业高技能领军人才"。为地方、行业企业高技能人才队伍建设作出突出贡献；为国家重大技术攻关、成果转化、技术创新、发明等作出突出贡献，在地方、行业企业的技术进步与发展中发挥关键作用，专业水平在地方、行业企业具有很高认可度和影响力	省级及以上人力资源社会保障部门、国务院有关行业主管部门指导用人单位实施

资料来源：人力资源和社会保障部：《关于健全完善新时代技能人才职业技能等级制度的意见（试行）》，2022年3月。

（四）认定方式

评价机构依据国家职业技能标准或评价规范，结合实际确定评价内容和评价方式，综合运用理论知识考试、技能操作考核、工作业绩评审、过程考核、竞赛选拔等多种评价方式，对劳动者（含准备就业人员）的职业技能水平进行科学客观公正评价。① 不同职业技能等级采取不同考核评价方式：②

1. 学徒工的转正定级考核，由用人单位在其跟随师傅学习期满和试用期满后，依据本单位有关要求进行。参加中国特色企业新型学徒制的学员按照培养目标进行考核定级。

2. 初级工、中级工、高级工、技师、高级技师等级考核是技能考核评价的主体，由用人单位和社评组织按照职业标准和有关规定进行。鼓励支持采取以赛代评方式，依据职业标准举办的职业技能竞赛按照有关规定

---

① 人力资源和社会保障部：《职业技能等级认定工作规程（试行）》，2020年4月。
② 人力资源和社会保障部：《关于健全完善新时代技能人才职业技能等级制度的意见（试行）》，2022年3月。

对获得优秀等次的选手晋升相应职业技能等级。

3. 首席技师、特级技师是在高技能人才中设置的高级技术职务（岗位），一般应在有高级技师的职业（工种）领域中设立，通过评聘的方式进行，实行岗位聘任制。

（五）证书管理

经过严格的考试、考核和评审流程，一旦劳动者达到相应的标准，评价机构会正式认定其职业技能等级，并颁发相应的职业技能等级证书。该证书不仅证明了劳动者已熟练掌握并能够有效应用特定的职业技能，还表明他们具备了从事某一职业岗位所需的基本工作能力。为了确保证书的权威性和一致性，职业技能等级证书采用了全国统一的编码规则和参考样式。评价机构将遵循这些统一标准，制作并颁发职业技能等级证书（或电子证书，其中社会保障卡可作为电子证书的便捷载体）。无论是纸质证书还是电子证书，它们都具有相同的法律效力。为了方便社会公众查询和评价机构及职业技能等级证书的相关信息，中国就业培训技术指导中心（人力资源和社会保障部职业技能鉴定中心）依托技能人才评价信息服务平台（技能人才评价工作网［http：//www.osta.org.cn］），利用先进的信息化手段，提供了便捷的信息查询服务。公众可以查询评价机构的名称、备案期限、评价的职业（工种）及等级范围、国家职业技能标准或评价规范以及职业技能等级证书等详细信息。

（六）管理体制①

人力资源和社会保障部门负责职业技能等级认定工作的政策制定、组织协调、宏观管理。

人力资源和社会保障部门职业技能鉴定中心负责职业技能等级认定的国家职业技能标准和评价规范开发、试题试卷命制、考务管理服务等的技术支持和指导，并负责职业技能等级认定工作质量监督。

有关行业部门、行业组织职业技能鉴定中心及有关单位配合做好本行业领域职业分类、职业技能标准或评价规范开发等技术性工作，为本行业领域用人单位和社会培训评价组织提供职业技能等级认定有关服务支持。

职业技能等级认定活动实行属地化管理。

---

① 人力资源和社会保障部：《职业技能等级认定工作规程（试行）》，2020年4月。

三　制度作用

2019年人力资源和社会保障部印发《关于改革完善技能人才评价制度的意见》，提出"建立健全以职业资格评价、职业技能等级认定和专项职业能力考核等为主要内容的技能人才评价制度"。职业资格评价、职业技能等级认定和专业职业能力考核作为技能人才评价的三种方式，三种评价方式各有侧重，互为补充。

职业资格评价是经政府备案的职业技能考核鉴定机构实施的职业技能考核与鉴定活动，这一活动旨在按照统一的国家职业技能标准，对劳动者的技能水平进行客观、科学、公正的评价和鉴定，评价完成后，将由政府统一核发证书，这些证书不仅是对劳动者技能水平的认可，更是他们具备从事某一职业所必需的学识和技能的权威证明。职业资格评价实行国家职业资格目录清单管理制度，即对国家职业资格目录内的职业资格进行评价。根据2021版国家职业资格目录，技能人员职业资格保留了13项准入类资格，职业资格评价就是对这13项准入类职业资格的评价。职业资格证书由人力资源和社会保障部统一印制，证书的填写、编码、验印等继续按照人力资源和社会保障部有关规定执行。

职业技能等级认定是一个由人力资源和社会保障部门备案并公布的用人单位和社会评价组织负责的过程。这些机构依据国家职业标准（技能类）和行业企业评价规范，对劳动者的职业技能水平进行等级认定。一旦劳动者通过认定，他们将获得由评价机构独立印制并发放的职业技能等级证书，以证明他们在某一职业（工种）上达到了相应的技能水平。评价机构在印制和发放证书时享有独立性，政府部门不参与监制过程。证书上将加盖评价机构自身的名称印章或"评价机构名称＋职业技能等级认定专用章"印章。为了确保证书的权威性和公正性，职业技能等级认定证书在设计和使用上都有严格的规范。证书上不得使用"中华人民共和国""中国""中华""国家""全国"和"人力资源和社会保障部门""职业技能鉴定中心""中国就业培训技术指导中心"等字样，也不得出现国徽、政府部门徽标（Logo）等标识，以及与上述相关或易产生歧义和误导的字样、图案或水印。此外，证书上也不得出现本机构以外任何其他部门或单位的标识（Logo）。

专项职业能力考核是对劳动者熟练掌握并应用某项实用职业技能的考

核，考核通过则颁发专业职业能力证书，以证明劳动者具备了从事某项职业岗位所必需的基本能力。专项职业能力是可就业的最小技能单元，具有一定技术含量，掌握这项技能需要经过专业指导或相应的技能培训，反映特定职业的实际工作标准和规范。面向群体主要以农村转移就业劳动者、城乡未继续升学初高中毕业生、下岗失业人员、退役军人、就业困难人员等就业重点群体。专项职业能力证书是由省、市人社部门（或经省、市人社部门审核同意的考核机构）依据专项职业能力考核规范，按照相关程序组织考核，对考核合格者，由省、市人社部门颁发相应的专项职业能力证书。证书样式全国统一，长期有效。截至2022年，全国各省市已经累计公布的各类专项职业能力考核规范近4000个，各省市结合本地区产业特点、从业人员情况等开展的考核项目有所差别，具体情况可到地方人社部门网站查询。

综上，职业技能等级制度的功能作用主要体现在：一是对推动建立并形成贯穿劳动者学习工作终身、覆盖劳动者职业生涯全程的职业技能培训制度具有导向作用，是引导职业技能培训方向、检验培训质量的重要手段。二是对用人单位合理安排使用技能人才具有指导意义，企业可以根据职业技能等级标准来选拔和培养人才，提升员工的整体素质和技能水平，从而增强企业的竞争力。三是为用人单位建立基于岗位价值、能力素质、业绩共享的工资分配制度提供了重要参考，有利于合理确定技能人才工资水平，实现多劳者多得、技高者多得。四是能够为技能人员提供明确的职业发展路径和晋升渠道，激励他们不断学习和提升自己的技能水平，促进个人职业发展。

第二节　职业技能等级制度的发展历程

我国的职业技能等级制度虽然成立时间不长，但起源较早，可追溯到新中国成立初期。新中国成立之初，就开始实施技能人员进行技能等级评价的制度，先后经历了"八级工""三级工""五级工"阶段，目前进入新"八级工"阶段，形成了职业技能等级制度。这些历史阶段的等级划分与当时的经济社会发展、技能人才评价需求密不可分。

一　八级工制度

八级工制度也称"八级工资制"。八级工资制是新中国成立初期就在中国企业中实行的一种工人的工资等级制度。由"工资等级表""工资标准"（工资率）"技术标准"三部分组成。主要内容是：按照生产劳动的复杂程度和技术的熟练程度，将工人的工资由低到高划分为八个等级。在制定相应的工人技术等级标准的基础上，根据工人的技术水平和工作好坏，评定工人的工资等级。为了区别复杂劳动和简单劳动，不同工种按技术上的差别，分成若干种等级线，最高等级可以到八级（个别工种到七级）。从工资来说，八级工可以是一级工的3倍以上，有的八级工的工资比厂长还高（如图10-1）。

第八机械工业部直属企业生产工人现行工资标准表

工种	工资标准								适用地区
	一	二	三	四	五	六	七	八	
机械生产工人	30	35	41	48	56	66	77	89.5	秦皇岛拖拉机配件厂。
	30	35	41	48	56	66	77	90	长沙、南昌八一配件厂、河北束鹿县辛集汽盖厂。
	30.5	35.7	41.7	48.9	57.2	66.9	78.2	91.5	长沙正元配件厂、浆口内燃机厂。
	29	34	39.5	46.5	54.5	63.5	74.5	87	株洲内燃机配件厂、株洲配件厂。
	31	36	42.5	49.5	58.5	57.5	79	93	许昌内燃机厂、南阳拖拉机配件厂、蚌埠附件厂、无锡油泵油嘴厂。
	31.5	37	43	50.5	59	68.5	80.5	94.5	开封机械厂、开封电机电器厂、安装工程处、贵州柴油机厂。
	32	37.4	43.8	51.8	59.8	70.1	82	96	无锡动力机械厂。
	33	38.6	45.2	52.8	61.8	72.1	84.7	99	佳木斯配件厂、齐齐哈尔齿轮厂、哈尔滨、抚顺、丹东拖拉机配件厂、鞍山拖拉机配件厂、沈阳齿轮厂、沈阳油泵厂、拖拉机厂、大连油泵油嘴厂、松江拖拉机厂、大石桥配件厂。
	34	39.8	46.6	54.4	63.6	74.5	87	102	汉中配件厂。
	31	36.5	43	50	59	69.5	81	96.5	江西拖拉机厂、南昌柴油机厂、南昌齿轮厂。
	35.5	41.7	49	57.6	67.7	79.6	93.5	110.1	天津拖拉机厂、天津机械厂、天津动力厂。
	30.5	35.9	42.3	49.9	58.7	69.2	81.5	96.1	山东潍坊柴油机厂。
	32	37.7	44.4	52.3	61.6	72.6	85.5	100.8	石家庄配件厂。
	32.5	38.3	45.1	53.1	62.6	73.7	86.9	102.4	洛阳第一拖拉机厂、杭州齿轮厂。
	33	39	46	54	64	75	88	104	吉林油泵厂、大连油泵油嘴厂、无锡柴油机厂。
	33.5	39.5	46.5	54.8	64.5	76	89.5	105.5	长春拖拉机厂。
	34	40.1	47.2	55.6	65.5	77.1	90.9	107.1	北京农业机械厂、北京标准件厂。
	37.5	44	52	61.5	72	85	100	118	宁夏吴忠配件厂。
	39	46	54	63	75	88	103	122	青海齿轮厂、拖拉机厂、农机工具厂。
	42.4	49.4	57.5	67	77.8	90.6	105.1	123	上海柴油机厂。

注：1. 长春拖拉机厂、江西拖拉机厂、无锡柴油机厂各级中间均增加有半级、表中未列。
    2. 大连油泵油嘴厂同时存在两种标准。
    3. 青海齿轮厂外加17%的生活补贴。

图10-1 第八机械工业部直属企业生产工人工资表

资料来源：大国工匠——从"老八级"到"新八级"技能人才评价体系简史，https://baijiahao.baidu.com/s?id=1733610152330551922。

(一) 八级工制度的起源

八级工资制最早实行于苏联,早在 1926 年,苏联工人的工资就开始实行以八级工资制为主要形式的工资等级制度,新中国成立前,在东北大连地区中苏合营企业中,苏联员工执行苏联的八级工资制度,中方员工则实行七级工资加配给粮制度。新中国成立后,我国职工队伍建设得到党中央的高度重视,特别是技术工人队伍建设。1950 年 4 月,东北人民政府发布《关于调整公营产业工人、技术人员工薪及改行八级工资制的指示》,按照生产劳动的复杂程度和技术的熟练程度,将工资分为八个等级。后续又补充上了"计件工资制"和"奖励制度",制定了工人的技术等级标准。1950 年 8 月,劳动部和全国总工会制定了《工资条例(草案)》,确定了改革工资制度的三条原则:一是尽可能改革得比较合理,为建立全国统一合理的工资制度打下初步基础;二是照顾现实,照顾广大人民的生活,做到大多数职工拥护;三是照顾国家财力和工农关系,不过多增加国家负担。1951 年,东北又将工资标准改为五类产业(见表 10-2),此后工资标准、产业分类曾有多次调整,而八级工资涉及的等级制度没有根本改变。

表 10-2 东北地区 1951 年制定的工人工资标准 (单位:工资分)

产业	工资标准		倍数
	最高	最低	
煤矿、冶炼	315	105	3
金属矿、石油、电力、炼焦、重化工	309	103	3
机电、化工、建筑材料	300	100	3
纺织、造纸、皮革	250	88	2.84
被服、皮毛、食品、烟草、肥皂、火柴	241	85	2.84

资料来源:张车伟、赵文:《我国工资与收入分配改革的回顾与展望》,《中国人口与劳动问题报告(No.19)——中国人口与劳动经济 40 年:回顾与展望》,社会科学文献出版社 2019 年版,第 66—84 页。

(二) 八级工制度的确立与推行

1951 年年底至 1952 年年初,在经过多方面的准备工作后,以各大行政区为单位，进行了一次全国性的工资改革，规定以"工资分"作为全国统一的工资计算单位，开始在全国各大行政区的工业、建筑、交通运输部门的大部分企业推行工人八级工资制，华北、华东、中南、西北、西南等行政区，也先后实行了各自适宜的八级工资制。1955年召开的全国工资会议进一步确定八级工资制，1956年7月，国务院全体会议第32次会议通过《国务院关于工资改革的决定》（史称"第二次工资制度改革"），指出："改进工人的工资等级制度，使熟练劳动和不熟练劳动、繁重劳动和轻易劳动，在工资标准上有比较明显的差别""适当扩大高等级工人和低等级工人之间工资标准的差额；做到高温工作工人的工资标准高于常温工作工人的工资标准，井下工作工人的工资标准高于井上工作工人的工资标准，计件工资标准高于计时工资标准，以克服工资待遇上的平均主义现象""为了使工人的工资等级制度更加合理，各产业部门必须根据实际情况制定和修订工人的技术等级标准，严格地按照技术等级标准进行考工升级，使升级成为一种正常的制度"。自此，八级工资制开始推行至全国大部分企业。但不同产业、不同类别的企业，不同工种的同级工人之间的八级工资标准还是略有差别的，如在沈阳化工厂，一级工人工资是33.5元/月，八级工人工资是100.5元/月；而在大连油漆厂内部，一级工人工资是31.5元/月，八级工人工资是91.4元/月。在大连油漆厂内部，颜料工一级的工资是31.5元/月，八级的工资是91.4元/月；而油漆工一级的工资是30元/月，八级的工资是87元/月。1956年企业工人工资改革中，扩大了高级技术工人与低级技术工人的工资差距，八级工的工资标准平均提高了18%，而一级工的工资标准平均只提高了8%。结合工资改革，劳动部建立了上万个工种的技术等级标准，并建立起与工资相适应的考工定（晋）级制度。1963年，我国进行第一次全国性修订工人技术等级标准工作，但工人升级不再将技术等级标准作为唯一依据，而是需要同时参考生产工作需要、业务技术熟练水平、生产成绩和劳动态度等维度，其中，业务技术熟练水平需结合工人的技术等级和平日生产情况。①

八级工资等级制度建立初期，对产业工人队伍的建设起到了极大的促进作用，极好地调动了技术工人的工作积极性，主要原因如下：一是工资

---

① 周鸣：《贯彻执行新的技术等级标准》，《劳动》1963年第6期，第1—4页。

水平的确定符合当时国家经济发展水平和生产生活状况；二是工资制度的建立适当考虑了国家机关干部、企业职员和工人的工资关系，体现了兼顾公平的原则；三是工人工资等级充分考虑到岗位技术水平、劳动强度、劳动对象的差异性，依据按劳分配原则明确工人工资差别。但是后期由于各种原因，八级工资制执行中出现各种偏差，技能等级无法真正反映技能水平和实际贡献，逐步演化为大锅饭分配制度。

二 三级工制度

三级工制度是20世纪80年代，为了便于工人培训、考核和劳动力的科学管理，同时也便于与国际标准接轨，将工人技术等级从八级简化成初级工、中级工、高级工的制度设计。八级工与三级工的具体关系是：1—3级为初级工，4—6级为中级工，7—8级为高级工。

（一）三级工制度的起因

1978年，国家恢复考工定（晋）级制度，并再次组织力量修订《工人技术等级标准》，统计工种9100多个，并将工人技术等级标准与培训、考核连在一起，提出工人技术等级标准"是工人工资等级制度的组成部分，也是考核工人技术水平和对工人进行技术培训的科学依据"[①]。1981年中共中央、国务院下发《关于加强职工教育工作的决定》，要求对青壮年职工进行政治思想教育和文化、技术补课（即"双补"教育）。鉴于八级工制度中，工人技术等级标准之间的专业理论知识和技能水平的差距难以有效区分，不利于大规模开展培训，为便于开展培训特别是理论知识培训工作，机械工业部于1981年率先进行探索实践，将八级工制度中的1—3级工定为初级工，4—6级工定为中级工，7—8级工定为高级工，从而形成初、中、高三级技术工人培训等级，并与普及初中文化教育一起作为"双补教育"，此后在全国各行业普遍推广。[②]

1983年4月25日，劳动人事部印发《工人技术考核暂行条例》，指

---

① 张俊峰：《我国工人技术等级标准的历史沿革》，《中国劳动科学》1991年第1期，第43页。

② 李志敏：《我国技能人才职业技能等级制度的历史演变》，《中国劳动保障报》2022年5月25日第3版。

出"凡国营企事业单位的技术工人,都要有计划有步骤地进行培训,实行技术考核制度""工人技术考核内容以国务院各主管部门颁发的《工人技术等级标准》为依据,包括技术理论的考试和实际操作的考工""工人技术考核,根据不同对象和情况氛围转正考核,定级考核,高一级考核,本等级考核,改变工种或调换工作岗位考核"。这一文件初步确立了工人技术考核制度的法律性地位。同年,国务院批转劳动人事部《关于一九八三年企业调整工资和改革工资制度问题的报告》,提出"调整工资必须认真贯彻按劳分配原则""企业调整工资时,应对职工的劳动态度、技术高低、贡献大小进行考核。经过考核,工人必须是劳动表现好,达到了上一级技术等级标准的要求,并且按质按量完成了生产任务的,才能调整工资",明确了企业调整工人工资必须进行技术等级考核。

1985年1月,国务院下发《关于国营企业工资改革问题的通知》,提出"企业的工资改革,要贯彻执行按劳分配的原则,以体现奖勤罚懒、奖优罚劣,体现多劳多得、少劳少得,体现脑力劳动和体力劳动、复杂劳动和简单劳动、熟练劳动和非熟练劳动、繁重劳动和非繁重劳动之间的合理差别。至于具体工资分配形式,是实行计件工资还是计时工资,工资制度是实行等级制,还是实行岗位(职务)工资制、结构工资制,是否建立津贴、补贴制度,以及浮动工资、浮动升级等,均由企业根据实际情况,自行研究确定",提出了工资制度由企业自主决定,全国统一的八级工制度就此被打破。

(二) 三级工制度的确立

从1988年开始,劳动部在广泛调查和充分论证的基础上,组织国务院45个行业主管部门对全国工人技术等级标准进行第三次修订。针对过去技术等级标准体系存在着的等级结构过繁,工种设置大量重复交叉、标准水平不一,内容陈旧,工种划分不科学,人为拔高技术等级线等弊端,提出四项修标基本原则:一是简化等级结构,将以八级制为主体的等级结构形式简化为初、中、高三级制为主体的结构形式;二是坚持先进合理的标准水平;三是科学划分工种;三是实行行业归口管理。确定"工人技术等级标准的内容一般包括知识要求、技能要求和工作实例三个部分",将近万个工种合并为4700多个,初步解决了部门间工种交叉重复的问题。于1992年颁布了我国首部《中华人民共和国工种分类目录》,作为国家修订工人技术等级标准、企业制定工人岗位规范的基础，以及各类职业学校设置的依据，正式将传统的八级工制度改造为初、中、高三级工制度，向全国推行。

三　五级工制度

五级工制度缘起于在高级技工评价中设置技师、高级技师技术职务的探索，并于20世纪90年代初正式确立初级工、中级工、高技工、技师和高级技师5个等级的技术工种评价考核体系，也称为五级、四级、三级、二级、一级职业技能等级鉴定和职业资格体系。

（一）五级工制度的缘起

为了进一步增强工人提高技能水平的积极性，20世纪80年代末，国家开始尝试细化对于高级技工的评价，并且制定相应的激励政策。1987年6月，劳动部印发《关于实行技师聘任制的暂行规定》，指明"技师是在高级技术工人中设置的技术职务"，并且提出了技师的任职条件包括5条，即"遵守国家政策和法律、法规，有良好的职业道德""技工学校或其他中等职业技术学校毕业，或经过自学、职业培训，达到同等水平""具有本工种技术等级标准中高级工的专业技术理论水平和实际操作技能""具有丰富的生产实践经验，能够解决本工种关键性的操作技术和生产中的工艺难题""具有传授技艺、培训技术工人的能力"；明确了技师评聘要求，"技师必须经过考核、评审""技术工人取得技师考核合格证书的，由其所在单位在国家规定的技师比例限额内进行聘任""技师聘任期限为三年至五年，根据工作需要可连续聘任""被聘任的技师，实行职务津贴。职务津贴一般为每月十五元至二十五元，具体标准以及其他福利待遇，由国务院有关行业归口部门提出，报劳动人事部核定"。从这一条例内容看，技师最初是评聘结合的、具有职务属性的评价制度设计。

（二）技术工种五级考核体系的确立

1990年7月，经国务院批准，劳动部颁布实施1号部令《工人考核条例》，包括总则、考核种类、考核内容、考核方法、考核组织和管理、罚则、附则等7部分32条具体规定。条例正式确立了初、中、高、技师和高级技师5个等级的技术工种考核体系。同年9月，劳动部印发《关于高级技师评聘的实施意见》并试点推行，该文件指出"高级技师是在高级技术工人中设置的高级技术职务，评聘高级技师聘任制的组成部分""高级技师应在技术密集、工艺附则的行业中具有高超技能并作出突出贡献的技师中考评、聘任，不是技师的普遍晋升""高级技师的比例限额，以省、自治区、直辖市及计划单列市和国务院各部门为单位，控制在技师总数的10%以内，由国家下达评聘人数和职务津贴指标"。提出了高级技师的4项任职条件包括"任技师职务三年以上并作出突出贡献""具有本专业（工种）较高的专业知识并了解和掌握相关专业（工种）的有关知识操作技能""由高超专业技能和综合操作的技能，在技术改造、工艺革新、技术攻关和解决本专业（工种）高难度生产技术问题等方面成绩显著""能热心传授技艺、绝招，培训技术工人，指导、带领技术工人进行技术攻关和技术革新"。明确了职务津贴范围，即"高级技师的职务津贴，全国平均按每个高级技师每月50元标准核算。具体标准在每月40元至60元的幅度内（不得压低或提高，更不准挪作他用），由各单位自行确定"。1991年4月，劳动部印发《关于贯彻〈工人考核条例〉的通知》，进一步明确"《技术等级证书》《特种作业人员操作证书》《技师合格证书》《高级技师合格证书》是表明工人技术业务水平和上岗、任职的凭证，也是工资分配以及就业、再就业的依据，又是进行国内外技术劳务合作与交流时法律公证的有效证件"。自此，五级工的制度基本成形，为职业技能鉴定制度和国家职业资格证书制度的推行奠定了坚实的基础。

（三）基于五级设计的职业技能鉴定制度和职业资格制度的建立和发展

1993年7月劳动部颁发《职业技能鉴定规定》，指出"职业技能鉴定是指对劳动者进行技术等级的考核和技师、高级技师（以下统称技师）资格的考评"。规定了职业技能鉴定的对象和参与鉴定的方式，即"各类职业技术学校和培训机构毕（结）业生，凡属技术等级考核的工种，逐步实行职业技能鉴定""企业、事业单位学徒期满的学徒工，必须进行职业技能鉴定""企业、事业单位的职工以及社会各类人员，根据需要，自愿申请职业技能鉴定"。明确了"职业技能鉴定实行政府指导下的社会化管理体制"，规范了职业技能鉴定机构的职责、职业技能鉴定的组织实施。对鉴定结果的效用也作出规定，即"国家实行职业技能鉴定证书制度""《技术等级证书》《技师合格证书》和《高级技师合格证书》是劳动者职业技能水平的凭证，同时，按照劳动部、司法部劳培字〔1992〕1

号《对出国工人技术等级、技术职务证书公证的规定》，是我国公民境外就业、劳务输出法律公证的有效证件"。自此，开始实行依据现行《工人技术等级标准》和《国家职业技能标准》开展的国家职业技能鉴定制度。

党的十四大确定建立社会主义市场经济体制，并在《关于建立社会主义市场经济体制若干问题的决定》中，明确提出"要制订各种职业的资格标准和录用标准，实行学历文凭和职业资格两种证书制度"。1994年2月，劳动部、人事部印发《职业资格证书规定》，指出"若干职业技能鉴定（技师、高级技师考评和技术等级考核）纳入职业资格证书制度""劳动部负责以技能为主的职业资格鉴定和证书的核发与管理（证书的名称、种类按现行规定执行）"，确定职业技能鉴定是职业资格评价方式之一。1994年7月颁发的《中华人民共和国劳动法》第八章第六十九条规定，"国家确定职业分类，对规定的职业制定职业技能标准，实行职业资格证书制度，由经备案的考核鉴定机构负责对劳动者实施职业技能考核鉴定"，确立了职业资格证书制度的法律地位，同时从法律角度指明我国职业分类、职业技能标准、职业资格证书制度之间的关系。1996年颁布的《职业教育法》第一章第八条也提出职业教育实行"学历文凭、培训证书和职业资格证书制度"。随后覆盖全国的职业技能鉴定指导中心（省部一级58个）逐步成立，为职业技能鉴定提供了必要的组织保证和技术支持。[1]

1999年5月，劳动和社会保障部办公厅印发《关于启用〈职业资格证书〉有关问题的通知》，规定"将原《技术等级证书》《技师合格证书》和《高级技师合格证书》统一更名为《职业资格证书》"。同年，原劳动和社会保障部、原国家质量技术监督局和国家统计局三部门联合颁布了第一部《中华人民共和国职业分类大典》，并且匹配大典开发，颁布、更新了具体职业的"国家职业技能标准"。此外，劳动部门还建立了职业技能鉴定的组织实施和技术支持体系，完善了职业技能鉴定的质量管理体系。这些举措使我国的"五级工"国家职业资格制度在确立的基础上得以不断发展，进入21世纪，职业技能鉴定和职业资格证书制度更是快速

---

[1] 大国工匠——从"老八级"到"新八级"技能人才评价体系简史，https：//baijiahao.baidu.com/s？id=1733610152330551922。

发展，2001—2019 年平均每年参加职业技能等级鉴定人员达 1329 万人，每年获得职业资格证书的人员达 1100 万人，每年的职业技能鉴定机构数达 9142 个，每年的职业技能鉴定考评人员为 21 万人。[①]

在职业资格证书制度快速发展的历程中，也出现了许多乱象，集中表现为考试太乱、证书太滥，管理不够规范，为此国家自 2007 年开始职业资格清理规范工作。2013 年在深化"放管服"改革的背景下，职业资格清理规范力度逐步加大，2014 年 8 月，经国务院同意，人力资源和社会保障部印发了《关于减少职业资格许可和认定有关问题的通知》，明确提出清理职业资格的"四个取消"的原则要求。2017 年，在分 7 批取消 434 项职业资格的基础上，经国务院常务会议审议，人力资源和社会保障部印发《关于公布国家职业资格目录的通知》，建立国家职业资格目录，分为专业技术人员职业资格目录和技能人员职业资格目录，两个目录均下设准入类和水平评价类两种职业资格，并实行动态调整和更新；同时明确目录之外一律不得许可和认定职业资格，目录之内除准入类职业资格外一律不得与就业创业挂钩。

四 职业技能等级制度（新八级工制度）

职业技能等级制度是关于开展职业等级认定活动的制度。从技能岗位等级设置上，对设有高级技师的职业（工种），在原有五级设置的基础上，向上增设特级技师和首席技师技术职务（岗位），在初级工之下补设学徒工，最终形成由学徒工、初级工、中级工、高级工、技师、高级技师、特级技师、首席技师构成的共八级的职业技能等级（岗位）序列，因此又称为"新八级工"制度。

（一）职业技能等级制度的提出

职业技能等级制度的提法最早出现于 2017 年中共中央、国务院印发的《新时期产业工人队伍建设改革方案》，其中明确提出"健全职业技能多元化评价方式，引导和支持企业、行业组织和社会组织自主开展技能评

[①] 根据 2001—2007 年劳动和社会保障事业发展统计公报、2008—2019 年人力资源和社会保障事业发展统计公报数据计算。http://www.mohrss.gov.cn/SYrlzyhshbzb/zwgk/szrs/tjgb/index.html。

价。做好职业资格制度与职业技能等级制度的衔接"。2018年2月，中共中央办公厅、国务院办公厅印发《关于分类推进人才评价机制改革的指导意见》，其中第十四条提出"完善职业资格评价、职业技能等级认定、专项职业能力考核等多元化评价方式"。同年5月，国务院印发《关于推行终身职业技能培训制度的意见》，其中第十一条提出，"建立技能人才多元评价机制。健全以职业能力为导向、以工作业绩为重点、注重工匠精神培育和职业道德养成的技能人才评价体系。建立与国家职业资格制度相衔接、与终身职业技能培训制度相适应的职业技能等级制度"。同年8月，中共中央办公厅、国务院办公厅印发《关于提高技术工人待遇的意见》，提出要"完善技术工人评价工作"，具体举措包括："健全技术工人评价选拔制度，突破年龄、学历、资历、身份等限制，促进优秀技术工人脱颖而出""完善职业技能等级认定政策，引导和支持企业自主开展技能评价并落实待遇""鼓励企业增加技术工人的技能等级层次，拓宽技术工人晋升通道，探索设立技能专家、首席技师、特级技师等岗位"，对职业技能等级层次和认定方式作出设计。2018年年底，人力资源和社会保障部探索启动职业技能等级认定试点工作，选择工作基础较好的企业开展技能人才自主评价试点。

（二）职业技能等级制度的准备

2019年8月，为贯彻落实《关于分类推进人才评价机制改革的指导意见》等文件精神，根据国务院推进"放管服"改革要求，人力资源和社会保障部印发了《关于改革完善技能人才评价制度的意见》，提出建立健全以职业资格评价、职业技能等级认定和专项职业能力考核等为主要内容的技能人才评价制度。关于"建立职业技能等级制度"，明确了"建立并推行职业技能等级制度，由用人单位和社会培训评价组织按照有关规定开展职业技能等级认定""符合条件的用人单位可结合实际面向本单位职工自主开展，符合条件的用人单位按规定面向本单位以外人员提供职业技能等级认定服务""符合条件的社会培训评价组织可根据市场和就业需要，面向全体劳动者开展""职业技能等级认定要坚持客观、公正、科学、规范的原则，认定结果要经得起市场检验、为社会广泛认可"的实施路径。同年年底，国务院决定将水平评价类技能人员职业资格于2020年年底全部退出国家职业资格目录，将技能人员水平评价由政府认定改为实行社会化职业技能等级认定,接受市场和社会认可与检验。这被认为是推动政府职能转变、形成以市场为导向的技能人才培养使用机制的一场革命。

（三）职业技能等级制度的确立和发展

2020年4月,人力资源和社会保障部发布了《职业技能等级认定工作规程（试行）》,这份文件为职业技能等级认定的整体运行框架、适用范围、评定基准,以及用人单位和社会培训评价组织的筛选标准、实施流程等方面提供了明确的指导和规范。同年9月,人力资源和社会保障部印发《技能人才评价质量督导工作规程（试行）》,明确对职业资格评价、职业技能等级认定、专项职业能力考核等机构组织实施的技能人才评价工作的监督、检查和指导工作要求。同年11月1日,国务院办公厅印发《全国深化"放管服"改革优化营商环境电视电话会议重点任务分工方案》,确定由人社部牵头推进企业技能人才自主评价,评价依据分两种情况,有国家职业技能标准的企业要按照标准开展技能人才评价,没有国家标准的企业可以自主开发评价规范。企业发放的职业技能等级证书,如果符合职业培训、职业技能鉴定补贴等政策相关要求即可享受相应待遇。11月7日,人社部办公厅印发《关于支持企业大力开展技能人才评价工作的通知》,明确按照"谁用人、谁评价、谁发证、谁负责"的原则,向用人主体放权,支持各级各类企业自主开展技能人才评价工作,发放职业技能等级证书。根据《职业技能等级认定工作规程（试行）》,遴选用人单位和社会培训评价组织等开展职业技能等级认定工作的机构,按照《技能人才评价质量督导工作规程（试行）》开展评价工作质量督导,加强技能人才评价事中事后监管。截至2020年年底,完成职业技能等级认定备案的共有3700余家企业、近900家社会培训评价组织,共有104万余名技能人员经评价获得了职业技能等级证书。

2022年3月,人力资源和社会保障部发布了《关于健全完善新时代技能人才职业技能等级制度的意见（试行）》,这一重要文件标志着我国技能人才职业技能等级制度的一次重要改革。在原有的"五级"技能等级体系基础上,该文件提出了更加灵活和细化的职业技能等级划分。具体来说,企业可以根据自身职业（工种）的技术技能发展实际情况,向上增设特级技师和首席技师技术职务（岗位）,以表彰和激励那些在技术技能领域取得卓越成就的员工。同时,为了更好地培养新入行的技能人才,文件还提出了向下补设学徒工等级，为技能人才的成长提供更为清晰的路径。这一改革举措将原有的五级职业技能等级体系扩展为八级职业技能等级（岗位）序列，使得整个等级划分更加精细化、科学化和系统化。这一改革思路被称为新"八级工"制度。同年10月，中办、国办印发《关于加强新时代高技能人才队伍建设的意见》，提出"推行职业技能等级认定"，具体举措包括"支持符合条件的企业自主确定技能人才评价职业（工种）范围，自主设置岗位等级，自主开发制定岗位规范，自主运用评价方式开展技能人才职业技能等级评价""企业对新招录或未定级职工，可根据其日常表现、工作业绩，结合职业标准和企业岗位规范要求，直接认定相应的职业技能等级""打破学历、资历、年龄、比例等限制，对技能高超、业绩突出的一线职工，可直接认定高级工以上职业技能等级""对解决重大工艺技术难题和重大质量问题、技术创新成果获得省部级以上奖项、'师带徒'业绩突出的高技能人才，可破格晋升职业技能等级"，对职业技能等级认定的破格条件提出了意见。

自2020年开始，人社部年度统计公报增加职业技能等级认定相关统计指标，2021年后原来的职业技能鉴定相关指标均改为职业资格评价相关指标。据统计，截至2022年年末，从评价机构来看，全国共有职业资格评价机构6314个，职业技能等级认定机构30315个；从考评人员情况来看，职业资格评价和职业技能等级认定考评人员共有64.4万人。从考试和认定情况来看，2022年全年参加职业资格评价或职业技能等级认定的共有1466.5万人次，取得职业资格证书或职业技能等级证书的有1234.3万人次，其中取得技师以上资格和认定的达35.6万人次。[①]

第三节　职业技能等级制度发展状况

我国的职业技能等级制度自2018年开始探索，2020年正式设置。虽然时间短暂，但是发展迅猛，评价机构和考评人员数量呈几何级数增长，参评人数也呈稳定增长态势。伴随着爆发式的增长，也出现了一些问题，职业技能等级制度发展之路任重而道远。

---

① 数据来源：2022年度人力资源和社会保障事业发展统计公报。

一 主要成效

自2018年人力资源和社会保障部探索启动职业技能等级认定试点工作以来，职业技能等级政策体系不断健全，工作模式基本确立，评价实践有序开展，社会认知度大幅提升。

（一）政策体系不断健全

为了形成以市场为导向的技能人才培养使用机制，破除对技能人才成长和弘扬工匠精神的制约，促进产业升级和高质量发展，2019年年底，国务院决定将技能人员水平评价职业资格由政府认定改为实行社会化等级认定，接受市场和社会认可与检验。2020年人力资源和社会保障部印发《职业技能等级认定工作规程（试行）》《技能人才评价质量督导工作规程（试行）》，对社会化认定工作进行规范。2022年，在总结特级技师评聘试点经验基础上，人力资源和社会保障部制定出台了《关于健全完善新时代技能人才职业技能等级制度的意见（试行）》，正式确定了被称为"新八级工"的职业技能等级制度。从职业技能等级制度探索之初，就遵循规范先行的原则，首先对技能人员社会化市场化的评价实践工作进行规范化引导，在实践基础上，总结经验，形成包括总体要求、制度体系、认定机制、结果应用、服务监管在内的职业技能等级制度设计。

自"新八级工"职业技能等级制度实施以来，在全国范围内得到了广泛的响应和实践。各地纷纷制定并出台了相应的配套措施和办法，以支持并推动该制度的顺利实施，其中，广东、江苏、安徽、河南、重庆、云南等近20个省份已经组织企业开展了特级技师和首席技师的评聘工作。与此同时，一些大型国有企业，如中国船舶、中国石油、中国石化、中国兵器工业、中国航天科技、中国航天科工以及徐工集团等，也积极响应并开展了技能人才自主评价工作，通过制定符合自身特点的评价标准和流程，对员工的技能水平进行更加精准和科学的评估，从而为企业的发展提供有力的人才保障。

（二）工作模式基本确立

职业技能等级制度明确了职业技能认定的主体，即用人单位和社会培训评价组织。这一制度赋予了用人单位极大的自主权，允许他们根据自身的需求和标准，对本单位职工（包括劳务派遣人员）进行职业技能的自主评价。同时，对于那些具备条件的用人单位，制度也鼓励并允许他们为其他用人单位和社会人员提供职业技能等级评价服务。此外，为了确保职业技能等级认定的专业性和权威性，社会培训评价组织被赋予了面向社会开展职业技能等级认定的权力。这些组织在市场化、社会化和专业化的原则指导下，根据职业技能等级认定的相关标准和要求，为广大劳动者提供职业技能等级的评定服务。

在管理体制方面，职业技能等级制度也确立了清晰的责任分工。人力资源和社会保障部门负责制定政策、组织协调和宏观管理，确保职业技能等级认定工作的有序进行。而职业技能鉴定中心则负责提供技术支持和指导，包括国家职业技能标准和评价规范的开发、试题试卷的命制以及考务管理服务等工作。同时，他们还负责对职业技能等级认定工作进行质量监督，确保评价的公正性和准确性。有关行业部门、行业组织职业技能鉴定中心及有关单位也在这一制度中发挥重要作用，他们将配合做好本行业领域的职业分类、职业技能标准或评价规范开发等技术性工作，为用人单位和社会培训评价组织提供职业技能等级认定相关的服务支持。职业技能等级制度的实施为有技能等级晋升需求的人员提供了广阔的机会和平台。

（三）评价实践有序开展

2019年年底确定实施职业技能等级制度，2020年开始相关工作计入技能人才队伍建设的相关统计指标。2020年，遴选了4105家职业技能等级评价机构，全年共1195.8万人参加职业技能鉴定和职业技能等级认定，其中取得证书的人数是962.6万；2021年，累计遴选13431家评价机构，全年共1078.4万人参加鉴定和认定，其中取得证书的人数是898.8万；2022年，累计遴选30315家评价机构，全年共1466.5万人参加鉴定和认定，其中取得证书的人数是1234.3万；[①] 2023年，累计遴选3.3万余家评价机构，全年超过1200万人次取得证书。[②] 从四年多来的评价实践来看，职业技能评价机构数量持续增长，每年取证人数占参评人数的比例基本稳定在82%左右。

---

① 人力资源和社会保障事业发展统计公报2020—2022年。
② 人力资源和社会保障部举行2023年四季度新闻发布会。http：//www.mohrss.gov.cn/SYrlzyhshbzb/dongtaixinwen/buneiyaowen/rsxw/202401/t20240124_512668.html。

（四）社会认知度大幅提升

从近几年的职业技能等级认定实践来看，参评人数持续增加，意味着越来越多的人开始认识到职业技能等级制度的重要性和价值。一方面，是因为随着经济的发展和技术的进步，越来越多的职业领域需要从业人员具备一定水平的知识技能，而职业技能等级制度可以为从业者提供有效的评估和认证机制，帮助他们提升自身职业能力和竞争力。另一方面，源自政府、企业和社会的推动，政府通过出台相关政策和措施，鼓励和支持职业技能等级制度的推广和实施；企业则通过认可和采用职业技能等级制度，提高员工的职业技能水平和企业的竞争力；社会各界也通过各种渠道宣传和推广职业技能等级制度，提高公众的认知度和认可度。

二 存在问题

职业技能等级制度虽然在短期内已经取得了不俗的进展，并在一定程度上提升了职业技能培训质量和效率、促进了技能人才队伍建设，但在实际操作执行的过程中也出现一些问题和挑战。

（一）评价标准不统一

目前职业技能等级认定没有统一的评价标准，部分职业工种的认定标准可以在国家职业标准的基础上进一步开发，相对还有一定的统一性，但相当数量的职业工种要么是还没有出台国家职业标准、要么是职业标准是十几年前的早已过时的标准，这些职业工种的技能等级评价标准就很难做到统一，不同行业、不同地区甚至不同企业的职业技能等级的认定标准均可能存在差异，进而导致评估结果的不一致性和不公平性。这种不统一就会造成评价结果不能互通互用，从而阻碍劳动力市场的流动性，造成人才无法合理配置。

（二）认证机制不完善

目前全国3.3万余家职业技能等级认定评价机构，每年评价1000余万人，绝大多数是用人单位对本单位员工进行评价，在执行过程中有员工反映存在信息不公开，员工对职业技能等级认定过程缺乏了解，不了解具体流程、标准和结果；操作过程不透明，认定人员的资质不可考，认定过程可能存在主观因素等，导致员工对认定结果的公正性产生怀疑；缺乏有效的监督反馈机制，使认定结果的可信度打折扣等问题。这些问题都反映出目前职业技能等级制度还没有完全建立起公开、公正、公平的认定机制，可能导致公众对认定结果的信任度降低，影响到职业技能等级制度的实施效果。

(三) 认定方式较为单一

职业技能等级制度是对技能人员进行评价的制度，技能人员职业的首要特点就是实践性，即强调从业人员的实际操作能力，这些能力一般是需要通过训练才能获取或掌握的能力，因此在职业技能等级认定工作中，实践能力或操作能力的考核应该是必要选项。但从实际认定过程来看，部分评价机构特别是一些社评组织，由于操作设施设备的完备性不足，在培训和考核的过程中，更多注重理论知识的培训和考察，认定方式也采取单一的笔试方式，而忽略了需要通过一定的任务设置、可能要借助一些设施设备完成的，对实践或操作能力的评估。这样的评价结果可能造成从业人员在实际工作过程中展示的实践和操作能力出现偏差，进而影响评价效力。

(四) 认定资源分配不均

从我国国情来看，存在明显的区域性差异，如东西差异、南北差异，这些差异不仅反映出经济发展状况的差异，还反映出不同地区文化、教育等各方面的发展差异，这些差异可能导致一些欠发达地区缺乏足够的资源来支持职业技能认定工作。政府出台的政策对职业技能认定资源的分配也具有重要影响，如果政策导向不明确或缺乏针对性，可能导致资源的分配不均。此外，不同行业对职业技能等级认定的需求和重视程度也可能存在差异，某些行业可能更加重视职业技能认定，愿意投入更多的资源，而另一些行业则可能相对较少。资源分配的不均衡必然会导致职业技能等级认定效果的差异，无法实现认定结果互认，影响人力资源的合理流动和配置。

三　形势任务

立足新时代，职业技能等级认定作为劳动者职业技能提升的重要抓手，面临适应产业转型升级和技术进步、加快形成新质生产力、提升用人单位市场竞争力、促进技能人员职业发展等形势任务，需要不断强化制度创新，提升认定工作的针对性、精确性和有效性。

（一）适应产业转型升级和技术进步的客观要求

随着人工智能、云计算、大数据等高新技术的快速发展和广泛应用，产业结构不断迭代升级，由此产生了新的业态，催生了大量新职业。据世界经济论坛《未来职业报告2020》估计，到2050年，机器生产在整个产业中的占比将会达到52%，8500万个岗位会因人类和机器劳动分工的改变而消失。但是同时，也会产生多达9700万个新岗位，增加的岗位所涉及的领域包括关怀经济、人工智能以及内容生产等。此外，它还预测了职业技能结构发生的显著变化，到2025年全球就业市场最需要的十类能力：分析思维与创新能力，主动学习和学习策略能力，复杂的问题解决能力，批判性思维与分析能力，创意、主动性与原创能力，领导力和社会影响力，技术的使用与监测能力，技术设计与编程能力，弹性、灵活性和压力承受能力，推理、解决问题和构思能力等。这就要求职业技能等级制度不断完善，及时更新评价标准，关注市场需求的变化，确保评价内容与技术发展保持一致，进而保证评价的准确性和有效性。

（二）加快形成新质生产力①的客观要求

习近平总书记指出："概括地说，新质生产力是创新起主导作用，摆脱传统经济增长方式、生产力发展路径，具有高科技、高效能、高质量特征，符合新发展理念的先进生产力质态。它由技术革命性突破、生产要素创新性配置、产业深度转型升级而催生，以劳动者、劳动资料、劳动对象及其优化组合的跃升为基本内涵，以全要素生产率大幅提升为核心标志，特点是创新，关键在质优，本质是先进生产力。"② 这一重要论述，深刻指明了新质生产力的特征、基本内涵、核心标志、特点、关键、本质等基本理论问题，为我们准确把握新质生产力的科学内涵提供了根本遵循。人才是第一资源，创新驱动实质是人才驱动。发展新质生产力，归根结底要靠创新人才。技能人才作为国家战略人才力量的重要组成部分，其评价制

---

① 2023年9月，习近平总书记在黑龙江考察调研期间首次提到"新质生产力"。2023年12月召开的中央经济工作会议明确提出，要以科技创新推动产业创新，特别是以颠覆性技术和前沿技术催生新产业、新模式、新动能，发展新质生产力。2024年1月31日，习近平总书记在主持中央政治局第十一次集体学习时发表重要讲话，从理论和实践结合上系统阐明新质生产力的科学内涵，深刻指出发展新质生产力的重大意义，对发展新质生产力提出明确要求。

② 2024年1月31日，习近平总书记在中共中央政治局第十一次集体学习时的讲话。

度的健全完善对于技术技能型劳动者素质提升、技能要素参与收入分配机制、技能人才职业发展等均具有重要意义,进而为发展新质生产力提供重要支持与保障。因此,职业技能等级制度的改革完善要对标新质生产力发展要求,创新体制机制,确保人才评价符合时代需求。

(三) 提升用人单位市场竞争力的客观要求

职业技能等级制度是深化"放管服"改革,推动政府职能转变的重要举措,政府从水平评价类技能人员评价的具体环节中全面退出,明确认定主体为用人单位和社评组织,由相关用人单位或社会组织按标准依规范开展职业技能等级评价、颁发证书,将技能人才水平认定工作交给市场和社会,并接受市场和社会的认可与检验。由于用人单位是技能人才实际工作的场所,对技能人才的职业能力和工作业绩有着最直接的了解,将评价权下放给用人单位,可以使评价更加贴近实际工作环境,更准确地反映技能人才的真实水平。因此,通过职业技能等级制度,用人单位可以更加准确地评估员工的技能水平和能力,更加合理地配置人力资源,激发员工的创新精神和进取心,推动企业在技术创新、产品升级等方面取得更多的突破;此外,职业技能等级制度能够为员工提供明确的技能提升路径和标准,激励员工不断学习和提升自己的技能,员工技能水平的提升将直接提高用人单位的整体工作质量和服务水平。这些都有助于提升企业的市场竞争力,让企业在激烈的市场竞争中脱颖而出,实现可持续发展。

(四) 促进技能人员职业发展的客观要求

职业技能等级制度作为技能人才评价制度,通过明确的等级划分和相应的技能要求,为技能人才提供了清晰透明的职业发展路径。职业技能等级评定采用的是相对统一的评价标准和程序,能够对技能人员的技能水平进行客观、公正的评价,避免了因人为因素导致的不公平现象,可以有效激发技能人员的学习和工作积极性。通过参与评价,技能人员可以清楚地了解自己在职业发展中的位置,以及需要达到的技能水平,从而有针对性地提升自己的技能和能力。此外,技能人员能够通过取得更高的职业技能等级,获得更好的工作机会和更高的薪资待遇,不仅有助于提高他们的生活水平,而且有助于提高他们的社会地位和认同感。因此,职业技能等级制度不仅仅发挥着评价功能,更多发挥了技能人才职业发展道路的规划指导作用,对技能人才培养、引进、使用、合理流动均有重要意义。

四 对策建议

健全完善职业技能等级制度需要坚定与国家职业资格制度相衔接、与终身职业技能培训制度相适应,并与技能人才使用相结合、与待遇相匹配的发展方向,持续完善认定标准、创新评价方法、健全评价监督机制,为技能人才成长和作用发挥营造有利环境。

(一) 完善认定标准

职业技能等级认定标准是职业技能等级制度的重要组成部分,它为制度的实施提供了基础和依据,是衡量技能人员技能水平的准则。职业技能等级认定标准通常是根据职业特点和市场需求制定的,包括职业范围、职业技能等级划分、技能要求和评价方法等内容,可用于指导技能人员的学习和培训,评估他们的技能水平,并为他们的职业发展提供阶梯和保障,发挥着风向标作用。《关于健全完善新时代技能人才职业技能等级制度的意见(试行)》提出,要"完善职业标准体系""建立健全由职业标准、评价规范、专项职业能力考核规范等构成的多层次、相互衔接、国际可比的职业标准体系"。因此,职业技能等级制度的健全完善首先要从职业技能等级认定标准入手,在评价标准中突出业绩成果、强化操作实践技能,标准的制定要与市场需求和行业特点紧密结合,确保所评价的技能与实际工作需求相符,同时也要积极关注行业和领域的发展变化、关注新职业和新兴行业的产生发展,建立动态调整机制,及时更新和补充相关的技能标准。

(二) 创新评价方式

职业技能等级认定方式的选择关系到技能人才评价结果的全面性、客观性和准确性。因此,评价方式的改革创新是职业技能等级制度健全完善的重要着力点。近年来,由于经济社会加速发展,传统产业转型升级加速,与科技联系紧密的新职业层出不穷,传统考试评价技术已经无法满足职业技能等级认定的需要。加之,科学进步和技术升级使评价方式方法也在不断发展、日益多元,为评价方式的改革创新提供了基础和保障。因此,建议职业技能等级认定方法加快引入现代科技手段,如可以通过虚拟现实技术模拟实际工作场景,让被评价者在模拟环境中完成工作任务,从而全面评估其职业技能水平。此外,在评价过程中,应更加注重实践操作能力的考察，可以通过实际操作、案例分析、项目完成等方式，评估被评价者在实际工作中的技能和表现。引入360度反馈评价，让被评价者获得全方位、多角度的反馈，从而更加全面、客观地了解自己的职业技能水平。职业技能是一个动态发展的过程，评价体系也应该是一个动态的过程，因此，可以建立评价标准和方法的动态更新机制，以适应技术变化、产业需求和行业发展。

（三）健全评价监督机制

健全评价监督机制对于提高评价的公正性、客观性、可信度和有效性，促进持续改进和发展，维护公共利益和社会稳定，以及提高管理水平和效率等方面都具有重要的意义。因此，建议落实《技能人才评价质量督导工作规程（试行）》，完善承接能力认证职能的机构资质标准（具体包括：从业人员状况、职业专业化程度、行业组织成熟度以及国家或社会对该职业活动的呼应度等）以及备案管理办法，建立认证机构综合评估、动态调整机制。强化对职业技能等级评价机构的监管，采取定期检查和随机抽查等方式，确保他们遵守评价标准和程序，不出现任何违规行为。建立信息公开机制，及时公布职业技能等级认定的相关信息和结果，接受社会监督，同时建立反馈机制，对考生的申诉和投诉进行及时、公正的处理，保障考生的权益。督导员是评价监督机制的重要组成部分，他们的素质和能力直接影响评价结果的准确性和公正性，因此，应该加强督导员的培训和管理，提高他们的专业素质和工作能力，确保他们能够有效地履行职责。

（四）促进评价与培训有效衔接

技能人才评价和职业技能培训是技能人才工作链条的有机组成部分。技能人才评价为职业技能培训确定了目标方向，是职业技能培训的重要动力源，而职业技能培训为技能人才评价提供了基础和平台。经济社会发展需要什么样的技能，就要评价、培训什么样的技能。《关于健全完善新时代技能人才职业技能等级制度的意见（试行）》提出，要"充分发挥技能评价对提高培养培训质量的导向作用""将职业技能等级认定作为引导职业技能培训方向、检验培训质量的重要手段"。基于此，建议依据国家职业技能标准，分别制定培训标准和评价标准，建立标准联动开发机制。借鉴国家资历框架的理念、原则和方法，以"学习成果"为导向，进一步明确职业技能等级认定和职业技能培训的功能定位、制度安排及其内在的结构关系，探索两者的衔接办法，加快推进职业资历体系建设。依据国家职业技能标准，制定职业技能等级认定标准和职业技能培训标准，建立标准联动开发机制。以模块化、单元化和学分化为导向，研究制定职业技能等级认定办法和职业技能培训课程设置办法。

第十一章

境外职业资格认可制度

境外职业资格认可制度是一种重要的国际人才政策,通过认可境外职业资格,可以促进国际上的人才流动和职业资格的互认,为境外人才在目标国家或地区提供便利的就业和发展环境。同时,也为目标国家或地区吸引和留住国际人才提供有力支持。由于职业资格国际互认的程序复杂、推进进程缓慢,为了加强人才国际交流、推进高水平对外开放,我国绝大多数自贸区(港)都选择制定境外职业资格认可制度作为吸引和留住国际人才的重要举措。

第一节 概述

境外职业资格认可制度是在特定地区或国家内,对境外职业资格进行认证和认可的制度。境外职业资格认可制度建立在理论研究和实践工作基础之上,因此基本理论和概念界定是研究境外职业资格认可制度的基础。

一 基本理论

由于境外职业资格清单是为从事国际化专业服务提供证明的有效手段,而职业资格是对职业规制的一种形式,职业资格持有人之所以可以跨境执业,通常要以职业资格认可为基础。因此,这一制度的理论基础主要涉及国际服务贸易、职业资格规制、职业资格认可等。

(一)国际服务贸易理论

随着贸易全球化的加速发展,国际社会作出了一个重大回应,即建立了世界贸易组织(WTO)。这是乌拉圭回合多边贸易谈判的显著成果,该组织于 1995 年 1 月 1 日正式投入运作。WTO 为各成员国之间搭建了一个共同的、结构化的平台，以促进和协调国际贸易关系。该组织的核心职责是确保多边贸易协议的有效执行、管理和运作，为未来的贸易谈判提供一个开放的论坛，同时审查各国的贸易政策，并致力于通过协商和调解来解决潜在的贸易争端。

在世贸组织的框架内，有三项关键的协议起到了至关重要的作用。首先是 1994 年的关税及贸易总协定（GATT），它为货物贸易设定了基本的规则和原则。其次是服务贸易总协定（GATS），这是世界上第一部关于国际服务贸易的具有法律约束力的国际条约，它为服务贸易的开放和透明化奠定了基础。最后，与贸易有关的知识产权方面的协定（TRIPS）则确保了知识产权在国际贸易中的保护和尊重。其中，GATS 的签署和实施，标志着国际服务贸易正式步入了有法可依的新时代，为各国的服务业开放和发展提供了重要的制度保障。

GATS 中对服务提供者资格及其承认问题有明确规定，具体如下：第 6 条第 4 款规定：服务贸易理事会应设立相应的机构来制定必要的准则，以确保在服务贸易中，有关资格条件、程序要求、技术标准以及许可要求等不会成为不合理的贸易壁垒。这些准则的目标是确保这些要求和标准是基于客观、透明的原则制定的，并且对于服务提供者的资格和能力的要求不应超过确保服务质量所必需的限度。同时，这些准则也旨在确保许可程序本身不会成为对服务提供的限制。该条第 5 款规定：在服务贸易理事会制定的这些准则正式生效之前，第 4 款中所提及的规定已经适用于各成员对已经承诺开放的服务行业所采取的措施。这意味着，成员们必须提前遵守这些规定，以确保在服务贸易中的公平性和透明度。第 6 款进一步规定：对于那些已经承诺开放的专业服务行业，各成员应设定适当的程序来验证来自其他成员的专业人员的能力。这一规定旨在确保在开放的专业服务市场中，服务提供者的能力得到充分的认可和验证，从而保障服务质量和消费者的权益。

GATS 中的第 7 条是关于成员之间在资格相互承认问题上的规定。第 1 款规定：允许成员在遵守特定条件（第 3 款的要求）的前提下，承认在其他特定国家已经获得的教育或经验、已满足的要求或者已给予的许可或证明，以便服务提供者能够依据这些标准或准则获得授权、许可或证明。

成员可以选择依据已有的协定或安排来给予这种承认，也可以自行决定给予承认。第2款规定：参与了资格承认协定或安排的成员，无论是现行的还是未来将要制定的，都应对其他成员开放，并提供给有兴趣的成员谈判加入此类协定或安排，或者与其谈判类似协定或安排的机会。如果成员选择自动给予承认，那么它也应该向其他成员提供机会，使其能够表明在其境内获得的教育、经验、许可或证明以及满足的要求应当得到承认。第3款规定：成员在给予承认时，其方式不得在各国之间构成歧视或对服务贸易的变相限制。这确保了资格承认的过程是公平、公正和透明的，不会对服务贸易造成不必要的障碍或偏见。

(二) 职业资格规制理论

所谓规制就是政府设置（出台）规定进行限制。规制，作为一种具体的制度设计，本质上反映了政府在市场经济环境下对经济行为的监管和调整。其核心目的是通过适当的干预手段，纠正和优化市场机制中存在的固有不足。在市场经济体系中，政府往往会针对经济主体（尤其是企业）的活动进行干预，以确保市场的健康运行和公平竞争。从最普遍的意义讲，规制是依据一定的规则，对构成社会的个人和经济主体的行为进行规范和约束的过程。这一过程的主体可以是个人，也可以是社会公共机构。当规制由个人发起时，被称为私人规制；而当规制由社会公共机构实施时，被称为公共规制。从广义上讲，政府规制涵盖了宏观和微观两个层面的经济活动。其中，微观层面的政府规制特别值得关注，因为它主要聚焦于弥补市场竞争不完全、垄断、外部性和内部性等狭义的市场失灵问题。在这一层面，政府会依据明确的规则，对微观经济主体的行为进行干预，以维护市场的公平和效率。

职业规制属于微观的政府规制范畴，是指对自然人进入某一职业领域的规制。在一些具有专业技术知识的领域，如建筑、律师、医生等行业，为了保证人力资本的有效利用，防止恶性竞争，同时保障消费者利益和服务质量，国家通常实行进入规制。在一般情况下，凡是要进入这些领域的人员必须通过专业技术培训，经考试合格后被授予相应的建筑师、律师、医生等证书，方可从事相关职业。这种规制在事关人力资源（人力资本）的合理配置及其经济影响方面属于经济性规制，而在事关职业道德方面则属于社会性规制。

政府对职业规制主要是通过三种资格证书的发放或三种法规来体现：执照（实践法）、法定认证或自愿执照（头衔保护法）、注册（注册法）。执照是其中最为严厉的一种规制方式。它要求从业者不仅获得特定的头衔，而且这一头衔是在法律上受到保护的，并明确规定了从业者可以在哪些领域内开展活动。执照通常适用于那些如果从业者缺乏必要训练和经验，就可能对公众造成重大危害的职业。相比之下，认证则是一种较为宽松的规制方式。虽然法律也会保护经过认证的资格头衔，但并不会为从业者画定特定的实践范围。认证主要用于那些公众需要辅助判断从业者能力，但这类职业对公众安全和健康的潜在威胁不足以达到发放执照标准的情况。注册是最为宽松的一种规制方式。它仅仅要求从业者到指定机构进行信息登记，而无须提交任何能力证明。注册通常适用于那些虽然可能对公众健康、安全和福利构成威胁，但威胁程度相对较低的职业。这三种规制方式在强度和适用范围上有所不同，但都旨在通过不同的手段来确保市场活动的有序进行，保护公众利益不受损害。

（三）职业资格认可理论

在区域经济一体化的进程中，职业资格认可制度扮演着至关重要的角色，其核心价值在于极大地促进了自然人服务提供者的跨地域流动。在封闭的市场环境中，与服务贸易紧密相连的人员流动被严格限制，极大地阻碍了经济的互动和发展。在这样的背景下，职业资格认可制度的实施空间有限，其构建和运行的成本与预期收益难以匹配，从法律效力的角度来看，缺乏足够的动力去推动这一制度的实施。然而，随着市场的逐步开放和融合，专业人员成为市场要素流动的重要一环。当市场对专业人员的资格进行规范性调整成为一项迫切需求时，职业资格认可制度便应运而生并不断发展。这种认可制度包括互认和单方认可两种形式，旨在确保专业人员在不同区域间能够顺畅流动，为服务贸易的发展提供有力支持。从经济层面来看，服务市场的融合推动了职业资格认可制度的产生。在一定程度上，相互承认职业资格成为服务贸易的突破口，也为劳动保障工作开辟了新的领域。通过实施职业资格认可制度，可以促进区域经济的一体化进程，加强不同区域间的经济合作和交流，实现资源共享和优势互补。同时，这一制度也有助于提高专业人员的素质和技能水平，保障服务质量和安全，为消费者提供更加优质的服务。

职业资格认可制度实际上是基于政治互信，通过制度共建的方式，为市场运行提供了基础规则的顶层设计。在推动市场融合的过程中，存在两种主要路径：市场自我发育和制度推进。然而，作为公共产品的职业资格认可制度，其产生和发展往往不依赖于市场的自我发育，而是更多地依赖于制度层面的推进。如中国内地与香港、澳门签署 CEPA① 协议，这一协议反映了中国对 20 世纪 80 年代以来在经贸领域出现的、以区域一体化为主要特征的国际经贸新形势的积极应对和在法制框架下促进内部市场统一和内、外部市场融合的制度构想。其中的第 15 条提出专业人员资格的相互承认，包括（1）双方鼓励专业人员资格的相互承认，推动彼此之间的专业技术人才交流；（2）双方主管部门或行业机构将研究、协商和制订相互承认专业人员资格的具体办法。这就是内地与港澳在达成政治共识的基础上，协力合作，通过建章立制将问题转入法治调整的轨道。

《服务贸易总协定》下的自然人流动机制为职业资格互认提供了明确的实施框架，这些互认协议可以通过多边、区域、双边协定或单独的资格认证协议形式达成。互认制度的适用范围并非一概而论，而是基于各方在服务贸易市场中作出的具体承诺。只有当一方的自然人服务提供者所寻求进入的市场，在对方承诺开放的服务部门内，并且满足该部门的具体承诺条件时，他们才能实际进入该市场。职业资格互认制度不仅适用于那些明确要求职业资格的服务部门，以确保专业人员符合准入标准，在相关领域提供服务。同时，它也适用于那些未对服务资格作出明确要求的部门，帮助服务提供者增强在相关服务领域的竞争力。服务市场的开放承诺虽然为专业人员进入他方市场提供了必要条件，但并非充分条件。即使在承诺开放的服务部门中，承诺方也可能出于保护本国服务市场的目的，设置各种保护性措施或扣减承诺。其中，对专业人员的职业资格要求常常成为限制他方专业人员进入本国市场的一种保护性手段。因此，可以说，如果一国的专业人员的职业资格不能得到另一国有权机构的承认，那么即使该国在自然人流动服务提供方式下作出了再多的市场开放承诺，这些承诺的实际意义也会大打折扣。这表明，在服务贸易中，职业资格互认是确保市场开

---

① 2003 年中国内地与香港签署《内地与香港关于建立更紧密经贸关系的安排》，2005 年中国内地与澳门签署《内地与澳门关于建立更紧密经贸关系的安排》。

放承诺得以有效实施的关键环节之一。

二 概念界定

职业资格作为国际通行的人才评价制度，是对职业的一种规制形式，但不是所有职业都会被规制，每个国家都有自己的职业资格认可体系，因此，研究境外职业资格认可制度首先需要对我国职业资格制度、境外职业资格和国际职业资格这几个重要概念进行界定。

（一）我国的职业资格制度

1994年我国建立职业资格证书制度，劳动部、人事部颁发《职业资格证书规定》，提出职业资格是对从事某一职业所必备的学识、技术和能力的基本要求。职业资格包括从业资格和执业资格。从业资格是指从事某一专业（工种）学识、技术和能力的起点标准。执业资格是指政府对某些责任较大、社会通用性强，关系公共利益的专业（工种）实行准入控制，是依法独立开业或从事某一特定专业（工种）学识、技术和能力的必备标准。职业资格分别由国务院劳动、人事行政部门通过学历认定、资格考试、专家评定、技能等级鉴定等方式进行评价，对合格者授予国家职业资格证书。从业资格通过学历认定或考试取得，执业资格通过考试方法取得。职业资格证书是国家对申请人专业（工种）学识、技术、能力的认可，是求职、任职、独立开业和单位录用的主要依据。

2014年，按照党的十八大关于转变政府职能、深化行政审批制度和人才发展体制机制改革的总体要求，职业资格清理工作取得了重大突破，至2016年年底，历经"七连清"后取消434项职业资格许可认定事项，削减资格达70%以上。在此背景下，为进一步推动职业资格纳入依法管理轨道，2017年我国建立了职业资格目录清单制度，涵盖两类四种职业资格，两类是指专业技术人员和技能人员职业资格，每类职业资格下又分为准入类和水平评价类两种职业资格。

（二）境外职业资格

境外职业资格是指由境外政府或相关领域权威机构设置的许可类或认证类职业资格。1994年我国职业资格制度建立之初，就指明"国家职业资格证书参照国际惯例，实行国际双边或多边互认"。全球经济一体化不但要求我们在国际贸易、技术加工、质量标准等方面要符合国际标准，而且在职业资格准入和认证方面也同样面临着与国际接轨的问题。

从境外资格主办机构来看,各国政府主要侧重于对准入类职业资格进行严格的监管和控制。政府通过颁布政令、制定法规等手段,对职业资格进行宏观的调控和管理,具体措施包括设立严格的考试制度、注册制度和执照颁发制度,以确保从事特定职业的人员具备必要的专业能力和素质,并禁止没有相应资格的人员从事这些职业。对于认证类资格的管理,则更多地依赖于行业专业协会、学会等非营利组织。以德国为例,行业协会在职业资格认证中扮演着核心角色,它们负责具体的认证工作,而政府则主要提供认证制度的合法性保障。在日本,行业工会或协会也是支撑和完善职业资格制度的重要实体。它们不仅负责对未获得资格者进行培训,还对已获得资格者进行注册和再培训,以确保这些专业人员能够持续保持和提升其专业能力。

从资格的评价标准来看,通常都是由政府有关部门出面,联合产业部门、雇主等各有关方面共同制定统一的国家职业资格标准,认证机构据此开展认证,如在英国,有专门的职业资格证书和课程设置委员会(QCA)代表政府具体负责在全国推行职业资格证书制度,该委员会由政府有关部门、产业部门、企业雇主等各方代表组成,主要职责就是指导国家职业资格标准的制定,监督检查证书审批机构。

从资格的报名条件看,一般会有学历、工作经历、相关职业资格、会员身份等要求。从资格的获取方式上,大多采取考试方式获得,考试又可以分为笔试、机考、实践操作、面试等多种形式,与协会学会的会员体系密切相关。从资格的有效性来看,可以分为限期资格和终身资格,限期资格是有一定年限的,到期后需要走续任程序进行重新认定,终身资格是一旦取得则终身有效。

发达国家都很注重职业资格的国际互认,如加拿大在建筑师的职业标准上与美国保持一致,其建筑师资格考试的命题直接采用了美国 ETS(教育测试服务)的标准,这体现了两国在职业教育和评估领域的紧密合作与相互认可。在欧洲,为了推动工程师职业的国际化发展,超过 20 个国家的工程师协会共同成立了联合会,并成功统一了欧洲注册工程师的标准。这一举措不仅为欧洲的工程师们提供了更为公平、一致的竞争平台,也为欧洲的工程建设行业注入了更多的国际化和标准化元素。此外,澳大利亚、加拿大、爱尔兰、新西兰、英国、美国和南非等经济体在工程教育领域也展现出了高度的合作与互信。这些国家的工程组织在相互承认工程学士学位的同时，还进一步实现了执业注册资格的相互承认。这不仅为工程师们提供了更广阔的职业发展空间，也促进了这些国家在工程教育、实践和科研领域的交流与合作。职业资格的国际互认通常都是通过双边或多边协议进行认证的，如国际工程联盟（IEA）有七个有关工程教育鉴定和职业资格认证的协议、协定，它们是：《华盛顿协议》（*Washington Accord*）、《悉尼协议》（*Sydney Accord*）、《都柏林协议》（*Dublin Accord*）；《国际专业工程师协议》（*IPEA Agreement*）、《APEC 协议》（*APEC Agreement*）、《国际技术工程师协议》（*IETA Agreement*）和《国际工程技术员协议》（*AIET Agreement*）。前三个协议主要适用于工科院校工程教育计划鉴定的互认，其中，《华盛顿协议》针对工程师（engineer）的培养计划，《悉尼协议》针对技术工程师（technologist）的培养计划，《都柏林协议》针对工程技术员（engineering technician）的培养计划。后四个协定主要提供在职的工程和技术人员流动时的职业资格互认。

（三）国际职业资格

国际职业资格是指由在特定专业领域享有盛誉的国家、组织、机构或企业，遵循国际公认的规范，设定职业技能标准和任职资格条件。这些标准和条件经过严格的程序来评估和鉴定劳动者的技能水平或职业资格，以确保评价和鉴定的客观公正、科学规范。一旦劳动者满足这些标准并通过评估，他们将被授予国际通用的职业资格证书。

国际职业资格证书具有两个显著的特点或属性。首先，它具备职业性，意味着这是一种职业资格证书，它证明了持有者已经具备了从事某种职业所必需的专业知识和技能。其次，它具有国际流通性，这是因为它在世界范围内得到了许多国家、行业协会和企业的广泛接受与认可。因此，持有这种证书的人可以在不同国家、不同组织或企业中找到适合他们的工作岗位，并在全球范围内发展他们的职业生涯。

国际职业资格证书的来源多元且权威，可以出自国家层面的认证体系，如英国的国家职业资格证书（NVQ），或者是澳大利亚的 TAFE 证书，这些证书代表了国家级的职业标准和认可。同时，也可以由国际组织或机构颁发，如国际职业指导协会（ICCD），其证书在全球范围内享有盛誉。

此外，一些知名大学，如剑桥大学国际考试委员会，也提供具有权威性的国际职业资格证书。甚至，一些领先企业，如思科公司和微软公司，也会基于其技术和行业标准，颁发相应的职业资格证书。这些国际职业资格证书和考试之所以能在全球范围内产生深远影响，关键在于它们背后所依托的健全管理制度、完善的职业标准、严格的质量控制、科学的考评体系以及周密的考核流程。这些要素使得这些证书和考试在相关行业具有很高的复制和推广价值。以英国国家职业资格证书制度为例，这是一个由政府主导、产业界深度参与的职业资格认证体系。在国家职业资格委员会的领导下，产业指导机构负责制定职业标准，而证书机构和鉴定站则负责实施具体的考证工作。自1986年以来，该体系已经在150多个行业和专业中设立了数千个职业标准，提供了近2万个职业资格，覆盖了广泛的商业和工业组织的工作内容，形成了一套为就业服务的核心技能标准体系，不仅为英国本土的就业市场提供了有力的支持，也为全球范围内的职业教育和职业发展提供了宝贵的经验和参考。

三 境外职业资格认可制度的主要内容

境外职业资格认可制度的主要内容包括建立认可清单、制定认可程序、完善法律法规和政策支持。

（一）建立专门的境外职业资格认可清单

职业资格管理部门制定并公布"境外职业资格认可清单"，明确哪些境外职业资格可以被认可。清单的制定通常要结合当地产业发展对国际人才引入的需求设置领域范围，如数字技术、生物医药、教育、医疗等，将不同国家、地区的职业资格进行分类和归纳，为境外人才提供明确的申请指南。进入清单的境外职业资格需要具备健全的管理制度、完善的职业标准、严格的质量控制、科学的考评体系和周密的考核流程，在所属的职业（专业）领域内具有较高的权威性、知名度、美誉度和影响力。

（二）设立认可机构和程序

设立专门的境外资格认可机构或部门，负责境外资格的审核和认可工作。制定详细的认可程序，包括申请、审核、评估、决定等环节。境外人员按照认可程序提交申请，提供相关证明材料和文件。认可机构对申请材料进行审核和评估，确认申请人是否符合认可条件和标准，核实证书的真实性和有效性，并根据评估结果作出决定，对符合条件的境外资格予以认可。建立持证人信息库，对获得认可的境外人员进行管理和跟踪。定期对认可的境外资格进行评估和复审，确保其持续符合认可条件和标准。

（三）完善法律法规和政策支持

制定和完善相关的法律法规和政策文件，为境外资格认可提供法律保障和政策支持。明确境外资格认可的法律地位和效力，保障获得认可的境外人员在国内的合法权益。经过认证的境外职业资格可以享受与国内相应职业资格相同的待遇和权益，包括就业机会、薪资待遇、职业发展等。

第二节　我国职业资格互认及国际资格引进状况

我国自 1994 年建立职业资格制度以来，一直在积极探索职业资格国际互认。职业资格国际互认包括几种形式：一是我国职业资格的国际认可；二是我国引入境外资格，进行备案制规范管理；三是境外资格在我国境内开展市场化认证活动；四是自贸区（港）对境外职业资格实行认可，以便利境外专业人员在自贸区（港）执业从业。

一　基本情况

（一）我国职业资格互认的基本情况

职业资格互认一般是通过多边、区域、双边协定或单独资格认证协议的形式。我国从职业资格制度建立之初就一直在积极推进职业资格互认工作，1994 年《职业资格证书规定》指出："国家职业资格证书参照国际惯例，实行国际双边或多边互认"；2003 年 12 月 26 日，《中共中央、国务院关于进一步加强人才工作的决定》中明确提出"积极推进专业技术人才执业资格国际互认"；2004 年 11 月，中国工程院教育委员会就我国注册工程师制度的发展与国际接轨问题向国务院提出了重要建议，[①]明确指出应加速推进我国注册工程师制度的建设，并使之与国际标准接轨，同时

---

① 中国工程院教育委员会：《关于大力推进我国注册工程师制度与国际接轨的报告》，2014 年 11 月。

建议我国积极加入国际互认组织《华盛顿协议》；经过十多年的努力和准备，2016年6月2日，在马来西亚吉隆坡举行的国际工程联盟会议上，中国科协代表我国正式加入《华盛顿协议》，成为该协议第18个正式成员。这一里程碑式的事件标志着我国工程教育专业认证进入了一个全新的发展阶段，也意味着我国的工程教育质量得到了国际社会的广泛认可；2018年3月，中共中央办公厅、国务院办公厅下发《关于分类推进人才评价机制改革的指导意见》，进一步提出"探索推动工程师国际互认，提高工程教育质量和工程技术人才职业化、国际化水平"；2019年2月，人社部、工信部下发《关于深化工程技术人才职称制度改革的指导意见》，其中提出要"加强工程师国际互认""按照《华盛顿协议》框架规则，在健全完善工程教育专业认证基础上，在条件成熟的工程技术领域探索开展工程师资格国际互认。以国际工程联盟（IEA）、国际咨询工程师联合会（FIDIC）等国际组织为平台，主动参与国际工程师评价标准制定，加强工程技术人才国际交流"。目前中国科协先后与泰国建筑师委员会、缅甸工程理事会、巴基斯坦工程理事会签署合作协议，与上述三个国家实现了工程能力评价标准实质等效双边互认。2019年11月4日，中国科协培训和人才服务中心代表中国科协与缅甸工程理事会认证委员会签署了《中缅工程师资格互认协议》，这是中国科协代表我国加入《华盛顿协议》后与国外对口组织签署的第一个工程技术人才资格双边互认协议，为促进中缅两国工程技术人才交流合作和中缅经济走廊建设提供了人才支撑。

具体到专业技术和技能领域，我国在建筑领域的职业资格互认工作走在前列。我国1995年建立了注册建筑师制度，1999年与美国注册建筑师开展了资格互认工作。1997年建立注册结构师制度，并与结构工程师学会（英国）签署了互认协议。2004年与香港建筑师学会、香港工程师学会签署了资格互认协议，开展了互认工作。在焊接领域的国际互认工作十分活跃，2000年1月，中国焊接培训与资格认证委员会（CANB）通过了国际焊接学会（IIW）的审查、验收和表决，并被授权按照国际标准及规程在中华人民共和国境内进行"国际焊接工程师（IWE）""国际焊接技术员（IWT）""国际焊接技师（IWS）""国际焊接技士（IWP）"和"国际焊工（IW）"等人员的培训与资格认证。

(二) 境外职业资格在国内备案情况

1996年劳动保障部职业技能鉴定中心成立了国际职业资格证书协调办公室，负责协助行政部门做好国际职业资格认证的引进和管理工作。为切实做好引进国外职业资格证书的管理工作，规范国外职业资格证书机构在我国境内的考试和发证活动，1998年11月劳动和社会保障部颁布《关于对引进国外职业资格证书加强管理的通知》，决定从1999年开始对引进的国外职业资格证书及其发证机构进行资格审核和注册，并实施相应的管理和监督。2004年1月14日，职业技能鉴定中心发布《关于印发〈国外职业资格证书注册管理实施细则（试行）的通知〉》，强调规范管理。2004年6月，第412号《中华人民共和国国务院令》，公布了《国务院对确需保留的行政审批项目设定行政许可的决定》，保留了以技能为主的国外职业资格证书及发证机构资格审核和注册项目。2000—2010年，职业技能鉴定中心引入实施备案管理的境外职业资格共有17个，其来源主要是英国、美国、日本和中国香港等主要发达国家和地区，涉及多个职业领域，分别是语言类的有3个，实用日本语和国际交流英语、职业韩国语项目；服务类的有12个，包括：商贸零售、企业行政管理、剑桥商务管理、剑桥旅游管理、国际商业美术设计、国际财务管理、注册金融分析、酒店管理、观光旅游、注册职业采购、企业风险管理、银行风险与监管；制造类的有2个，电子工程和设施管理。此外，人力资源和社会保障部职业技能鉴定中心还与美国、英国、德国、印度等国家在职业资格认证领域开展了项目合作。目前，因多种原因取消认证资格的有2个，即国际商业美术设计和国际财务管理。暂停认证资格的有1个，即企业风险管理。现行的经注册的境外职业资格证书为14个（见表11-1）。

(三) 境外职业资格在境内开展认证活动情况

从境外职业资格在境内开展认证活动的情况来看，进行备案规范管理的是少数，市场上充斥着大量的境外职业资格。其引进方除政府外，更多是市场主导引进，包括行业协会学会、高职院校、企业等途径。如国家外专局培训中心引进的国际市场与营销职业资格认证项目、美国国际人力资源管理职业资格认证项目、项目管理资格认证体系和美国国际进出口协会职业认证体系等；审计署下属中国（北京）国际技术培训有限公司引进的特许公认会计师、美国注册管理会计师和国际注册内部会计师等；教育部考试中心国外考试协调处引进由美国财务会计师协会颁发的美国财务会

表 11-1　经人力资源和社会保障部注册批准的现行境外职业资格证书列表

序号	项目名称	外方机构	所属国别	批准机关	中方合作机构	证书名称	国内开展考试地区	考试形式	备注
1	商贸零售管理服务人员资格证书	英国伦敦城市行业协会	英国	人力资源和社会保障部	北京英标人力资源网络技术公司	商贸零售管理服务人员资格证书	全国	统一组织考试	
2	企业行政管理	英国伦敦工商会考试局	英国	人力资源和社会保障部	北京英标人力资源网络技术公司	企业行政管理证书	全国	书面+实操考核（培训中完成）	
3	特许金融分析师	美国投资管理与研究协会	美国	人力资源和社会保障部	北京普天合力通讯技术服务有限公司	特许金融分析师证书	北京、上海、广州等	笔试	
4	国际交流英语	美国教育考试中心	美国	人力资源和社会保障部	ETS测评（北京）有限公司	职业英语水平等级证书	全国	公开考试及上门考试，听力与阅读公开考试是纸笔考试，口语与写作公开考试是机考	
5	商务管理证书	剑桥大学国际考试委员会	英国	人力资源和社会保障部	北京英标人力资源网络技术公司	商务管理证书	全国	（高级、标准级）书面+实操，培训中完成；专业级提交实际工作内容的大作业	

续表

序号	项目名称	外方机构	所属国别	批准机关	中方合作机构	证书名称	国内开展考试地区	考试形式	备注
6	旅游管理	剑桥大学国际考试委员会	英国	人力资源和社会保障部	北京英标人力资源网络技术公司	旅游管理证书	全国	(高级、标准级)书面＋实操,培训中完成;专业级提交实际工作内容的大作业	
7	注册职业采购经理	美国采购协会	美国	人力资源和社会保障部	北京英标人力资源网络技术公司	注册职业采购经理	全国	书面考试	
8	酒店管理	英国苏格兰监管局	英国	人力资源和社会保障部	中国(教育部)留学生服务中心	酒店管理证书	全国	闭卷考试、开卷考试、论文、调研报告等	
9	观光旅游	英国苏格兰监管局	英国	人力资源和社会保障部	中国(教育部)留学生服务中心	观光旅游证书	全国	闭卷考试、开卷考试、论文、调研报告等	
10	电子工程	英国苏格兰监管局	英国	人力资源和社会保障部	中国(教育部)留学生服务中心	电子工程证书	全国	闭卷考试、开卷考试、论文、调研报告等	

续表

序号	项目名称	外方机构	所属国别	批准机关	中方合作机构	证书名称	国内开展考试地区	考试形式	备注
11	国际设施管理	国际设施管理协会	美国	人力资源和社会保障部	北京英标人力资源网络技术公司	国际设施管理证书	全国	计算机化考试+实操考核（培训中完成）	
12	实用日本语鉴定	株式会社语文研究社	日本	人力资源和社会保障部	吉德咨询（上海）有限公司	实用日本语证书	全国	笔试	
13	银行风险与监管国际证书	全球风险管理专业人士协会	美国	人力资源和社会保障部	北京中成毓达教育科技有限公司	银行风险与监管国际证书	银行系统	机考+笔试	
14	职业韩国语能力考试	韩国语言文化教学会	韩国	人力资源和社会保障部	北京江源盛世文化发展有限公司	职业韩国语能力证书	北京、上海等省市	统一考试分为听力和阅读	

计认证资格（ICMA）。中国证券业协会与注册国际投资分析师协会合作，引进注册国际投资分析师职业资格证书（CIIA）；中国内部审计师协会与国际内部审计师协会合作，引进国际注册内部审计师职业资格证书（CIA）。深圳职业技术学院与思科公司合作，引进国际权威职业资格证书60余种；四川国际标榜职业学院引进英国国家职业资格认证教学评估体系；上海医药高等专科学校根据发展需要，引进了美国国家注册护士、欧盟医药营销职业资格证书、日本口腔医学技术质量职业考试等境外职业资格证书。高才（中国）商务咨询有限公司与美国管理会计师协会（IMA）合作，引进注册管理会计师职业资格证书（CMA）；南京天池管理顾问有限公司与国际电子商务师认证委员会（CCIEBS）合作，引进国际电子商务师职业资格证书（IEBS）；最佳东方引进经管类、理工农医类、艺术类和其他类等四大类共90余项境外职业资格证书。

（四）我国自贸区（港）境外职业资格认可情况

中国自贸区的"试验"始于2013年的上海。2013年9月27日，中国第一个自贸区——中国（上海）自由贸易试验区设立。在上海自贸试验区的示范作用下，中国自贸区经历了若干轮建设，目前已设立22个自贸区，中国的自贸区渐成"雁阵"。"十四五"规划建议提出了"实施自由贸易区提升战略，构建面向全球的高标准自由贸易区网络"的新要求，自贸区将成为连通国内国际双循环的重要纽带和载体。而人员自由流动作为主要目标之一，让一定范围的外国专业人才能够在自贸区这个特殊经济功能区内备案后自由执业、让境外人士参加我国相关职业资格考试，成为各自贸区政策创新的重要方面。

出台境外职业资格认可清单是各自贸区建立境外职业资格认可制度的主要举措。如，苏州市以国际职业资格与职称资格的比照认定为切入点，对职称资格与国际职业资格的有效衔接进行探索研究，制定出台了苏州市国际职业资格比照认定职称资格办法，并发布了344项国际职业资格比照认定职称资格目录，接轨国际人才评价标准体系，打通海外人才评价体系，着力打造"国际人才本土化、本土人才国际化"的良好环境，最大限度地释放和激发人才创新创造创业活力；福建省平潭自贸区对持有台湾地区各类职业资格的人员来福建创业就业予以专门认可；厦门放宽台湾技术士等级证书在厦门自贸片区和厦门市台资企业使用范围，持证者可享受厦门市相对应技能人才同等待遇。粤港澳大湾区对港澳部分执业人员来湾区就业创业予以专门认可；海南自由贸易港出台《境外人员执业管理办法（试行）》，对20多个国家和港澳台地区共200多项境外人员资格进行认定，便利持证人员在自贸港就业创业；北京市发布了《国家服务业扩大开放综合示范区和中国（北京）自由贸易试验区境外职业资格认可目录》，目前已经更新到3.0版，覆盖范围扩大到科技、金融、新一代信息技术等12个北京市重点发展领域，境外职业资格增加到122项，证书颁发机构涵盖英、美等15个国家和地区以及国际性组织或知名行业协会。

随着改革开放的不断深入，对境外人员参加境内职业资格考试问题从否定到逐步放开再到全面放开，开放程度不断加深，如，2020年9月，海南省政府颁布《海南自由贸易港境外人员参加职业资格考试管理办法（试行）》，对境外人员参加职业资格考试开了绿灯。2021年4月，北京市人力资源和社会保障局发布《国家服务业扩大开放综合示范区和中国（北京）自由贸易试验区对境外人员开放职业资格、考试目录（1.0版）》，向境外人员开放35项职业资格考试，其中专业技术类34项、技能类1项；覆盖金融、建筑、规划、交通、卫生、知识产权、信息技术等"两区"建设重点领域。

二 存在问题

（一）"走出去"步履艰辛

一是职业资格种类和数量与发达国家（地区）有差距。以美国为例，依据其O＊Net网站（美国劳动部支持下的一个全美最大的职业信息数据库）公布的职业资格目录清单统计，仅工程师职业资格，目前美国各州实施许可类工程师职业资格有57个，政府认可的全国通用认证类工程师职业资格有106个。而我国职业资格目录中工程技术人员职业资格仅有26个，其中准入类19个，水平评价类7个，数量种类差距明显。

二是职业资格评价主体与国际通行做法不衔接。以工程师资格为例，纵观典型国家（地区）经验，政府均没有直接参与工程师的核心认证，包括工程教育学位认证和工程师执业资格认证，而是通过社会组织来履行这一职能。大多情况下，政府从法律角度赋予社会组织作为工程师认证顶层机构的社会地位和法律地位，确立社会组织的权威性。水平评价类工程师资格一般是由行业协会、专业学会、大学、研究所、企业等发起组织，并由这些机构负责考试和证书颁发，社会公众自愿参与。市场和社会认可度高的资格证书基本成为从事这些职业的必备条件和事实标准。

三是职业资格国际互认亟须提速。与国内学历学位教育基本全部得到国外认可，甚至大部分国家和大学都承认我国高教自学考试和成人教育的课程成绩和毕业学历的情况相比，我国职业资格持证人员在境外认可的推进速度非常缓慢，目前我国仅有少数职业，如结构工程师、建筑师、焊工等与有关国家（地区）开展资格互认取得了一定进展，其他职业领域的互认工作几乎还处于空白。几年前引发广泛关注的泰中高速铁路合作建设项目遇到阻碍，其中一个问题就是中国工程师的资质认证在泰国得不到承认。再如，我国加入世界贸易组织承诺开放的国际贸易条款中，有8个专业服务领域，与发达国家相比，这8个专业服务领域存在职业资格证书数量不足、可比性不够、国际认可度不高等问题，成为制约我国专业服务人才走出去的"卡脖子"问题。

（二）"引进来"准备不足

一是监管缺位，法制支撑不够。自20世纪90年代末境外职业资格认证进入我国境内开展活动以来，在境内活动的绝大多数境外职业资格认证，特别是专业技术类职业资格认证，长期处于缺少监管、野蛮生长的状态。相关管理文件多是宏观性、意见性文件，缺少强有力的监管抓手，2016年出台的《境外非政府组织境内活动法》虽然在法律层面上对资格认证作了一些规范，但聚焦技能人员，且缺少落地实施细则。

二是管理体制不健全。根据行政许可法，以技能为主的国外职业资格证书及发证机构资格审核和注册由人力资源和社会保障部负责实施。但在实际实施过程中大部分是由行业主管部门负责，如交通类职业资格由交通运输部门负责，工程师资格国际认证由中国科协负责，国际焊接人员培训和资格认证则由国际焊接学会授权，各个部委办局在引入国外职业资格的过程中往往各自为政，缺乏统筹协调，尚未形成合力。

三是认证主体信息缺少权威渠道。随着改革开放的不断深入，社会经济发展水平不断提升，技术革新、社会变革和服务业快速发展正不断孕育出新的职业和新的需求，劳动力市场上对高素质人力资源的需求日益扩大，广大从业者提升自身能力素质水平的需求也在与日俱增，但由于国内职业资格大幅压缩，又没有新的替代性评价制度产生，无法满足劳动者培训和评价需求，这就给打着境外权威行业协会主办全球公认、但难辨真假的境外职业资格认证活动提供了野蛮生长的市场，严重困扰人力资源市场健康有序发展。目前了解境外认证机构有关信息的途径主要有认证机构官网、培训机构网站、论坛、个人社交媒体、其他各类网站等几种。境外认证机构是否专业权威，组建是否合法，从事业务是否符合其经营范围和组织形式，该证书在国（境）外是否是从事某种职业必须取得的资格，对于从事某职业是否有实质性的帮助等问题都需要考生自行甄别，由于缺乏权威部门认证，经常出现盲目考证上当受骗的案例。

第三节　境外资格管理的经验启示

对境外职业资格证书的监管涉及经济、法律、政治和国际关系等多领域，日益成为全球性事务。发达国家和地区在境外资格管理形成的经验模式对我国境外职业资格认可制度的建立和实施具有重要的参考意义。

一　境外资格管理的国际经验

研究发现，发达国家和地区对境外职业资格证书的制度化管理措施通常包括基于国际惯例的管理模式、基于政府间专项协议的管理模式、基于移民管控需要的管理模式、基于地方发展需要的管理模式、基于殖民地宗主国证书的管理模式、基于民间职业资格证书的管理模式。

（一）基于国际惯例的管理模式

依附于国际贸易需要的国际惯例管理模式是世界主要国家对境外职业资格证书管理的最主要模式。国际惯例模式起源于英国，基于国际交通运输与进出口产品制造并延伸扩展，主要用于提升国民参与国际贸易时的资质。在19世纪、20世纪初，英国作为海上的霸主，规定当时的运输单据的使用规则，明确了国际交通运输中代理人、船长、海员、验船师、飞行员等职业的资格证书要求，以及进出口产品中焊工等职业的资格证书要求，并形成惯例延续下来。

（二）基于政府间专项协议的管理模式

该模式是20世纪后期发展起来的一种对境外职业资格证书的管理模式。其采用与政府机构签署国际协议或双边互认协议的形式，对境外职业资格证书进行管理，如《华盛顿协议》下的工程师类职业资格证书、基于APEC框架亚太物流一体化中规定的物流类职业资格证书等。

（三）基于移民管控需要的管理模式

该模式主要用于管控技术移民迁入需要通常选择对本国发展急需的职业资格证书。其时效性强，经常根据国家需要进行调整。譬如，外国人在新西兰就业要对职业资格评估和职业注册，雇主需要了解从业者在国外所获得的资格，确定其资格是否与新西兰资格相当，移民局会出具一份根据框架评估并显示水平的共同国际资格清单。

（四）基于地方发展需要的管理模式

该模式适用于实行地方分权形式的国家，其地方政府有权根据自身发展需要引进境外职业资格证书并实施管理，如日本鹿儿岛地方引进的制茶工艺师职业资格证书等。在美国，CareerOneStop是由美国劳工就业和培训管理局赞助的职业开发网站，主要提供综合、易于理解的劳动力信息，帮助求职者、学生、工人、劳动力中介以及雇主发展自己的能力。

（五）基于殖民地宗主国证书的管理模式

该模式基于殖民地传统的境外职业资格证书管理模式，其特点是直接使用国外职业资格证书，视同本国职业资格证书使用，这种模式在发展中国家比较常见，通常是在殖民地时期直接使用了宗主国职业资格证书，独立后继续沿用。这种形式在英联邦国家和中国香港等发达国家和地区也同样存在。

（六）基于民间职业资格证书的管理模式

该模式是世界各国更多采用的模式，其特点是把境外职业资格证书作为本国民间职业资格证书进行管理，具体模式可分为下列三种，一是行业公认证书模式：由行业协会或政府授权的专业机构引进并实施管理，如德国管理美国注册金融分析师职业资格证书。二是社会认可证书模式：由境外职业资格证书机构自由进入，以市场化方式推广，并让企业等用人机构认可，如英国管理美国注册金融分析师职业资格证书。三是国外直接发证模式，国外职业资格证书机构直接在国外向国内的考生颁发证书，如日本管理美国注册金融分析师职业资格证书。

二 我国境外职业资格认可制度实施建议

当前我国很多省市通过发布境外职业资格认可清单的方式作为制度建立的标志。但要使境外职业资格认可清单真正发挥作用，重在其落地实施。因此，基于其他国家境外资格管理的经验，课题组提出如下实施建议：

（一）建立境外职业资格清单目录动态调整机制

根据地方经济社会发展的需要由地方人力资源和社会保障部门会同有关部门，着手建立境外职业资格清单目录动态调整机制，实现目录每年动态调整。抓紧完善境外国际通行职业资格筛选技术规程、境外职业资格与国内职业资格的衔接办法，结合地方实际适时对《境外国际通行职业资格认可清单目录》进行升级完善。针对尚未纳入清单目录职业资格，在综合考虑经济社会需求、证书的影响力、基础信息完备性等因素后，符合条件的经过充分论证后适时纳入目录范围。同时，对目录内不再符合经济社会发展需要的或备案人员执业情况不良的境外资格，将按程序论证后调出目录。

（二）搭建境外职业资格证书查询验证及备案管理平台

境外职业资格证书查询验证及备案管理平台是推动境外职业资格认可清单落地实施的最基础环节。该平台的建设应由地方人力资源和社会保障局牵头，主要对清单中境外职业资格证书的真实性提供查询验证服务以及执业备案管理服务。境外职业资格持有者按程序填报信息和上传材料，对符合备案条件的，在10个工作日内完成备案并在网站公布。一经备案，该结果可以作为地方办理工作许可、人才引进等业务的依据，并以此减免相关证书公证认证材料。同时，针对所有进入清单中的境外职业资格认证机构建立年报制度，构建起境外职业资格发证机构与持有者间的监督机制。

（三）优化境外职业资格认可治理体系

严格落实《中华人民共和国境外非政府组织境内活动管理法》的要求，基于服务导向，面向地方需求，按照"最小且必要"的原则，坚持政府引导、市场主导、社会共治，统筹各类境外职业资格认证活动，并进行分类管理，在保持其开放性和先进性的同时，提升其法治化、规范化和市场化水平。成立由地方政府牵头的境外职业资格认定工作领导小组，主要负责组织领导、顶层设计、统筹协调等事项，办公室设在地方人力资源和社会保障局。建立人社部门、行业主管部门各司其职的工作机制，地方人社部门应及时跟进境外职业资格认定工作进展，各行业主管部门担负起主体责任。发挥专业共同体的作用，将专业管理相关职能真正赋予专业团体。

参考文献

邓小平：《邓小平文选》（第 3 卷），人民出版社 1993 年版。

邓小平：《邓小平文选》（第 2 卷），人民出版社 1994 年版。

胡锦涛：《胡锦涛文选》（第 2 卷），人民出版社 2016 年版。

江泽民：《江泽民论有中国特色社会主义（专题摘编）》，中央文献出版社 2002 年版。

卞冉、高钦、车宏生：《评价中心的构想效度谜题：测量维度还是活动?》，《心理科学进展》2013 年第 2 期。

蔡学军、孙一平：《评聘结合和评聘分开问题研究》，中国人事科学研究院研究报告，2015。

蔡学军、谢晶、黄梅：《职称框架体系研究》，中国人事科学研究院研究报告，2015。

蔡学军、谢晶：《职业管理制度研究》，中国社会科学出版社 2021 年版。

蔡学军、谢晶：《职业资格证书制度研究》，中国人事科学研究院部级课题研究报告，2017。

曹志主编：《中华人民共和国人事制度概要》，北京大学出版社 1985 年版。

查道庆：《打造人才评价的公平密钥》，《人力资源》2016 年第 11 期。

陈慧娟、王蕾：《使用评价中心选拔人才三大关注点》，《职业》2006 年第 6 期。

陈丽君：《创新人才评价新导向　在破"四唯"中立新标》，《中国人才》2022 年第 2 期。

戴向文：《对我国古代选拔人才思想的历史考辨》，《湖湘论坛》1995 年第 3 期。

党中央、国务院：《关于改革职称评定、实行专业技术职务聘任制度的报告》，1986年1月24日。

董可静：《评价中心技术有效性影响因素研究》，首都经济贸易大学硕士论文，2016年。

董淑娟、陈琳：《过程性多元化人才评价机制的构建》，《企业改革与管理》2017年第22期。

杜丽丽、方平：《量化研究与质性研究的认识论、方法论比较——兼论研究生研究能力的全面培养》，《研究生教育研究》2015年第2期。

方阳春、贾丹、王美洁：《科技人才任职资格评价标准及方法研究：基于国内外先进经验的借鉴》，《科研管理》2016年第S1期。

甘宇慧、侯胜超、邹立君：《政策工具视角下我国科技人才评价政策文本分析》，《科研管理》2022年第3期。

高静、黄河：《建立公平的人才评价机制》，《中国人才》2021年第9期。

郭继军、何钦成：《科技论文评价中的文献计量学分析》，《中华医学图书馆杂志》2001年第6期。

国家职业分类大典修订工作委员会：《中华人民共和国职业分类大典（2021年版）》，中国人力资源和社会保障出版集团有限公司，2022年。

国务院：《关于实行专业技术职务聘任制度的规定》，1986年2月。

韩婕：《改革科技人才评价机制激发创新活力》，《中国人才》2021年第3期。

韩景轩、孙徐静、文秀青：《基于任职资格体系的能力评价中心建设探索》，《人才资源开发》2020年第24期。

何欣：《四大典型风险，人才评价须避之》，《人力资源》2020年第17期。

侯自芳：《我国职业资格制度人才评价体系研究》，硕士学位论文，国防科学技术大学，2006年。

胡明铭、黄菊芳：《同行评议研究综述》，《中国科学基金》2005年第4期。

华才：《建立科学的人才评价标准》，《中国人才》2002年第11期。

黄梅、蔡学军：《世界主要国家（地区）工程师制度》，党建读物出版社2016年版。

姜睿雅：《以完善的人才评价机制激发人才活力》，《中国人才》2013 年第 21 期。

金铮：《科举制度与中国文化》，上海人民出版社 1990 年版。

康金红：《我国古今人才选拔的制度模式》，《文教资料》2021 年第 5 期。

科技部等：《关于开展科技人才评价改革试点的工作方案》，2022 年 9 月 23 日。

劳动部：《关于颁发〈职业技能鉴定规定〉的通知》，1993 年 7 月 9 日。

劳动部、人事部：《关于颁发〈职业资格证书规定〉的通知》，1994 年 2 月 22 日。

劳动和社会保障部：《关于健全技能人才评价体系 推进职业技能鉴定工作和职业资格证书制度建设的意见》，2004 年 4 月 30 日。

劳动和社会保障部：《关于印发〈关于大力推进职业资格证书制度建设的若干意见〉的通知》，2000 年 12 月 8 日。

冷望星：《人才评价要把握好"三个维度"》，《中国人才》2016 年第 7 期。

李建平等：《我国科技人才评价体系研究》，中国农业科学技术出版社 2018 年版。

李德顺主编：《价值学大词典》，中国人民大学出版社 1995 年版。

李思宏、罗瑾琏、张波：《科技人才评价维度与方法进展》，《科学管理研究》2007 年第 2 期。

李苏英、陈蓉、王继红等：《影响人才评价公正性原因分析》，《高等农业教育》2001 年第 4 期。

李杨：《科技治理范式下的人才评价：理论指向与实践进路》，《中国科技论坛》2024 年第 1 期。

李哲夫：《我国古代第一篇人才学专论——读〈墨子·尚贤〉》，《河南师大学报》（社会科学版）1982 年第 3 期。

李志敏：《我国技能人才职业技能等级制度的历史演变》，《中国劳动保障报》2022 年 5 月 25 日第 3 版。

梁开广、邓婷、许玉林等：《评价中心法在评价中心管理潜能中的应用及其结构效度检验》，《应用心理学》1992 年第 4 期。

林代昭主编：《中国近现代人事制度》，劳动人事出版社 1989 年版。

林芬芬、邓晓:《构建使命导向的科技人才评价体系研究》,《科学学与科学技术管理》2023年第11期。

刘璐:《我国人才评价政策的变迁研究》,硕士学位论文,兰州大学,2021年。

刘晓燕:《牢牢把握人才评价目的 紧紧围绕岗位特点进行评价——专访中国人民大学劳动人事学院教授、人力资源管理系主任苏中兴》,《中国人才》2021年第6期。

刘彦蕊、刘庆杰:《当前科技人才评价改革进展、面临挑战与对策建议》,《中国科技人才》2023年第5期。

卢阳旭:《同行评议和量化评价的制度化及悖论——基于评价社会学的视角》,《科学与社会》2023年第2期。

陆红军:《人才评价中心》,清华大学出版社2005年版。

路莉莉:《隋代科举制度考论》,硕士学位论文,曲阜师范大学,2011年。

吕胜杰:《人才测评技术在人力资源管理中的应用》,硕士学位论文,北京交通大学,2008年。

骆方、孟庆茂:《不同类型的测评维度对评价中心结构效度的影响研究》,《心理科学》2005年第6期。

毛泽东:《毛泽东选集》(第2卷),人民出版社1991年版。

彭蕾:《我国科技人才评价方法论研究》,硕士学位论文,北京化工大学,2014年。

齐力、刘跃雄、方平:《动态测验的发展及应用》,《中国组织工程研究与临床康复》2007年第52期。

齐丽丽、司晓悦:《对我国同行评议专家遴选制度的建议》,《科技成果纵横》2008年第5期。

邱均平、王碧云、汤建民主编:《教育评价学:理论·方法·实践》,科学出版社2016年版。

邱均平、文庭孝等:《评价学:理论·方法·实践》,科学出版社2010年版。

人力资源和社会保障部办公厅:《关于印发〈国家职业标准编制技术规程(2023年版)〉的通知》,2023年9月11日。

人力资源和社会保障部办公厅:《关于印发〈专业技术人员职业资格证书

管理工作规程（试行）〉的通知》，2023年5月22日。

人力资源和社会保障部办公厅：《关于支持企业大力开展技能人才评价工作的通知》，2020年11月7日。

人力资源和社会保障部等：《关于印发专业技术人才知识更新工程实施方案的通知》，2021年9月15日。

人力资源和社会保障部：《关于改革完善技能人才评价制度的意见》，2019年8月19日。

人力资源和社会保障部：《关于健全完善新时代技能人才职业技能等级制度的意见（试行）》，2022年3月。

人力资源和社会保障部：《关于进一步加强高技能人才与专业技术人才职业发展贯通的实施意见》，2020年12月28日。

人力资源和社会保障部：《关于印发〈职业技能等级认定工作规程（试行）〉的通知》，2020年4月。

人力资源和社会保障部：《国家职业资格目录（2021年版）》，2021年11月23日。

《人力资源和社会保障部有关负责同志就〈关于支持企业大力开展技能人才评价工作的通知〉答记者问》，《石油组织人事》2020年第6期。

人力资源和社会保障部：《职称评审管理暂行规定》，2019年7月1日。

人事部：《关于印发〈职业资格证书制度暂行办法〉的通知》，1995年1月17日。

桑原卫、李青篮：《人才评价的有效方法》，《北方经贸》1994年第9期。

申渝：《人才评价标准走向多元化》，《中国人才》2002年第11期。

沈荣华：《确立科学人才观：从"重成份"、"重学历"到"重能力"》，《中国人才》2004年第1期。

沈荣华：《完善好人才评价指挥棒作用》，《人事天地》2017年第3期。

史美毅：《评价中心——人事选用的新技术》，《应用心理学》1986年第2期。

宋娇娇、徐芳、孟溦：《中国科技评价政策的变迁与演化：特征、主题与合作网络》，《科研管理》2021年第10期。

宋艳辉、王立良、邱均平：《知识计量学在科技评价与管理中的应用研究》，《科研管理》2017年第S1期。

苏永华主编:《全面人才评价》,经济日报出版社 2017 年版。

孙福胜:《论新时代人才评价与创新人才发展》,《创新人才教育》2021 年第 1 期。

孙锐:《构建适应新时代发展要求的人才评价机制》,《中国人才》2019 年第 7 期。

孙锐:《正确认识科技人才评价的本质》,《中国人才》2022 年第 8 期。

孙晓敏、张厚粲:《结构化面试评定量表的现代测量学分析》,《应用心理学》2007 年第 3 期。

孙彦玲、孙锐:《科技人才评价的逻辑框架、实践困境与对策分析》,《科学学与科学技术管理》2023 年第 11 期。

孙一平:《我国职称制度改革发展的内在逻辑分析——基于历史制度主义的视角》,《中国行政管理》2023 年第 9 期。

孙一平:《职业社会学》,中国社会科学出版社 2021 年版。

谭文波:《构建科学合理的人才评价机制》,《学习导报》1999 年第 2 期。

谭小宏、胡莹、吕建国:《评价中心技术应用的前景展望》,《成都医学院学报》2008 年第 1 期。

田军、刘阳、周琨等:《陕西省科技人才评价指标体系与评价方法构建》,《科技管理研究》2022 年第 4 期。

王博、田效勋、邵燕萍等:《评价中心结构效度的多元概化理论分析研究》,《心理学探新》2010 年第 5 期。

王汉澜主编:《教育评价学》,河南大学出版社 1995 年版。

王静:《创新人才评价机制要把握好三组关系》,《中国人才》2017 年第 2 期。

王少:《评价标准怎么立?——破"五唯"后的思考》,《天津师范大学学报》(社会科学版)2021 年第 4 期。

王通讯:《"人才评价标准"讨论之我见》,《中国人才》2002 年第 11 期。

王通讯:《人才评价过程的内隐逻辑与失误》,《中国电力教育》2014 年第 7 期。

王文平、刘云、何颖等:《国际科技合作对跨学科研究影响的评价研究——基于文献计量学分析的视角》,《科研管理》2015 年第 3 期。

王贤文、张光耀:《负责任同行评议:何谓、何以与何为》,《中国科技期刊研究》2022 年第 8 期。

王重鸣：《心理学研究方法》，人民教育出版社 2000 年版。

危亚平：《论推进人才评价的科学化》，《湖北行政学院学报》2003 年第 6 期。

魏蜀铭：《人才评价标准中的德与才》，《企业改革与管理》2013 年第 5 期。

文魁、谭永生：《试论我国人才评价指标体系的构建》，《首都经济贸易大学学报》2005 年第 2 期。

吴新辉：《新技术革命时代人才评价的范式转变与方法》，《中国人事科学》2018 年第 3 期。

吴志明、张厚粲：《评价中心的构想效度和结构模型》，《心理学报》2001 年第 4 期。

吴志明、张厚粲、杨立谦：《结构化面试中的评分一致性问题初探》，《应用心理学》1997 年第 2 期。

向东：《面向经济主战场 推进人才评价机制改革》，《中国人才》2023 年第 2 期。

萧鸣政、陈新明：《中国人才评价制度发展 70 年分析》，《行政论坛》2019 年第 4 期。

萧鸣政：《当前人才评价实践中亟待解决的几个问题》，《行政论坛》2012 年第 2 期。

萧鸣政：《人才评价机制问题探析》，《北京大学学报》（哲学社会科学版）2009 年第 3 期。

萧鸣政：《人才评价与开发：行政管理的基点》，北京大学出版社 2014 年版。

萧鸣政主编：《人员测评与选拔》（第三版），复旦大学出版社 2015 年版。

谢晶、方平、姜媛：《人格测量：从累积式模型到展开式模型》，《心理学探新》2011 年第 5 期。

谢晶：《职称制度的历史与发展》，中国社会科学出版社 2019 年版。

徐国庆：《能力本位评价若干问题研究》，《宁波职业技术学院学报》2004 年第 2 期。

徐颂陶、王通讯、叶忠海主编：《人才理论精粹与管理实务》，中国人事出版社 2004 年版。

徐颂陶:《中国人才战略与人才资源开发》,中国人事出版社 2001 年版。

许为民:《破解人才评价"五重五轻"难题》,《中国人才》2016 年第 7 期。

闫巩固、高喜乐、张昕:《重新定义人才评价》,机械工业出版社 2019 年版。

严君:《基于职业能力模型的职业资格制度建设研究》,硕士学位论文,浙江大学,2005 年。

严志远:《人才评价:整体性人才资源开发的基础》,《中国人才》1997 年第 4 期。

杨丽坤、马建新:《关于构建科学合理的社会化人才评价机制的思考》,《宁夏党校学报》2014 年第 5 期。

杨舒:《用好人才评价这个"指挥棒"破解"学历与能力之辩"难题》,《光明日报》2024 年 2 月 18 日第 2 版。

杨晓冬、孙锐、司江伟等:《人才评价社会化从何处破题?》,《中国人才》2016 年第 9 期。

杨月坤、查椰:《国外科技人才评价经验的启示与借鉴——基于英国、美国、德国的研究》,《科学管理研究》2020 年第 1 期。

姚长青:《面向世界重要人才中心和创新高地建设的科技人才评价工作》,《中国科技人才》2022 年第 6 期。

姚传岭:《关于技能人才评价方式的几个问题》,《中国培训》2005 年第 3 期。

姚占雷、李美玉、许鑫:《开放同行评议发展现状与问题辨析》,《编辑学报》2022 年第 2 期。

叶至诚:《职业社会学》,五南图书出版有限公司 2000 年版。

叶忠海:《论科学人才观(下)》,《人事天地》2012 年第 6 期。

叶忠海、郑其绪总主编:《新编人才学大辞典》,中央文献出版社 2015 年版。

殷雷:《评价中心的基本特点与发展趋势》,《心理科学》2007 年第 5 期。

于飞:《建国 70 年中国科技人才政策演变与发展》,《中国高校科技》2019 年第 8 期。

余兴安、类成普：《中国古代人才思想源流》，党建读物出版社 2017 年版。

余兴安主编：《当代中国人事制度》，中国社会科学出版社 2022 年版。

苑茜、周冰、沈士仓等主编：《现代劳动关系辞典》，中国劳动社会保障出版社 2000 年版。

张成武、魏欣、张敬：《新时期人才评价标准研究》，《中国科技信息》2006 年第 20 期。

张厚粲、龚耀先：《心理测量学》，浙江教育出版社 2012 年版。

张厚粲：《教育测量学：高考科学化的技术保障》，《中国考试》2017 年第 8 期。

张厚粲、徐建平：《现代心理与教育统计学》，北京师范大学出版社 2009 年版。

张厚粲、余嘉元：《中国的心理测量发展史》，《心理科学》2012 年第 3 期。

张竟成、张甲华：《基于行为业绩的高技能人才评价》，清华大学出版社 2010 年版。

张俊峰：《我国工人技术等级标准的历史沿革》，《中国劳动科学》1991 年第 1 期。

张明：《论文产出量化评价方法研究及其应用价值》，《中华医学科研管理杂志》1999 年第 4 期。

张珊珊：《以维度为导向和以任务为导向的评价中心的比较研究》，硕士学位论文，暨南大学，2013 年。

张旭：《同行评议和计量相结合的管理学期刊评价研究》，硕士学位论文，南京大学，2021 年。

张永清：《把握新人才评价标准的丰富内涵》，《唯实》2016 年第 9 期。

张正钊、韩大元主编：《外国许可证制度的理论与实务》，中国人民大学出版社 1994 年版。

赵伟、林芬芬、彭洁等：《创新型科技人才评价理论模型的构建》，《科技管理研究》2012 年第 24 期。

赵昕航：《基于同行评议文本分析的学术论文评价研究》，硕士学位论文，大连理工大学，2022 年。

赵莹：《我国人才测评工作的研究与探索》，硕士学位论文，哈尔滨工程大学，2004 年。

郑其绪、司江伟、张玲玲：《人才评价》，石油大学出版社 2004 年版。

中共中央办公厅、国务院办公厅：《关于分类推进人才评价机制改革的指导意见》，2018 年 2 月。

中共中央办公厅、国务院办公厅：《关于深化项目评审、人才评价、机构评估改革的意见》，2018 年 7 月。

中共中央办公厅、国务院办公厅：《关于深化职称制度改革的意见》，2016 年 11 月 1 日。

中国工程院教育委员会：《关于大力推进我国注册工程师制度与国际接轨的报告》，2014 年 11 月。

中国人事科学研究院：《2005 年中国人才报告——构建和谐社会历史进程中的人才开发》，人民出版社 2005 年版。

周鸣：《贯彻执行新的技术等级标准》，《劳动》1963 年第 6 期。

周启元：《关于人才评价标准问题的思考》，《中国人才》2003 年第 1 期。

周文泳：《深化科技人才评价机制改革》，《中国社会科学报》2022 年 3 月 8 日第 1 版。

中国人事科学研究院学术文库
已出版书目

《人才工作支撑创新驱动发展——评价、激励、能力建设与国际化》
《劳动力市场发展及测量》
《当代中国的行政改革》
《外国公职人员行为及道德准则》
《国家人才安全问题研究》
《可持续治理能力建设探索——国际行政科学学会暨国际行政院校联合会 2016 年联合大会论文集》
《澜湄国家人力资源开发合作研究》
《职称制度的历史与发展》
《强化公益属性的事业单位工资制度改革研究》
《人事制度改革与人才队伍建设（1978—2018）》
《人才创新创业生态系统案例研究》
《科研事业单位人事制度改革研究》
《哲学与公共行政》
《人力资源市场信息监测——逻辑、技术与策略》
《事业单位工资制度建构与实践探索》
《文献计量视角下的全球基础研究人才发展报告（2019）》
《职业社会学》
《职业管理制度研究》
《干部选拔任用制度发展历程与改革研究》
《人力资源开发法制建设研究》
《当代中国的退休制度》

《当代中国人事制度》
《中国人才政策环境比较分析（省域篇）》
《社会力量动员探索》
《中国人才政策环境比较分析（市域篇）》
《人才发展治理体系研究》
《英国文官制度文献选译》
《企业用工灵活化研究》
《外国公务员分类制度》
《中国福利制度发展解析》
《国有企业人事制度改革与发展》
《大学生实习中的权益保护》
《数字化转型与工作变革》
《乡村人力资源开发》
《高校毕业生就业制度的变迁》
《中国事业单位工资福利制度》
《中外职业分类概述》
《人力资源管理实践与创新：基于双元理论视角》
《海外及港澳台人才引进政策新动向分析》
《中国特色行政学：发展与创新》
《人才队伍建设实践与发展趋势研究》
《人才评价：理论·技术·制度》